具身智能
从理论到实践

易显维 吴 凯 / 编著

清华大学出版社
北京

内 容 简 介

本书聚焦人工智能前沿的具身智能领域，以"理论奠基-技术解析-实践应用"为主线，系统阐述相关内容。本书共8章，构建了从基础概念到工程应用的完整知识体系。开篇介绍人工智能发展脉络，引出具身智能的概念，并明确其定义等关键内容。接着通过采摘福白菊的实例，剖析传统机械臂控制方法及局限。随后深入探讨VLA原理、SLAM技术、机器人感知与自主定位技术、视觉语言导航技术等核心要点，并详细介绍相关算法和模型。书中着重展示VLA技术于实体机械臂上的应用实践，同时详细讲解VLN的具体代码，涵盖算法原理与实现过程等内容。

全书融合理论推导与代码实践，既有学术深度，又具工程实用性，适合人工智能研究者、工程师及爱好者阅读，为具身智能技术的研发与应用创新提供全面参考。

图书在版编目（CIP）数据

具身智能 : 从理论到实践 / 易显维, 吴凯编著.

北京 : 清华大学出版社, 2025. 9. -- ISBN 978-7-302-70219-1

Ⅰ. TP18

中国国家版本馆CIP数据核字第20258F5G03号

责任编辑：赵　军
封面设计：王　翔
责任校对：冯秀娟
责任印制：丛怀宇

出版发行：清华大学出版社
　　　网　　　址：https://www.tup.com.cn，https://www.wqxuetang.com
　　　地　　　址：北京清华大学学研大厦A座　　　　　邮　　编：100084
　　　社 总 机：010-83470000　　　　　　　　　　邮　　购：010-62786544
　　　投稿与读者服务：010-62776969，c-service@tup.tsinghua.edu.cn
　　　质量反馈：010-62772015，zhiliang@tup.tsinghua.edu.cn
印 装 者：三河市君旺印务有限公司
经　　销：全国新华书店
开　　本：185mm×235mm　　　印　　张：16.5　　　字　　数：397千字
版　　次：2025年10月第1版　　　　　　　　　　印　　次：2025年10月第1次印刷
定　　价：99.00元

产品编号：110175-01

为什么写这本书

在科技飞速发展、日新月异的时代，人工智能作为引领新一轮科技革命和产业变革的战略性技术，正以前所未有的速度蓬勃发展，已成为国家重点发展战略之一。我国高度重视人工智能的发展，将其视为推动经济高质量发展、提升国家竞争力、保障国家安全以及改善人民生活的关键驱动力。人工智能领域宛如一片蕴含着无尽潜力的创新海洋，探索与创新的浪潮此起彼伏、汹涌澎湃，一刻也未曾停歇。"忽如一夜春风来，千树万树梨花开"，这句诗恰如其分地描绘了这一领域的蓬勃发展、繁花似锦的景象。

在国家大力支持与积极引导的背景下，笔者有幸投身于人工智能这一充满挑战与机遇的领域，尤其是在自然语言处理（NLP）和计算机视觉（CV）这两个重要的研究方向深耕，积累了较为丰富的研究与实践经验。在长期的探索过程中，笔者深刻体会到，虽然非具身智能在特定任务和领域取得了一定成果，但它仍然存在明显的局限性。这不仅关乎技术瓶颈的突破，更与我国人工智能战略布局的推进息息相关。理解并解决这些局限性，对于我国在人工智能领域实现跨越式发展，在全球科技竞争中抢占先机，具有重要的现实意义。

一、非具身智能的局限

过去，笔者在NLP和CV领域付出了诸多努力，并在特定任务和领域取得了一些成绩。但不可忽视的是，这些技术本质上都属于非具身智能的范畴。它们如同被禁锢在虚拟数字空间中的精灵，虽然能在虚拟世界里展现强大的能力，却无法与真实的物理世界进行直接交互。

在NLP领域，以语言模型为例，凭借强大的计算能力，它们能够处理海量的文本数据，生成看似准确、逻辑通顺的语言表达。无论是撰写文章、回答问题，还是进行语言翻译，它们都能给出看似合理的结果。然而，这些语言模型对现实世界中的物体、场景和事件缺乏直接的感知和理解。就像一个从未见过庐山真面目的游客，仅仅通过文字描述来想象庐山的样子，始终无法真正领略庐山的雄伟与奇妙。语言模型只能在数据的围城中打转，依据预先设定的算法和大量的文本数据进行分析和生成，却难以触摸到真实世界的纹理和细节。

例如，当被问及"苹果是什么味道的"，语言模型可能会根据文本中对苹果味道的描述进行回答，但它从未真正品尝过苹果，无法真切地体会那种酸甜的滋味。

同样，在CV领域中图像识别和处理算法展现出了强大的能力，能够对图像中的物体进行精准的分类和识别。无论是人脸识别系统准确地识别出每个人的身份，还是智能安防系统快速检测出异常物体，都体现了这些算法的价值。然而，它们无法像人类一样，真正地触摸、感受和与物理对象进行互动。它们只能根据图像的像素信息进行分析，无法理解物体的材质、重量、温度等物理属性。例如，算法可以识别出图像中的杯子，但它无法理解一个杯子从拿起来到放下的物理过程。

这种与物理世界的隔离，给非具身智能带来了各种各样的问题。一方面，缺乏对现实情境的深刻理解，使得非具身智能的输出往往存在局限性，可能会产生不准确或不恰当的结果。这就像几个盲人摸象，每个盲人只摸到了大象的一部分，并以此描述大象的样子，最终反映出的只是片面的认知，失去了对整体的把握。例如，在一个智能客服系统中，当用户询问某种产品的使用方法时，由于语言模型无法直接感知产品和实际使用场景，可能会给出一些不切实际或不完整的回答，无法有效帮助用户解决问题。

另一方面，面对复杂多变的现实场景，非具身智能显得力不从心，缺乏灵活性和适应性。就如同纸上谈兵，虽然熟读兵书，理论知识丰富，但在实际战场上却无法根据瞬息万变的局势做出正确决策。例如，在复杂的交通场景中，若自动驾驶技术仅依靠非具身智能，当遇到道路施工或突发事件时，它可能无法及时、准确地做出反应，导致交通事故的发生。因为它无法像人类驾驶员一样，通过直接观察和感知周围环境，并结合历史数据形成与物理世界交互的驾驶经验，灵活地调整驾驶策略。

二、具身智能的魅力与潜力

正是在深刻认识到非具身智能局限性的基础上，笔者将研究重心转向了具身智能（Embodied AI / Embodied Intelligence）领域。具身智能就像一把神奇的钥匙，为我们打开了一扇通往全新世界的大门，让我们看到了人工智能发展的新方向和新可能。

具身智能的核心在于强调人工智能产品与物理世界的交互。通过各种先进的传感器、执行器等设备，具身智能体（Embodied Agent）能够在物理世界中进行感知、行动和学习，从而更好地适应和理解现实环境。与非具身智能相比，具身智能具有多方面的显著优势。

首先，具身智能具备强大的感知能力。借助各类传感器，如视觉传感器、触觉传感器、力觉传感器等，具身智能体能够直接感知物理世界，获取丰富的多模态信息。例如，配备了RGB-D摄像头和激光雷达的机器人，它不仅可以通过视觉获取周围环境的图像信息，识别出物体的形状、颜色和位置，还能通过激光雷达获取物体的距离信息，构建出精确的三维环境模型。这种全面的感知能力使得具身智能体能够更加准确地理解现实情境，为后续的决策和行动提供更加可靠的依据。正如"欲穷千里目，更上一层楼"，只有站得高才能看得远，只有获取更全面的信息，才能做出更优的决策。

其次，具身智能拥有出色的行动能力。它能够在物理世界中进行实际的操作和交互，这是它区别于非具身智能的重要特征。以人形机器人为例，借助具身智能技术，它可以实现自主导航、物体抓取等复杂操作。在物流仓储领域，机器人可以在仓库中自由穿梭，准确地找到货物并将其搬运到指定位置。这种实际操作能力使得具身智能能够更好地完成各种任务，满足不同领域的需求。

最后，具身智能还具备强大的学习能力。在与物理世界的交互过程中，具身智能体能够不断地学习和进化。每一次与环境的互动都为它注入新的知识和经验，推动它不断提高自身的性能和适应性。正如"问渠那得清如许？为有源头活水来"，现实世界就是具身智能不断成长的"源头活水"。例如，机器人在反复抓取不同形状和材质的物体的过程中，能够根据触觉和视觉反馈不断调整抓取策略，从而提高抓取的成功率和稳定性。

具身智能的这些优势为解决现实世界中的各种问题提供了巨大的潜力。在工业制造领域，具身智能机器人可以实现高精度的生产操作，提高生产效率和产品质量；在医疗卫生领域，具身机器人可以协助医生进行手术、护理等工作，减轻医护人员的负担，提高医疗服务的水平；在交通运输领域，自动驾驶车辆借助具身智能技术能够更加安全、高效地行驶；在日常生活中，智能家居机器人可以为人们提供便捷的服务，如清洁、陪伴等。可以说，具身智能在各个领域都有着广阔的应用前景，有望深刻地改变我们的生活和生产方式。

三、本书的目的与意义

正是看到了具身智能所蕴含的巨大潜力，笔者怀着满腔热情和强烈的使命感，将自己在这一领域的研究成果和积累的经验分享给读者，于是有了这本书的诞生。

本书的目标是为广大读者提供一个全面而深入了解具身智能的窗口。通过详细介绍具身智能的概念、原理、技术和应用，笔者希望激发读者对这一前沿领域的兴趣和探索热情。无论是对人工智能领域充满好奇的初学者，还是在该领域深耕已久的研究人员，都能从本书中获得有价值的信息。

对于初学者，本书可作为他们进入具身智能领域的入门指南。通过系统地学习具身智能的基本概念和原理，他们将建立起对这一领域的初步认识，为今后的深入学习打下坚实的基础。而对于专业研究人员和从事人工智能应用的人员，本书将为他们提供有益的参考和启示，帮助他们在自己的研究和工作中取得新的突破，推动具身智能技术的进一步发展和应用。

本书将深入探讨具身智能的核心技术。从传感器技术如何获取精准的物理世界信息，到感知算法怎样对这些信息进行分析和理解；从行动控制如何实现具身智能体在物理世界中的精确操作，到学习机制怎样让具身智能体不断进化和提升性能，每一方面都将详细阐述。同时，本书还将介绍具身智能在实际应用中的成功案例，通过这些真实案例展示具身智能在解决实际问题中的强大能力，让读者更加直观地感受具身智能的魅力和价值。

此外，本书也不会忽视具身智能未来的发展趋势。笔者将探讨其面临的挑战和机遇。分析当前的技术瓶颈和未来的发展方向，为读者提供前瞻性的视角，帮助他们更好地把握具身智能领域的发展动态。

总之，笔者衷心希望这本书能够为推动具身智能的发展和应用贡献一份力量，让更多人受益于这一前沿科技。无论是促进学术研究的进步，还是推动产业的发展，只要本书能发挥一定的作用，笔者便感到无比欣慰。

如何阅读本书

本书围绕具身智能这一核心主题，从理论知识到实践案例进行了全面而深入的讲解，适合不同层次的读者，包括人工智能领域的初学者、研究人员以及对具身智能感兴趣的各界人士。为了帮助读者更好地理解和掌握书中的内容，针对各章节的阅读给出以下建议：

第1章 序章：这一章是全书的基础和开篇，读者应着重了解人工智能的发展历程，尤其是范式跃迁的四个关键阶段。通过对这四个阶段的深入学习，明确具身智能在整个人工智能发展进程中的重要地位。同时，需深入理解具身智能如何打破虚拟与现实次元壁的四个维度，包括感知与行动的闭环机制、物理规律的内化理解、从仿真到现实的迁移能力，以及知识获取方式的根本差异。此外，还需掌握大模型与物理世界融合的意义，以及具身智能的定义、范畴和关键问题。这些内容是理解全书核心概念的基石，只有扎实掌握，才能为后续学习打下坚实基础。

第2章　传统机械臂控制实例：本章通过采摘菊花的具体实例，带领读者学习传统机械臂控制方法。在阅读时，建议按照以下顺序进行：首先理解目标检测与识别操作、构建经验模型获取深度信息，然后学习机械臂控制实现及核心代码。通过这样的阅读方式，读者能够全面理解传统控制方法的流程、技术细节，并清晰地认识到其在实际应用中的局限性。这不仅有助于读者掌握传统机械臂控制技术，更为后续对比先进控制技术做好铺垫，从而更好地理解技术发展的必要性和方向。

第3章　VLA（视觉-语言-动作）原理：VLA技术是具身智能的关键技术之一，在学习这一章时，读者应首先系统了解其发展范式。通过对比传统系统的模态割裂，深入理解VLA范式的融合优势和核心价值。接着，学习隐式端到端、显示端到端和分层端到端 VLA 的原理、算法和性能特点。这将帮助读者深入理解具身智能中感知、决策和行动的一体化实现机制，明白VLA技术是如何帮助具身智能体在复杂物理世界中实现高效交互的。

第4章　SLAM原理简介：SLAM技术在机器人和自动驾驶领域具有关键作用。在阅读这一章时，读者应按照视觉里程计原理、后端状态估计与累计误差、回环检测消除累计误差实现精准导航的顺序进行学习。在这个过程中，要深入理解其涉及的各种算法和概念，如对极几何、PnP、ICP、卡尔曼滤波、BA与图优化、词袋模型等。这些内容是机器人在未知环境中定位和导航的基础技术，掌握它们对于理解具身智能在实际应用中的定位和导航功能至关重要。

第5章　机器人感知与自主定位：本章将深入探讨机器人感知与自主定位技术，这是具身智能领域的核心技术之一。从机器人感知与自主定位的概述入手，介绍多传感器感知融合、自主定位技术、多传感器时间同步、外参标定和场景感知等内容。读者将学习到不同传感器（如相机、激光雷达、超声波传感器、IMU等）的工作原理及其融合方法，理解自主定位的基本原理和算法（如卡尔曼滤波、粒子滤波等），掌握时间同步和外参标定的关键技术和实验方案，并了解场景感知技术在目标检测、实例分割和深度信息处理中的应用。通过理论学习与实践案例相结合，读者可以全面掌握机器人感知与自主定位技术，为后续学习和研究打下坚实的基础。

第6章　视觉语言导航原理：在学习这一章时，读者首先要明确视觉语言导航的任务定义、任务介绍、发展历史、任务三要素和VLN系统的构成。这些是理解该技术的基础框架的关键。接着，读者将深入学习导航任务的分类，包括指令导向任务、目标导向任务、需求导向任务和对话导向任务，了解它们各自的特点和应用场景。同时，要熟悉常见数据集基准与仿真器、评估指标和Baseline方法。通过学习这些内容，读者能够全面掌握机器人结合语言和视觉信息在环境中进行导航的原理和技术。

第7章　VLA实战：本章通过ACT和DP算法实践，将理论知识与实际应用相结合。读者在阅读时，首先应深入掌握ACT和DP算法原理，理解它们在实现具身智能任务中的核心思想。然后，详细了解它们在虚拟仿真和真实环境中的复现步骤和代码实现，包括环境配置、数据采集、训练和推理等环节。通过这一过程，读者能够将前面所学的理论知识应用到实际操作中，加深对具身智能技术的理解和掌握，提升自己的实践能力。

第8章　VLN实战：本章围绕VLN技术中的DUET模型展开深入探讨。DUET模型提出双尺度规划导航方法，兼顾全局粗粒度规划与局部细粒度预测。通过融合粗粒度地图编码和细粒度局部编码，模型能够在长距离导航中有效记忆并精准预测动作，为具身智能在未知环境中的导航提供有力支持。为了将DUET模型付诸实践，本章将详细介绍其复现流程，包括搭建 MATTERPORT3D 仿真环境，进行复制项目库、构建镜像等一系列操作；在预训练过程中，运用不同数据集的脚本开展训练，并对训练脚本中的各功能模块深入剖析；在微调和验证阶段，借助特定脚本优化模型，并详细阐述模型的输入输出及微调流程。通过完整呈现这些内容，助力读者全面掌握 DUET 模型，推动 VLN 技术在实际场景中的应用。

资源下载

本书提供源代码、PPT课件，请读者用微信扫描下面的二维码下载。如果学习本书的过程中发现问题或疑问，可发送邮件至booksaga@126.com，邮件主题为"具身智能：从理论到实践"。

（源代码）　　　　　　　　（PPT）

本书的圆满完成，归功于众多人士的共同努力。特别感谢宋希儒和熊世杰在资料整理方面的辛勤工作，他们为本书内容的充实和完善作出了重要的贡献。

编　者
2025 年 8 月

目　录

读书笔记

Reading notes

第1章

序　章

本章将介绍人工智能的发展历程，引出具身智能的概念，阐明具身智能（Embodied AI）与非具身智能的差异，探讨大模型与物理世界融合的意义，并明确具身智能的定义、范畴和关键问题，为全书奠定理论基础。

1.1　创作背景：人工智能的范式跃迁

自人工智能诞生以来，其发展历程可谓波澜壮阔，历经了四次具有深远意义的范式迭代。每一次迭代，都宛如在人类探索"智能"奥秘的漫漫长路上，矗立起一座崭新的里程碑，深刻地重塑着我们对"智能"的认知。

在 1950—1990 年的运算智能时代，基于规则系统的符号逻辑占据主导地位。彼时的人工智能以算法驱动的确定性计算为核心，IBM 的深蓝（见图 1-1）战胜国际象棋冠军这一历史性事件堪称典型代表。深蓝凭借强大的计算能力，依据既定规则对棋局展开海量计算，从而在对弈中击败人类顶尖棋手。然而，这一时期的人工智能存在显著局限，它缺乏对环境的适应能力，面对规则之外复杂多变的现实环境常常一筹莫展。它更像一个仅能按照固定剧本表演的演员，一旦舞台场景出现意外变故，便无法继续正常演出，集中体现为模型缺乏泛化能力。

进入 2000—2010 年的感知智能阶段，以卷积神经网络（Convolutional Neural Networks，CNN）为核心的技术在视觉和听觉感知领域掀起革命浪潮。ImageNet 大规模视觉识别挑战赛（ImageNet Large-Scale Visual Recognition Challenge，ILSVRC）成为技术发展的重要舞台。

图 1-1 运算智能的代表——深蓝计算机

2012 年，Alex Krizhevsky、Ilya Sutskever 和 Geoffrey Hinton 设 计 的 AlexNet 参 加 了 ImageNet 大规模视觉识别挑战赛。凭借新颖的架构和出色的性能，AlexNet 在竞赛中大放异彩，以 15.3% 的 Top-5 错误率超越第二名 10.8 个百分点。这一成果不仅使 AlexNet 成为深度学习发展历程中的重要里程碑，更标志着深度学习在计算机视觉领域取得重大突破，有力地推动了该领域的快速发展。然而，此时的人工智能仍存在局限，处于"被动识别"状态，虽然能对输入信息进行识别和分类，但难以理解物体在现实场景中的用途以及与之互动的方式。就像在棋类游戏中，象棋的策略组合有限，依靠规则和专家系统即可应对；而围棋棋盘有 19×19=361 个格子，每个格子有 3 种状态，总共会产生 3 的 361 次方种状态，数量庞大，单纯依靠规则和专家系统无法应对，模型的泛化性面临巨大的挑战。

到了 2015 年，ImageNet 大规模视觉识别挑战赛中出现了由微软研究院何凯明等人提出的 ResNet 网络。ResNet 在当年的竞赛中表现卓越，在 ImageNet 图像分类任务中，其 top-5 错误率低至 3.57%，位列第一，并在定位和检测项目中也荣获第一。ResNet 成功的关键在于引入深度残差学习框架，通过独特的 shortcut connections（快捷连接），使网络能够更轻松地学习恒等映射，解决了深度神经网络训练中的梯度消失和梯度爆炸问题，让模型训练变得更加容易，并且随着网络深度的增加，性能显著提升。这一成果进一步推动了计算机视觉领域的发展，后续众多检测、分割、分类等任务都纷纷基于 ResNet 展开。

在 2018—2024 年的认知智能时代，大语言模型（Large Language Model，LLM）的诞生无疑成为人工智能发展历程中的又一座重要里程碑，突破语义理解瓶颈的关键技术，在全球范围内引发了广泛关注并产生了深远影响。这一时期，随着大数据、高性能计算以及深度学习算法的不断发展与融合，大语言模型迅速崛起，成为推动自然语言处理领域进步的核心力量。

以 ChatGPT 为代表的大语言模型，凭借其庞大的参数规模（动辄千亿级别），展现了令人惊叹的上下文推理能力。在自然语言处理的众多任务中，这些大模型表现卓越，无论是文本生成、问答系统、机器翻译，还是文本摘要等领域都取得了显著成就。它们能够理解人类输入的自然语言，并生成相对流畅、逻辑连贯的回复，在与人类进行对话时，仿佛具备了一定的思维能力。这极大地改变了人与机器交互的方式，为智能客服、智能写作、智能辅导等诸多应用场景提供了强大的技术支持，提升了信息获取和处理的效率，创造了巨大的经济和社会效益。

然而，尽管 ChatGPT 在虚拟语言世界中如鱼得水，表现得近乎"智能"，但它本质上仍受限于"虚拟世界的数据拟合"。它对世界的理解完全依赖于所学习的海量语料库，这些语料库虽然包含了丰富的文本信息，但终究只是对现实世界的一种文字描述和抽象。由于缺乏对真实物理世界的直接体验和感知，ChatGPT 无法真正理解现实世界中物体的物理属性，例如无法直观地感受一个苹果的重量、质地和温度；对于物体之间的相互关系，它也只能从文本描述中获取间接信息，而不能像人类一样通过实际观察和互动来理解，无法体会两个物体在空间中的位置关系如何随着时间和动作发生变化；在面对各种物理规律时，ChatGPT 更显得力不从心，因为它不具备亲身体验物理现象的能力，难以真正领会诸如重力、摩擦力等物理规律在实际生活中的作用机制。

自 2024 年春晚的机器人舞蹈表演引发广泛关注以来，具身智能这一概念逐渐进入大众视野。其中，具身智能理论的关键突破当属 Rodney Brooks 提出的"具身认知"理论。该理论颠覆了传统认知，指出智能绝非单纯的抽象计算与推理，而是依赖于物理身体与真实环境的交互进行进化。

波士顿动力的 Atlas 机器人（见图 1-2）堪称这一领域的典范。它通过反复的"跌倒－爬起"过程，持续迭代学习运动控制技能。这一过程意义非凡，标志着人工智能正从以往单一的"数字脑"模式向"物理体"模式跨越。在与真实环境的不断互动中，Atlas 机器人逐步掌握了适应复杂环境的运动技能。它不再是局限于虚拟世界的智能程序，而是进化为能够在现实世界中灵活行动的智能体（Agent）。

这一重要跨越为人工智能的发展开辟了新路径，使其在更真实、全面地模拟甚至超越人类智能的道路上，迈出了关键一步。

图 1-2 波士顿动力的 Atlas 机器人

1.2 具身智能：打破虚拟与现实的次元壁

具身智能与非具身智能在本质上的显著差异，集中体现在物理具现化能力的实现上，这一差异主要从感知与行动的闭环机制，物理规律的内化理解，仿真到现实的迁移能力与知识获取方式四个维度得以体现。

1. 感知与行动的闭环机制

以特斯拉 Optimus 为典型代表的具身智能体（Embodied Agent），借助多模态感知系统（涵盖视觉、触觉、力觉传感器）与关节执行器的高效协同运作，构建了完备的"感知－决策－执行"循环链条。具体表现如下：

1）视觉感知

Optimus 搭载的视觉传感器主要包括 RGB-D 摄像头与激光雷达，这些设备是其实现精准视觉感知的关键。RGB-D 摄像头不仅能够捕捉物体的颜色信息，还能获取深度数据，而激光雷达通过发射激光束并测量反射光的时间来构建精确的三维环境模型。二者相辅相成，赋予机器人强大的三维环境建模能力。在复杂的仓储环境中，这一能力的优势尤为明显。Optimus 可以通过视觉系统迅速扫描周围环境，快速判断货架间的通道宽度，这对于规划行进路径至关重要，能够避免在移动过程中与货架发生碰撞。同时，它还能精准识别货物的摆放位置，无论是形状规则的标准货物，还是形状各异的特殊物品，都能准确分辨，为后续的搬运任务提供可靠依据。例如，在面对不同尺寸和材质的包装箱时，机器人能够根据视觉感知到的信息，确定最佳的抓取点和搬运方式。

2）触觉感知

Optimus 的手指与关节部位覆盖了密集的触觉传感器阵列，具备高达 0.1N 级别的高精度力度感知能力。结合先进的自适应阻抗控制算法，机器人在抓取物体时展现出非凡的精细操作能力。以抓取鸡蛋这类易碎物品为例，在机器人的手指接触到鸡蛋的瞬间，触觉传感器会立即感知到接触力的大小，并将信息反馈给控制系统。控制系统根据预设的力度阈值和当前的接触力情况，结合自适应阻抗控制算法，动态调整手指施力的大小。如果感知到的力过小，系统会自动增加施力，确保鸡蛋被稳定抓取；若力过大，系统则会及时减小力量，避免鸡蛋因受力过大而破裂。这种基于触觉反馈的实时调整机制，使 Optimus 能在各种复杂抓取任务中确保物品的安全，展现出与人类手部类似的精细操作水平。

3）本体觉感知

由编码器与惯性测量单元组成的本体觉传感器是 Optimus 维持自身运动稳定性的关键保障。编码器能够精确测量关节的旋转角度和运动速度，惯性测量单元则可实时监测机器人的加速度和角速度。在行走过程中，本体觉传感器持续为机器人提供肢体运动状态的关键信息。当 Optimus 跨越障碍物时，本体觉传感器会及时感知到腿部关节的角度变化和身体的姿态调整需求，并将这些信息传递给控制系统。控制系统根据这些信息迅速做出决策，调整其他关节的运动参数，以保持身体的平衡和动作的流畅性。在攀爬任务中，本体觉传感器同样发挥着重要作用，帮助机器人精确控制肢体的伸展和收缩，确保在复杂的攀爬环境中找到稳定的支撑点，避免因重心不稳而发生坠落危险。在搬运物体时，本体觉传感器会根据物体的重量和搬运动作的变化，实时调整身体各部分的姿态和力量分配，使整个搬运过程更加平稳、高效。

2. 物理规律的内化理解

具身智能通过实体交互不断积累物理常识，形成一种截然不同于单纯文本推导的经验认知体系。以 Optimus 举例，在搬运重物过程中，它需要进行以下操作：

1）质量估算与惯性预判

力传感器反馈的信息能够让机器人迅速估算物体质量，进而预判其惯性。在搬运过程中，机器人会依据这些信息及时调整关节扭矩，整个闭环操作能够在 50ms 内快速完成。例如，在搬运大型机械设备零部件时，Optimus 能够根据力的反馈精准调整自身动作，确保搬运过程的平稳与安全。

2）摩擦力模型构建

通过数千次跌落实验，Optimus 建立了完善的摩擦力模型。凭借这一模型，机器人能够自主判断在不同材质表面的最大抓取倾斜角。例如，在处理表面光滑的金属零件或粗糙的木质材料时，Optimus 能够根据摩擦力模型调整抓取角度，保证抓取的稳定性。

3）复杂地形行走策略

在复杂地形行走时，Optimus 结合地面反作用力与视觉信息，能够准确预测滑移概率。例如，在布满石子的路面或潮湿的地面上行走时，机器人可以根据这些信息调整步伐节奏与重心位置，避免滑倒或摔倒。

3. 仿真到现实的迁移能力

在具身智能的发展进程中，数据训练是至关重要的一环，但在真实物理世界中获取数据并进行交互的过程中面临诸多挑战。真实物理世界无法随意加速实验进程，每个实验都必须依靠具身智能体在真实环境中一步一步地执行任务，才能获取到相应的数据。这意味着，在真实环境下进行数据训练，不仅耗时费力，还需要投入大量的资源。例如，要训练一个用于复杂工业场景的具身智能机器人，让它学习各种复杂情况下的操作技能，若按照传统的在真实环境中直接训练的方式，可能需要花费数月甚至数年的时间，其间还可能受到环境因素的干扰，导致训练结果不稳定。

鉴于此，具身智能通常采用 Sim2Real（Simulation to Reality）训练范式。这种范式的核心思想是先在虚拟环境中完成一系列复杂的训练任务，然后将训练好的模型移植到真实环境中，从而有效提高训练效率，降低训练成本。

在虚拟环境中，首要的训练环节是大规模碰撞模拟。研究人员会进行高达 10^6 量级的碰撞模拟实验，为机器人创造丰富多样的碰撞场景。在狭窄通道中，机器人频繁与各种形状、大小的障碍物发生碰撞。通过反复经历这些碰撞，机器人可以学习到应对碰撞的有效策略。例如，当感知到即将与障碍物碰撞时，机器人能够迅速判断最佳的路径调整方向，向左或向右避让，或是后退重新规划路线，从而避免碰撞并顺利通过狭窄空间。这种在虚拟环境中的反复训练，使机器人积累了大量应对碰撞的经验，为它在真实世界中应对类似情况提供了可靠的决策依据。

基于物理引擎的动力学学习也是 Sim2Real 训练范式的重要组成部分。像 MuJoCo 这样的物理引擎，为机器人在虚拟环境中的动力学学习提供了有力支持。借助这些物理引擎，机器人可以模拟各种运动，深入学习不同动作的动力学原理。在模拟行走动作时，机器人能够分析腿部肌肉力量的变化如何影响身体的前进速度和平衡；在模拟奔跑时，机器人可以研究如何调整步幅和步频来实现更快的速度，同时保持身体的稳定；在模拟跳跃动作时，机器人能够探索如何控制力量和角度，以达到理想的跳跃高度和距离。通过对这些运动的模拟学习，机器人能够深刻理解力与运动之间的复杂关系，从而在真实世界中执行相应动作时，表现得更加自然和流畅。

此外，随机化材质参数训练鲁棒性是 Sim2Real 训练范式的又一关键环节。在虚拟环境中，研究人员会设置不同材质的物体，涵盖不同硬度的塑料、不同粗糙度的金属等。这些材质在物理属性上存在差异，机器人在与它们进行交互时，需要学习如何根据材质的不同来调整操作策略，以保持稳定的操作性能。当机器人抓取不同硬度的塑料物品时，要根据材质的弹性和抗压能力，调整抓取的力度和方式，避免物品被夹碎或滑落；在接触不同粗糙度的金属表面时，机器人需要适应不同的摩擦力，调整移动速度和力度，确保能够稳定地行走或操作。通过这种随机化材质参数的训练，机器人能够提高自身的鲁棒性，增强在复杂多变的真实世界中的适应能力。

当机器人在虚拟环境中完成上述一系列训练，积累了足够的经验和技能后，便可以通过域随机化技术将训练好的模型迁移至物理世界。域随机化技术通过在虚拟环境中引入各种随机因素，模拟真实世界中的不确定性，使得训练好的模型在面对真实世界的差异时，依然能够保持良好的性能。据研究表明，这种训练方式相较于纯实体训练，具有显著的优势，其效率提升了 3 个数量级。这意味着原本需要耗费大量时间和资源的训练过程，现在可以在短得多的时间内完成。这不仅极大地缩短了训练周期，还降低了训练成本，包括硬件设备的损耗、人力的投入以及实验场地的使用等，为具身智能的快速发展和广泛应用提供了有力支持。

4. 知识获取方式的根本差异

非具身智能与具身智能在认知形成过程中存在显著差异，这些差异的背后，符号接地问题起到了关键作用。符号接地问题由认知科学家斯蒂夫·哈纳德（Stevan Harnad）于 1990 年正式提出，是认知科学、人工智能和哲学领域中具有深远影响的基础问题。其核心问题是如何让抽象符号与现实世界中的对象、概念和经验建立起真正有意义的联系。在传统人工智能发展历程中，早期的符号系统被广泛应用，计算机通过操作抽象符号来执行任务，但这些符号缺乏与现实世界的直接关联，导致人工智能在理解和处理现实问题时面临诸多困难。

表 1-1 详细展示了 GPT-4 类非具身智能和具身智能在认知形成过程中的不同维度，这些维度的差异深刻体现了符号接地问题在两种智能形式中的不同表现。

表1-1　具身智能与非具身智能核心特征对比

维度	GPT-4类非具身智能	具身智能
知识来源	基于文本语料统计，依赖符号化抽象描述，与真实世界感知脱节，受符号接地问题影响	源自多模态交互数据流（视觉、触觉等），直接感知真实环境，避免符号与现实脱节
物理概念理解	通过语言符号关联学习，停留在文本描述层面（如"质量"仅靠语言定义），符号接地困境显著	通过本体运动经验（如抓取物体感受重量）建立直观认知，物理概念与实际体验绑定
推理基础	基于概率语言模型和文本逻辑推导，缺乏现实约束，推理与实际场景结合弱	基于物理约束的最优控制，结合动作反馈动态调整策略，贴近真实环境需求

例如，当被问及"如何稳定搬运装满水的敞口容器"时，这种差异尤为明显。

GPT-4的应对方式：GPT-4可能会给出基于流体动力学的理论描述，从理论层面分析搬运过程中的受力情况与液体晃动原理。但由于GPT-4属于非具身智能，深受符号接地问题的困扰，因此它只是对文本中的流体动力学等相关符号进行处理和组合，缺乏实际操作层面的具体应对方法。那些语言符号在其系统中并未真正与实际搬运场景中的物理对象和操作建立有效联系，无法将抽象的物理知识转换为实际可行的动作指导。

Optimus的应对方式：Optimus会根据实际洒水数据，自动调整步态频率和手臂摆动幅度。在实际操作过程中，它会通过传感器实时监测水的晃动情况，不断调整自身动作，将液体晃动幅度控制在5%以内，从而实现稳定搬运。具身智能体Optimus不存在传统非具身智能面临的符号接地难题，它通过自身搭载的多种传感器，与真实环境中的水、容器等物理对象进行多模态交互。在这个过程中，它对质量、惯性、摩擦力等物理量有了直观且深刻的认知，这些认知并非基于抽象符号，而是直接来源于与物理世界的具身化交互。

这种差异从本质上反映了具身智能突破了传统AI仅局限于符号处理的困境，将具身智能体置于受物理约束的连续时空中。通过具身化交互，具身智能体得以获得对质量、惯性、摩擦力等物理量的直观且深刻的认知。正如人类婴儿通过抓握、爬行等实际动作逐步建立起空间认知，具身智能体正在机器维度重现这一认知进化的关键历程，有效解决了传统非具身智能所面临的符号接地问题，实现了从抽象符号到真实物理世界认知的跨越。

1.3　大模型与物理世界的融合革命

在上一节中，我们深入探讨了具身智能与非具身智能之间的显著差异。然而，在技术发展的宏大版图中，这两种技术并非独立发展，而是呈现出相互融合、相辅相成的态势。尤其值得注意的是，具身智能技术的蓬勃发展与大模型的崛起密不可分。在具身智能不断演进的进程中，大模型逐步崭露头角，成为"认知中枢"的关键角色，其重要性不言而喻。不过，若要充分挖掘具身智能的巨大潜力，仅仅依靠大模型自身的发展还远远不够，必须与物理系统进行深度融合，以突破当前面临的瓶颈。

在感知增强这一关键维度，通过视觉－语言－动作（VLA）联合训练这一创新性方法，能够赋予机器人更强大的感知和执行能力。设想这样一个场景：当机器人接收到"请递给我桌子上的螺丝刀"这样的指令时，其内部复杂而精妙的运作机制便立即启动。首先，机器人搭载的视觉传感器迅速对周围环境进行全方位扫描，利用先进的图像识别技术，精准识别桌子以及放置其上的螺丝刀；与此同时，语言处理模块高效运转，对输入的语言指令进行深度解析，准确确定目标物体是螺丝刀；紧接着，机器人将视觉识别与语言理解所获取的信息进行整合，并转换为对三维空间中目标物体的精确定位和抓取动作的规划。VLA 联合训练方式就像一座坚固的桥梁，将抽象的语言指令与实际的物理环境和具体的动作紧密地连接在一起。这一方法极大提升了机器人在复杂多变环境中的任务执行能力，使其能够更加灵活、准确地应对各种现实场景中的不同挑战。

在行动优化方法上，PaLM-E 模型在机械臂控制领域取得了令人瞩目的成果。传统的强化学习方法在机械臂控制中存在明显局限。在真实环境下，机械臂需要大量试验和长时间学习，这不仅耗费大量的时间和精力，而且频繁的操作还可能对机械臂造成一定程度的损耗，增加维护成本。与之形成鲜明对比的是，PaLM-E 模型另辟蹊径，巧妙地引入物理仿真预训练环节。在物理仿真环境中，机械臂能够进行海量的模拟训练，在虚拟世界里尝试各种不同的动作策略，积累丰富的经验。经过大量的仿真训练后，PaLM-E 模型筛选出在仿真环境中行之有效的动作策略，并成功将其迁移到真实的机械臂控制场景中。根据 Google Robotics 在 2024 年发布的数据，这一创新应用使机械臂动作的成功率从传统强化学习方法的 43% 大幅跃升至 82%。这一显著提升，充分彰显了 PaLM-E 模型在行动优化方面的巨大优势，不仅大幅提高了动作的成功率，还极大地降低了实际训练所需的成本和风险，为机械臂控制技术的发展开辟了新的道路。

从产业发展的宏观视角来看，特斯拉 Optimus 的出现无疑是具有里程碑意义的事件。特斯拉 Optimus 成功攻克了技术难题，能够在工厂流水线中完成零件装配任务，并且将成本有效控制在 2 万美元以下。这一成果标志着具身智能技术跨越了从实验室研究到规模化落地的鸿沟。回顾过去，具身智能技术虽然在实验室环境中取得了诸多令人欣喜的技术突破，但由于其成本居高不下、技术稳定性欠佳等问题，始终难以在实际产业领域中广泛推广和应用。特斯拉 Optimus 通过持续优化设计和生产工艺，在降低成本方面取得了显著成效，同时极大地提高了技术的可靠性和实用性。这使得具身智能机器人能够在工厂流水线等产业场景中大规模部署，为产业升级注入了强大的动力，为生产效率的提升带来了全新的机遇，有望推动整个产业进入一个全新的发展阶段。

1.4 具身智能的定义与范畴

在人工智能的广阔领域中，具身智能凭借其独特的定义和范畴，占据了极为重要的位置。根据中国计算机学会（China Computer Federation，CCF）给出的权威定义，具身智能是基于物理身体的感知－行动闭环系统。这一定义简洁而深刻地揭示了具身智能的本质特征，同时也与以 ChatGPT 为典型代表的非具身智能形成了鲜明的对比。

具身智能所展现出的核心特征，使其在人工智能的版图中独树一帜。

特征 1：主动探索

具身智能在感知周围环境时，并非如传统被动式系统一般，仅仅消极地等待信息的输入；相反，它宛如一位充满好奇心与探索欲的冒险者，能够依据自身设定的目标和当下的实际需求，积极主动地投身于环境探索之中，精准地获取那些对完成任务具有关键价值的信息。

以用于搜索救援的具身智能机器人为例，在灾难现场那充满未知与危险的废墟环境中，具身智能机器人不会被动地等待外界将生命迹象等关键信息传递过来，而是凭借自身搭载的先进传感器，如高分辨率的摄像头、生命探测仪等，主动在废墟中穿梭搜寻。它能够自主分析周围环境的复杂状况，主动调整搜索路径，确保不遗漏任何一个可能存在生命迹象的角落。这种主动探索的特性和能力，显著提高了搜索救援的效率和成功率，体现了具身智能在实际应用中的强大优势。

特征 2：物理交互（Sim2Real 迁移）

这一特征强调具身智能在真实物理环境中与各类物体和其他实体交互的能力，并能够巧妙地将在模拟环境中历经大量训练所积累的知识和技能，成功地迁移并应用到真实环境中。

例如，前文提及的 PaLM-E 模型在机械臂控制领域的卓越应用。在传统的机械臂控制模式下，机械臂往往需要在真实环境中进行海量且耗时的试验与学习，这不仅成本高昂，还可能因频繁操作而对设备造成一定程度的损耗。相比之下，PaLM-E 模型创新性地引入了物理仿真预训练环节。在虚拟的物理仿真环境（高度模拟真实场景）中，机械臂能够进行不计其数的模拟训练，尝试各种不同的动作策略，积累丰富的经验。当这些在仿真环境中经过反复验证的有效策略被成功迁移到真实的机械臂控制场景中时，机械臂在真实物理环境中的操作能力得到了显著提升。这一过程充分展示了具身智能在物理交互与 Sim2Real 迁移方面的强大能力，为提高生产效率、降低成本提供了切实可行的解决方案。

特征 3：任务泛化

具身智能具备一项令人瞩目的能力——任务泛化，即仅通过少量样本学习（Few - shot Learning），将学到的知识和技能灵活应用到不同但具有相似特征的任务当中。

假设有一个经过少量物体抓取训练的机器人，在训练过程中，它可能仅仅接触并学习了几种特定形状和材质的物体的抓取方法。然而，当面对一个全新的、具有类似形状和材质的物体时，它并不会陷入无从下手的困境。凭借其强大的任务泛化能力，它能够迅速对新物体的特征进行分析，并与之前所学的知识和技能进行类比匹配。通过快速调整抓取策略，机器人能够成功完成新物体的抓取任务，而无须像传统机器人那样，针对每个新物体进行大量烦琐且重复的训练。这种任务泛化能力使得具身智能在复杂多变的现实环境中展现出极高的适应性和灵活性，拓展了其应用范围和潜力。

1.5 具身智能的关键问题

为了更深入地理解具身智能所解决的问题，我们通过一个实际的机器人叠衣服案例来比较传统控制与具身智能控制之间的差异。选择叠衣服作为案例，主要是因为在传统控制中，机器人叠衣服几乎是一个难以完成的任务。传统控制方法通常要求预先设定详尽的动作流程和参数，如每件衣服的折叠顺序、折叠角度等。然而，在现实世界中，衣服的材质、形状、大小千差万别，摆放状态也各不相同，这使得传统控制方法无法应对这些复杂多变的情况，导致叠衣服效果不尽如人意或任务无法完成。

相比之下，具身智能控制则致力于解决以下关键问题，更好地应对叠衣服这一类复杂的控制任务。

1）感知瓶颈：多模态数据融合（视觉/触觉/力觉）

在叠衣服的过程中，机器人需要同时利用视觉传感器识别衣服的形状、颜色、图案等信息，触觉传感器感知衣服的材质和柔软度，力觉传感器控制折叠过程中的力度。如何有效地融合这些来自不同模态的数据，是具身智能面临的重要挑战。例如，当视觉传感器检测到衣服的边缘时，触觉和力觉传感器需要协同工作，确保在抓取和折叠时既不会损坏衣服，又能准确完成动作。

2）规划难题：复杂任务分解（基于大语言模型的任务规划）

叠衣服看似简单，但实际上是一个复杂的任务，需要分解为多个子任务，如捡起衣服、展开衣服、确定折叠方式、进行折叠等。具身智能需要借助大语言模型进行任务规划，根据衣服的特征和折叠目标，合理安排每个子任务的执行顺序和具体操作。然而，如何准确地将复杂的自然语言指令转换为实际可行的任务执行步骤，仍然是一个待解决的难题。

3）控制挑战：高维动作空间优化（如灵巧手操作）

在折叠衣服时，机器人的手部需要完成各种复杂、精细的动作，这涉及高维动作空间的优化问题。例如，机器人的灵巧手需要准确捏住衣服的一角，然后进行翻转、折叠等动作，每个动作都需精确控制手部关节的角度和力度。如何在高维动作空间中找到最优动作策略，以实现高效、准确的操作，是具身智能控制面临的一大挑战。

4）数据稀缺：真实环境数据采集成本（参考仿真平台如 Habitat、iGibson）

要训练具身智能模型，需要大量的真实环境数据。然而，在真实环境中采集数据往往成本高昂，并且受到环境噪声、光照变化等因素的影响。例如，要采集不同材质、形状的衣服在不同摆放状态下的叠衣数据，需要耗费大量的时间和人力。为解决这一问题，研究人员通常借助 Habitat、iGibson 等仿真平台，在虚拟环境中生成大量数据用于模型训练。但如何确保虚拟环境数据与真实环境数据的一致性和有效性，仍是一个需要深入研究的问题。

具身智能作为人工智能发展最新阶段的代表，正面临诸多挑战，但也蕴含着巨大的发展潜力。通过解决这些关键问题，具身智能有望在未来实现更广泛的应用，从而深刻改变我们的生活和生产方式。

1.6 本章小结

本章阐述了人工智能从运算智能、感知智能、认知智能发展至具身智能的历程，强调了具身智能通过物理身体与环境交互实现智能进化的特点；剖析了具身智能在感知与行动闭环、物理规律理解、仿真到现实迁移以及知识获取方式上与非具身智能的差异，指出大模型与物理系统融合对具身智能发展的关键意义；明确了具身智能的定义，概括其主动探索、物理交互、任务泛化的核心特征，并以机器人叠衣服案例说明了其面临的感知、规划、控制和数据采集等关键问题，为后续章节深入探讨具身智能技术奠定了理论基础。

第 2 章
传统机械臂控制实例

在探讨具身智能控制机械臂之前，了解一些机械臂控制的基本原理和基础知识是必要的。这包括从形式化方法逐步过渡到神经网络模型控制。在工业自动化的浪潮中，机械臂作为关键的生产工具，其控制技术的发展历程尤其值得关注。传统机械臂的控制方法为现代机械臂控制奠定了基础，这些方法主要关注如何精确规划机械臂的运动轨迹，如何在复杂的工作空间中实现精准定位，以及如何确保机械臂在既定任务中保持稳定高效的操作。

机械臂的运动学控制是传统控制方法的核心，涉及正运动学和逆运动学的计算。此过程旨在根据机械臂的关节参数，确定其末端执行器的位置和姿态。通过精确的数学建模，机械臂能够在预设路径上实现重复性极高的操作，满足工业生产中对精度和一致性的严格要求。

同时，反馈控制机制在传统机械臂控制中也扮演着至关重要的角色。通过位置传感器、速度传感器等设备获取机械臂关节的实时状态信息，利用 PID（比例-积分-微分）控制器等调节手段，对机械臂的运动进行动态调整，以应对负载变化或外部扰动，确保机械臂的运动始终贴近理想轨迹。

然而，传统机械臂控制方法存在局限性。它们通常依赖于精确的环境模型和预设的指令序列，在面对动态变化的环境或需要灵活决策的任务时，容易暴露出适应性和灵活性不足的问题。因此，研究人员不断探索新的控制策略和方法，以提高机械臂的智能化水平和适应能力。

本章将通过一个采摘福白菊的实例，深入探讨传统机械臂控制方法的实际应用。内容包括控制架构的设计、关键算法的实现以及在工业场景中的具体操作流程，以便更直观地理解这些方法的优势与局限，为后续章节介绍先进控制技术提供对比和铺垫。

具身智能：从理论到实践

使用机械臂进行福白菊采摘操作的完整流程如图 2-1 所示。

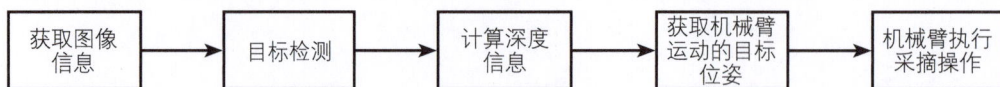

```
获取图像      目标检测      计算深度      获取机械臂      机械臂执行
信息                      信息        运动的目标      采摘操作
                                    位姿
```

图 2-1 整体流程

具体操作如下：

（1）获取图像信息：在机械臂的末端添加一个摄像头，进行图像信息的采集，为后续的目标检测提供数据基础。

（2）目标检测：利用目标检测算法分析获取的图像，识别出福白菊，并估算其在图像中的位置和面积。

（3）计算深度信息：基于视觉传感器获取的图像数据，计算出机械臂与目标福白菊的深度信息（如距离和角度等空间参数），为机械臂的运动规划提供依据。

（4）获取机械臂运动的目标位姿（位置和姿态）：根据目标检测和深度信息计算的结果，确定机械臂末端执行器（如夹爪或吸盘）的目标位置和姿态，规划出机械臂的运动轨迹。

（5）机械臂执行采摘操作：机械臂按照规划好的运动轨迹，精准地移动到目标位置，执行采摘动作，完成采摘福白菊的任务。

2.1 目标检测模型的数据集构建和模型训练

本节将详细阐述针对福白菊识别的目标检测模型的数据集构建、训练、优化及效果评估过程，包括数据处理、模型选择与参数调整等关键步骤。

2.1.1 数据集构建及数据预处理

为了识别福白菊，我们首先选取了开源花卉识别数据集中的甘菊作为基础数据集。鉴于福白菊的独特特征，我们在该数据集的基础上补充了数十张通过视频切片获得的福白菊照片，并运用数据增强技术对这些照片进行了处理，最终得到了约 1000 张图片数据。接着，我们利用 X-Anylabeling 软件训练了一个小型模型，实现了数据的自动标注。生成标签文件后，我们将其复制到指定目录以进行模型训练工作。经过严格的验证测试，确保训练完成的模型文件在实际应用中对福白菊的检测与识别准确率能够达到预期标准，从而为后续的采摘操作提供精确的目标定位。

2.1.2　模型训练

我们采用常见的目标检测模型 YOLOv5 进行模型训练。

首先，将经过预处理并带有标注文件的数据集按照一定的比例划分为训练集、验证集和测试集。常见的划分比例为 8:1:1，以确保各个子集的数据分布能够合理地反映整体数据的特征，以此来保障模型训练和评估的有效性。

然后，配置好相应的训练参数，例如训练的轮次（epochs）、初始学习率、批处理大小（batch size）等。我们将训练的轮次设置为 100，初始学习率设置为 0.001，批处理大小设置为 16。

最后，将数据集导入 YOLOv5 模型中，启动训练流程。在训练过程中，密切关注损失函数的值的变化情况，其中包含了分类损失、定位损失等不同部分。通过分析这些损失值随训练轮次的变化趋势，判断模型是否正常收敛，以及是否出现过拟合或者欠拟合。同时，利用验证集定期对训练过程中的模型进行验证评估，获取准确率、召回率、平均精度均值等关键指标。若发现某些指标出现异常波动或不符合预期的提升情况，应及时调整训练参数，如适当降低学习率，以进一步优化模型的训练效果。

2.1.3　模型优化与调整

在完成初步的模型训练后，根据验证集和测试集的反馈结果，对模型进行有针对性的优化调整。如果发现模型在检测特定形态或特定环境下的福白菊时准确率较低，可进一步收集相关形态或环境下的图片数据以补充到数据集中，以进行数据增强和重新训练。此外，还可以尝试微调 YOLOv5 的模型结构，例如调整网络的深度、宽度等参数，或采用不同的特征提取层组合方式，以增强模型对福白菊特征的提取和表达能力。同时，应用先进的正则化技术（如 Dropout）可避免模型在训练过程中出现过拟合，从而提升模型的泛化能力，使其在复杂的田间环境中依然能够准确地检测和识别福白菊。

2.1.4　实际应用与效果评估

将训练优化好的模型部署到实际的福白菊采摘场景中，连接到图像采集设备（如摄像头等）上，实时获取田间福白菊的图像数据，并传入模型进行目标检测与识别。记录模型的检测结果，结合人工标注的真实情况，进一步统计准确率、误检率、漏检率等指标。

模型的训练和评估的损失（loss）如图 2-2 所示。

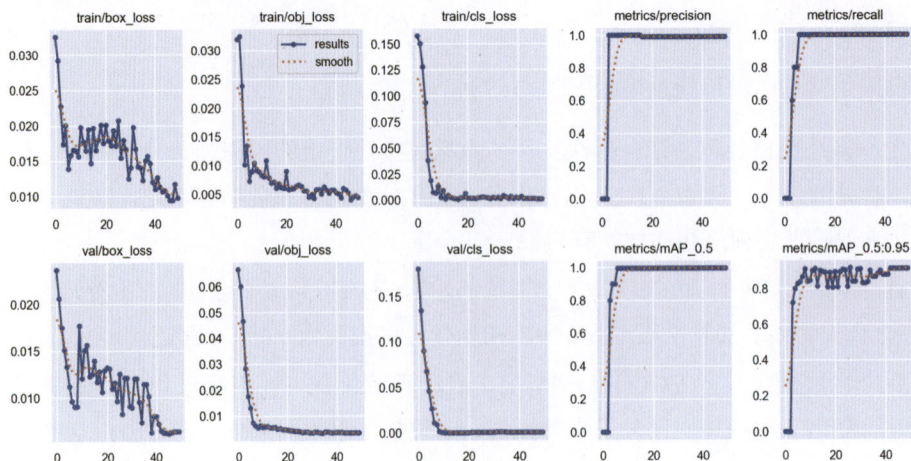

图 2-2 模型训练及评估的损失

2.2 构建坐标系，获取深度信息

本节将介绍在机械臂控制中构建世界坐标系的方法，以及如何通过数据采集和模型拟合获取目标物体的深度信息，从而为机械臂的运动规划提供依据。

2.2.1 构建世界坐标系

构建世界坐标系的操作如下：

（1）原点选择：选择机械臂所在摄像头的中心点作为世界坐标系的原点。这样可以使得机械臂的运动与摄像头的视角保持一致，便于后续深度信息的计算和机械臂的运动控制。

（2）坐标轴确定：根据右手定则来建立坐标系的 x、y、z 轴。具体而言，可以将 x 轴指向右侧，y 轴指向前方，z 轴垂直于 XOY 平面并指向上方。这样建立的坐标系符合实际应用场景中对空间位置的描述习惯，便于后续对机械臂运动和目标位置分析。

2.2.2 模型的拟合与建立

要拟合和建立模型，首先需要在实际工作空间中进行数据采集，接着根据数据的分布特点选择合适的模型进行拟合，最后使用数学方法求解参数与确定模型。

1. 数据采集与整理

具体而言，首先将福白菊放置在距离摄像头不同已知距离的位置，这些距离应涵盖机械臂工作空间内的各个区域，以确保数据的全面性和代表性。在每一个预定的距离点，使用摄像头拍摄包含福白菊的图像，并准确记录此时图像中福白菊的面积。

为了确保数据的精确性，在记录图像面积时以像素为单位进行计算。在计算过程中，根据福白菊是否占据像素单元格的一半来进行评估。若像素单元格中福白菊所占面积超过一半，则将该像素计入福白菊的面积统计；反之，则不计入。通过这种方式，可以得到较为准确的图像面积数据。

然后，将采集到的每组数据整理成表格形式，表格应包含以下两列关键数据：

- 实际距离：记录福白菊与摄像头之间的实际距离，单位为厘米（cm）。通过精确的测量工具进行测算。
- 图像面积：记录在对应的实际距离下，摄像头拍摄到的福白菊在图像中的面积，单位为像素。

表 2-1 所示为部分示例数据。

表2-1　实际距离对应的图像面积示例数据

实际距离D（cm）	图像面积S（像素）
5	81
10	33
15	21
20	16
25	13
30	11
35	9
40	8
45	7
50	6
55	6
60	5

2. 模型选择与拟合

在本例中，观察到随着实际距离的增加，图像面积呈非线性减小的趋势。因此，采用形如 $d=a\times S^{(-b)}+c$ 的模型进行拟合。其中，d 表示实际距离，S 表示图像面积，a、b、c 是拟合得到的参数。

3. 参数求解与模型确定

利用最小二乘法等数学方法，将采集到的数据代入模型，求解出参数 a、b、c 的值。我们使用 scipy.optimize 库中的 curve_fit 函数，它能基于最小二乘法对非线性模型进行参数拟合。以表 2-1 中的数据进行拟合，代码如下：

```python
import numpy as np
from scipy.optimize import curve_fit
# 定义模型函数
def model(S, a, b, c):
    return a * (S ** (-b)) + c
# 实际测量数据
actual_distances = np.array([5, 10, 15, 20, 25, 30, 35, 40, 45, 50, 55, 60])
image_areas = np.array([81, 33, 21, 16, 13, 11, 9, 8, 7, 6, 6, 5])
# 使用 curve_fit 进行参数拟合
popt, _ = curve_fit(model, image_areas, actual_distances)
# 输出拟合得到的参数
a, b, c = popt
print(f" 拟合得到的参数  a = {a}, b = {b}, c = {c}")
```

运行后得到的结果如下：

```
拟合得到的参数 ：
a = 274.2440189382021, b = 0.9257358178935992, c = -0.46625711560373695
```

我们可以看看拟合的效果，如图 2-3 所示。

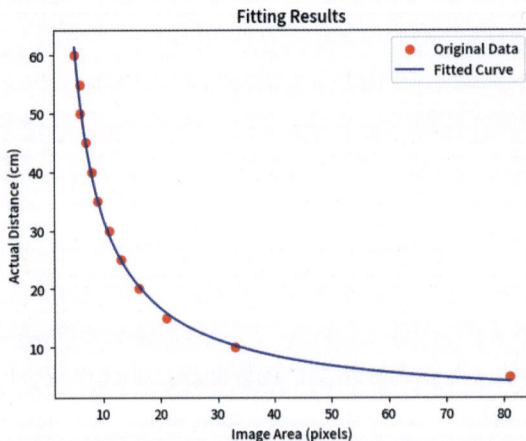

图 2-3 拟合效果

在本实例中，我们通过多组测量数据最终计算得到 a=270.5，b=0.51，c=−0.2，从而得到最终的模型：d=270.5×S^(−0.51)−0.2。其中，d表示深度信息（即距离）；S表示图片中福白菊的面积。

2.3 机械臂控制实现

机械臂控制实现是机器人系统中的核心技术环节，其关键在于通过坐标系转换、运动学建模与轨迹规划，实现末端执行器的精确控制。接下来，我们将详细说明本实例中如何进行控制。

2.3.1 坐标系的建立与标定

在机械臂控制系统中，坐标系的建立是实现空间定位的基础。世界坐标系作为全局参考系，通常以机械臂工作空间的基准点为原点。机械臂基坐标系固定于机械臂基座，其原点位于基座旋转中心。每个关节的局部坐标系以关节旋转中心为原点，轴方向根据机械臂结构确定（如旋转关节的旋转轴对应 z 轴）。末端坐标系定义在执行器末端，用于描述末端的位姿。

坐标系标定是确定各坐标系间转换关系的关键步骤。通过激光跟踪仪或视觉测量系统采集数据，计算世界坐标系与基坐标系的相对位姿。标定过程包括建立各关节坐标系间的 D-H 参数（即 Denavit-Hartenberg 参数，由 Denavit 和 Hartenberg 于 1955 年提出，用于描述串联式机械臂连杆和关节几何关系的系统方法），并通过测量工具获取精确的平移和旋转参数，确保后续坐标转换的准确性。

2.3.2 坐标转换——世界坐标到机械臂基坐标的转换

坐标转换通过齐次变换矩阵来实现，该矩阵包含平移和旋转信息。假设世界坐标系到基坐标系的变换矩阵为 T_{WB}，物体在世界坐标系中的坐标为 P_W，则基坐标系下坐标 P_B 满足：

$$P_B = T_{WB} \cdot P_W \tag{2-1}$$

其中，齐次变换矩阵的形式为：

$$T_{WB} = \begin{bmatrix} R_{WB} & t_{WB} \\ 0 & 1 \end{bmatrix} \tag{2-2}$$

其中，R_{WB} 为 3×3 的旋转矩阵，t_{WB} 为 3×1 的平移向量。该转换将物体位置从全局参考系映射到机械臂的基坐标系中。

2.3.3 求解机械臂关节需转动角度

1. 建立运动学模型

本实例中所使用的机械臂结构为串联机械臂，我们采用 D-H 参数法描述串联机械臂结构。每个关节通过 4 个参数定义：关节角 θ_i、连杆偏移 d_i、连杆长度 a_i、扭转角 α_i，如图 2-4 所示。在这些参数中，a 和 α 始终为常数，其值由连杆之间的机械连接关系决定；剩下的两个参数 d 与 θ 是否可变，由关节的类型决定：若为转动型关节，则 θ 为变量；若为移动型关节，则 d 为变量。

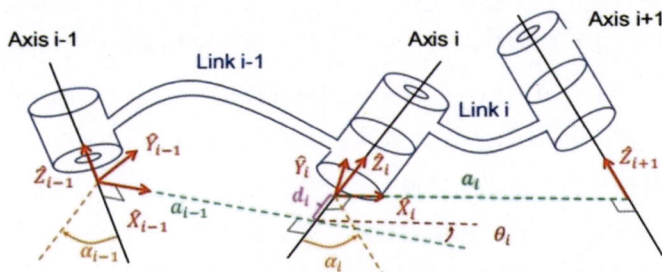

图 2-4 机械臂运动学参数

通过齐次变换矩阵依次相乘，得到从基座到末端的总变换矩阵：

$$T_0^n = T_0^1 \cdot T_1^2 \cdot \cdots T_{n-1}^n \tag{2-3}$$

其中，每个连杆变换矩阵 T_i^{i+1} 由 D-H 参数确定。

2. 逆运动学求解

逆运动学是正运动学的逆过程，它需要我们根据末端执行器的期望位置和姿态来求解关节角度。这个问题的复杂性在于它可能有多解、无解或无限多解，具体取决于机械臂的结构和末端执行器的位置。以下是常见的求解逆运动学的方法：

（1）代数法：首先建立末端执行器的位置和姿态与关节角度之间的代数方程，然后求解这些方程得到关节角度。

（2）几何法：利用几何图形和几何关系来求解逆运动学问题。将机械臂的各个连杆和关节看作几何元素，通过分析几何图形的性质和关系来确定关节角度。

（3）数值法：当无法得到逆运动学问题的解析解时，常采用数值法进行求解。数值法通过迭代计算逐步逼近满足条件的关节角度解。常见的数值法有牛顿法、雅可比转置法、联合紧致差分法（Combined Compact Difference，CCD）等。

下面我们使用代数法通过机械臂的正运动学方程求解逆运动学方程。

机械臂的正运动学方程为：

$$ {}^0_3\boldsymbol{T} = \begin{bmatrix} c_{123} & -s_{123} & 0 & l_1c_1 + l_2c_{12} \\ s_{123} & c_{123} & 0 & l_1s_1 + l_2s_{12} \\ 0 & 0 & 1 & 0 \\ 0 & 0 & 0 & 1 \end{bmatrix} \tag{2-4} $$

假设给定末端位姿矩阵如下：

$$ {}^3_0\boldsymbol{T} = \begin{bmatrix} c_{\phi} & -s_{\phi} & 0 & x \\ s_{\phi} & c_{\phi} & 0 & y \\ 0 & 0 & 1 & 0 \\ 0 & 0 & 0 & 1 \end{bmatrix} \tag{2-5} $$

将公式（2-4）和（2-5）联立方程，可求得：

$$ \begin{cases} c_{\phi} = c_{123} \\ s_{\phi} = s_{123} \\ x = l_1c_1 + l_2c_{12} \\ y = l_1s_1 + l_2s_{12} \end{cases} \tag{2-6} $$

为了求解 θ_1 和 θ_2，将公式（2-6）中最后两个式子平方并相加，可以得到

$$ x^2 + y^2 = (l_1c_1 + l_2c_{12})^2 + (l_1s_1 + l_2s_{12})^2 \tag{2-7} $$

结合三角函数的相关关系，我们可以进一步求得 θ_1 与 θ_2 的值。

2.3.4　轨迹规划——生成关节空间轨迹

在得到机械臂从初始位置到目标抓取位置的关节角度后，需要规划从当前关节角度到目

标关节角度的运动轨迹。常见的轨迹规划方法包括多项式插值法、样条插值法等。

本实例采用三次多项式插值生成平滑轨迹，关节角度 $\theta(t)$ 表示为：

$$\theta(t) = a_0 + a_1 t + a_2 t^2 + a_3 t^3 \qquad (2\text{-}8)$$

通过边界条件（初始角度为 θ_0、目标角度为 θ_f，初始速度和加速度均为 0）求解系数。轨迹规划需满足关节运动的约束条件，避免冲击与超程。

2.3.5 控制实现

采用独立 PID 控制器实现关节角度跟踪，控制律为：

$$u(t) = K_p e(t) + K_i \int_0^t e(\tau)\mathrm{d}\tau + K_d \frac{\mathrm{d}e(t)}{\mathrm{d}t} \qquad (2\text{-}9)$$

其中，$e(t)=\theta_{d(t)}-\theta(t)$ 为误差。比例环节快速响应误差，积分环节消除稳态误差，微分环节预测误差变化趋势。通过调整 K_p、K_i、K_d 参数，使系统达到稳定响应。

PID 控制原理如图 2-5 所示。

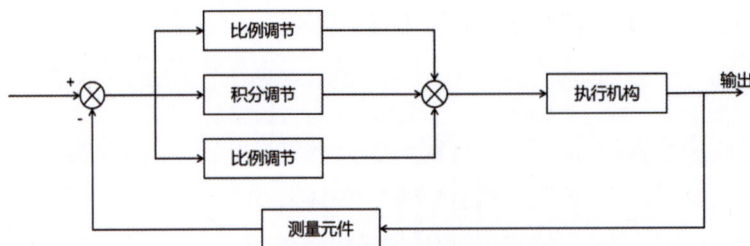

图 2-5 PID 控制原理

整个控制流程通过坐标转换将目标位置映射到机械臂基坐标系，逆运动学解算关节角度，轨迹规划生成运动曲线，最终由 PID 控制器驱动关节电机实现精确跟踪。各环节的协同工作确保了机械臂能够在复杂环境中完成高精度操作任务。

2.4 核心代码讲解

本节将深入探讨实现机械臂采摘福白菊功能背后的核心代码逻辑。前面的内容已经详细阐述了使用机械臂进行采摘操作的完整流程，而这些核心代码正是支撑该流程得以顺畅运行的关键。通过对图像处理、目标检测以及 PID 控制等核心代码的解读，读者将能够清晰地了解机械臂如何从获取图像信息开始，一步一步地识别目标福白菊、规划运动路径并最终完成精准采摘。这不仅有助于深入理解机械臂控制系统的工作原理，对于想要进一步优化或拓展该系统功能的开发者而言，更是提供了宝贵的参考依据。接下来，我们将逐段对这些核心代码进行细致的讲解。

1. 图像处理函数

图像处理函数用于对输入图像进行形态学变换、二值化处理和轮廓检测，去除细小干扰因素，提取图像中的轮廓点集。图像处理函数的代码如下：

```python
def Image_Processing(self, img):
    '''
    形态学变换去除细小的干扰因素
    :param img: 输入初始图像
    :return: 检测的轮廓点集
    '''
    # 将图像转换为灰度图
    gray_img = cv.cvtColor(img, cv.COLOR_RGB2GRAY)
    # 获取不同形状的结构元素，创建一个 5×5 的矩形结构元素，用于形态学操作
    kernel = cv.getStructuringElement(cv.MORPH_RECT, (5, 5))
    # 形态学闭操作，对灰度图像进行形态学闭操作，以去除小干扰
    dst_img = cv.morphologyEx(gray_img, cv.MORPH_CLOSE, kernel)
    # 图像二值化操作，对处理后的图像进行二值化，阈值为10，生成二值图像
    ret, binary = cv.threshold(dst_img, 10, 255, cv.THRESH_BINARY)
    # 获取轮廓点集（坐标），查找二值图像中的轮廓
    find_contours = cv.findContours(binary, cv.RETR_EXTERNAL,
cv.CHAIN_APPROX_SIMPLE)
    # 根据返回的轮廓数量选择合适的轮廓列表
    if len(find_contours) == 3: contours = find_contours[1]
    else: contours = find_contours[0]
    # 返回检测到的轮廓点集
    return contours
```

参数说明：img 表示输入的初始图像，通常为 RGB 格式的三维数组。

返回值：为检测到的轮廓点集，每个轮廓由一系列点组成，用于后续的图像分析或目标检测。

2. 调用目标检测模型，在图片上标定目标区域

使用目标检测模型对输入图像进行目标区域检测，并绘制检测结果，返回处理后的图像和检测到的目标信息。代码如下：

```python
def get_detect_area(self, img):
    '''
    使用目标检测模型获取目标区域
    '''
    try:
        # 1. 正确的图像预处理
        img_copy = img.copy()

        # 2. 使用 LoadImages 类似的预处理方式
        img_copy, ratio, pad = self.letterbox(img_copy, new_shape=640, stride=32)
        # HWC 到 CHW, BGR 到 RGB
        img_copy = img_copy.transpose((2, 0, 1))[:-1]
        img_copy = np.ascontiguousarray(img_copy)

        # 3. 转换为 tensor 并确保数据类型匹配
        img_tensor = torch.from_numpy(img_copy).to(self.device)
        img_tensor = img_tensor.half() if self.half else img_tensor.float()  # 根据模型类型转换
        img_tensor /= 255.0
        if img_tensor.ndimension() == 3:
            img_tensor = img_tensor.unsqueeze(0)

        # 添加调试信息
        print(f"Input tensor type: {img_tensor.dtype}")
        print(f"Model weight type: {next(self.model.parameters()).dtype}")

        # 4. 推理
        with torch.no_grad():
            pred = self.model(img_tensor, augment=False)[0]

        # 5. NMS 处理
        pred = non_max_suppression(
```

```
            pred,
            conf_thres=0.25,
            iou_thres=0.45,
            classes=None,
            agnostic=False
        )

        # 6. 处理检测结果
        msg = {}
        for i, det in enumerate(pred):  # 每张图片的检测结果
            if det is not None and len(det):  # 确保det不是None且不为空
                # 将坐标从img_size缩放到原始图像大小
                det[:, :4] = scale_coords(img_tensor.shape[2], det[:, :4], img.shape).round()

                # 处理每个检测结果
                for *xyxy, conf, cls in reversed(det):
                    # 转换为整数坐标
                    bbox = [int(x) for x in xyxy]
                    x1, y1, x2, y2 = bbox

                    # 计算面积和类别
                    area = (x2 - x1) * (y2 - y1)
                    name = self.names[int(cls)]

                    # 绘制边界框和标签
                    label = f'{name} {conf:2f}'
                    plot_one_box(xyxy, img, label=label, color=self.colors[int(cls)], line_thickness=2)

                    # 绘制中心点
                    cx = (x1 + x2) // 2
                    cy = (y1 + y2) // 2
                    cv.circle(img, (cx, cy), 5, (0, 0, 255), -1)

                    # 存储结果
                    if area > 300:  # 面积阈值
                        msg[name] = float(area)  # 只保存面积值
```

```
                                    print(f" 检测到 {name}: 面积 = {area}")
              return img, msg

        except Exception as e:
            logging.error(f"Detection error: {str(e)}")
            import traceback
            traceback.print_exc()
            return img, None
```

参数说明：img 表示输入的初始图像，通常为 RGB 格式的三维数组。

返回值：

- **Img**：处理后的图像，包含检测到的目标的边界框、中心点和标签。
- **Msg**：检测到的目标信息，以字典形式存储，键为目标类别名称，值为目标的面积。

3. PID 控制类

PID 控制类实现了一个增量式 PID 控制器，用于根据系统的当前值和目标值计算控制输出。该控制器实现了对位置、速度和力的精确控制，确保了机械臂运动的快速性、平稳性和准确性。代码如下：

```
class IncrementalPID:
    def __init__(self, P, I, D, target=0.0):
        # PID 控制参数
        self.Kp = P                      # 比例系数
        self.Ki = I                      # 积分系数
        self.Kd = D                      # 微分系数


        # 控制器状态变量
        self.PID_Output = 0.0            # PID 控制器输出
        self.Target_Vaule = target       # 系统目标值


        # 输出限制参数
        self.Output_Max = 0              # 输出上限
        self.Output_Min = 0              # 输出下限
        self.Limit_Output = False        # 是否启用输出限制


        # 误差记录
        self.Error = 0.0                 # 偏差
        self.LastError = 0.0             # 上一次误差
        self.LastLastError = 0.0         # 上上次误差
```

```python
    # 设置 PID 控制器参数
def calculate(self, nowValue):
    # 计算当前误差
    self.Error = nowValue - self.Target_Vaule

    # 计算增量值
    # Δu(k) = Kp[e(k) - e(k-1)] + Ki*e(k) + Kd[e(k) - 2e(k-1) + e(k-2)]
    # 其中:
    # e(k)   = 当前误差 (self.Error)
    # e(k-1) = 上次误差 (self.LastError)
    # e(k-2) = 上上次误差 (self.LastLastError)
    # # 比例项 + 积分项 + 微分项
    IncrementValue = self.Kp * (self.Error - self.LastError) +\
    self.Ki * self.Error +\
    self.Kd * (self.Error - 2 * self.LastError + self.LastLastError)

    # 更新输出值
    self.PID_Output += IncrementValue
    # 更新误差记录
    self.LastLastError = self.LastError         # 保存上上次误差
    self.LastError = self.Error                 # 保存上次误差

    # 输出限制
    if self.Limit_Output and self.PID_Output > self.Output_Max:
        self.PID_Output = self.Output_Max
    if self.Limit_Output and self.PID_Output < self.Output_Min:
        self.PID_Output = self.Output_Min
    return self.PID_Output

def set_target(self, target):
    """ 设置目标值 """
    self.Target_Vaule = target

def set_limit_output(self, min, max):
    if min == 0 and max == 0:
        # 关闭输出限制
        self.Limit_Output = False
        self.Output_Min = 0
        self.Output_Max = 0
```

```
            else:
                # 启用输出限制
                self.Limit_Output = True
                self.Output_Min = min
                self.Output_Max = max

    def set_pid_param(self, P, I, D):
        """ 重置 PID 参数与控制器状态（清空输出与误差记录）"""
        # 更新 PID 系数
        self.Kp = P
        self.Ki = I
        self.Kd = D

        # 重置控制器状态
        self.PID_Output = 0              # 清空输出
        self.Error = 0.0                 # 清空当前误差
        self.LastError = 0.0             # 清空上次误差
        self.LastLastError = 0.0         # 清空上上次误差
```

部分方法说明：

- calculate 方法：根据当前值计算 PID 控制器的输出增量，并更新输出值。
- set_target 方法：设置 PID 控制器的目标值。
- set_limit_output 方法：设置 PID 控制器的输出限制范围。若 min 和 max 均为 0，则关闭输出限制。
- set_pid_param 方法：重置 PID 控制器的参数，并重置控制器状态。

2.5 本章小结

本章以采摘福白菊为实例，详细介绍了传统机械臂控制方法。在目标检测与识别操作中，通过构建数据集、训练和优化 YOLOv5 模型，实现了对福白菊的精准检测。在构建经验模型获取深度信息时，完成了世界坐标系的构建及模型的拟合。机械臂控制实现部分，涵盖了坐标系的建立与标定、坐标转换、关节角度求解、轨迹规划和控制等关键步骤，并对核心代码进行了深入讲解。这些内容展示了传统机械臂控制方法的实际应用，同时也凸显其在动态环境适应性方面的局限性，为引出后续的先进控制技术奠定了基础。

第 3 章
VLA（视觉 - 语言 - 动作）原理

在第 2 章中，我们针对传统机械臂控制方法，深入解析了其工作原理、应用场景及固有局限性。随着技术的迭代升级，为满足智能体在复杂物理世界中高效完成任务，并实现"感知 - 决策 - 行动"全链路闭环的需求，VLA（视觉 - 语言 - 动作）模型应运而生，并迅速成为具身智能领域的研究焦点。

在具身智能体系下，智能体的核心使命是构建并执行"感知 - 决策 - 行动"闭环流程，从而达成预设目标。而 VLA 模型作为支撑这一闭环的关键枢纽，恰似一座坚固的桥梁，将视觉感知、语言理解与动作执行三大核心环节无缝衔接。它不仅赋予智能体理解人类自然语言指令的能力，更使其能够精准解析复杂环境视觉信息，并在真实场景中完成各类精细任务。

鉴于 VLA 模型在具身智能领域的战略意义，本章将对其技术体系展开全景式研究。我们将从基础理论入手，层层拆解 VLA 模型的运行逻辑，深入剖析其核心技术架构；同时回溯技术演进历程，梳理其从概念萌芽到体系完善的发展脉络；此外，还将系统阐述 VLA 模型的分类体系，结合典型案例分析不同类型的技术特点、竞争优势与应用边界，助力读者建立对 VLA 技术的系统性认知。

本章从技术架构维度，将 VLA 方法归纳为隐式端到端、显式端到端和分层端到端三大类。之所以如此分类，是因为这三种架构在信息处理路径与模型设计逻辑上存在本质差异。隐式端到端架构通过黑盒式的模型训练，将视觉、语言与动作任务一体化处理；显式端到端架构则强调对中间过程的显性建模，使各模块间的交互逻辑更清晰且可解释；分层端到端架构则通过构建层级化的决策体系，实现从抽象语义理解到具体动作规划的分阶段处理。这样的分类方式有助于系统性地梳理不同技术路线的设计理念与应用场景，为读者提供清晰的技术认知框架。

3.1 视觉－语言－动作发展范式

从技术发展的逻辑视角来看，视觉－语言－动作（VLA）范式的兴起，本质上是为了消除传统机器人系统中"感知"与"决策"之间的界限。例如，在第 2 章中讨论的目标检测，其结果随后传递给规划模块的过程，就体现了感知与决策的分离。VLA 技术的出现，旨在实现从数字世界到物理世界的无缝能力扩展。如图 3-1 所示，传统的机器人决策系统主要集中在动作执行上（例如，机械臂按照预设程序完成固定任务），而传统的感知智能系统（视觉＋语言）则侧重于视觉与语言处理（如图像分析、语言理解），这两者通常是独立运作的。VLA 技术通过深度整合视觉、语言和动作，构建了一个"感知与决策一体化的具身智能系统"，赋予具身智能体在物理世界中自主行动的能力。

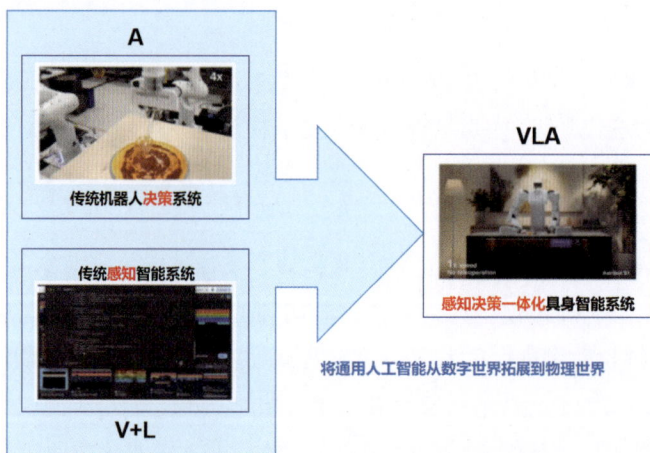

图 3-1 视觉－语言－动作（VLA）技术演进

3.1.1 传统系统的模态割裂

传统的机器人决策系统依赖预设的规则或编程，例如工业机械臂按照固定的轨迹执行喷涂和抓取任务，它们只能执行有限的动作，缺乏对环境变化的感知和灵活的决策能力。与此同时，传统的感知智能系统虽然在视觉识别（如图像分类、目标检测）和语言处理（如自然语言理解、翻译）领域取得了进展，但它们的处理仅限于数字层面的信息，无法将感知结果与物理动作的执行有效关联。这种"感知"与"决策"的脱节，使得具身智能体在真实环境中难以完成复杂的任务。

3.1.2 VLA 范式——从割裂到融合的跨越

VLA 技术通过跨模态深度融合，突破了传统系统的局限。它以视觉感知环境信息（识别物体、理解场景），借助语言处理解析任务指令（如"将桌子上的水杯放到托盘里"），再驱动动作执行模块完成精准操作。如图 3-1 中"感知决策一体化具身智能系统"所示，VLA 让具身智能体实现"观察—理解—行动"的闭环：既能像传统感知系统那样处理视觉与语言信息，又能像智能决策系统一样生成合理动作，最终将通用人工智能从数字世界拓展到物理世界，使机器人具备在真实场景中自主完成任务的能力，如家庭服务机器人识别物品、理解指令后完成整理、递送等复杂操作。

3.1.3 VLA 的核心价值——具身智能的落地实践

VLA 范式的终极目标，是赋予智能体"具身智能"——通过感知物理世界、理解语义指令，并执行适应性动作，实现与环境的自然交互。其技术价值不仅在于融合视觉、语言、动作模态，更在于让具身智能体真正"理解"自身在物理空间中的存在与任务。例如服务机器人在复杂家居环境中，既能通过视觉识别障碍物，又能基于语言指令规划路径，最终精准执行动作。这种从数字到物理的能力延伸，标志着人工智能从"虚拟智能"向"具身智能"的关键跨越，为智能家居、智能驾驶、工业服务等场景的智能化升级奠定了核心技术基础。

3.2 隐式端到端 VLA

隐式端到端 VLA 模型以语言指令与视觉图像信息作为输入，直接生成机械臂可执行的动作指令（如 Move、Arrive、Grasp 等）。其核心特性在于，语言信息与视觉信息向动作信息的转换过程是"黑盒"式的，即模型内部的转换逻辑不透明，使用者仅能观测到输入与最终输出的动作结果，而无法明晰中间具体的转换机制，如图 3-2 所示。

图 3-2　隐式端到端 VLA 系统运行机制示意图

3.2.1 基础模块介绍

1. 视觉特征提取模块

在计算机视觉领域，传统的先验知识未必适配机器人任务。当前机器人所采用的特征提取器与快速发展的先进视觉模型之间存在明显差距。

作为 VLA 模型研究的基础，行动学习（Action Learning）和扩散策略（Diffusion Policy）等对图像特征提取的选择均指向了 ResNet-18。这一选择并非技术倒退：机械臂任务（如抓取、移动、开合等）对视觉信息的需求有限，且现有数据集背景简单，强特征提取器反而会影响模型训练优化速度与推理速度。因此，在无特殊需求场景下，ResNet-18 足以作为现阶段机械臂 VLA 任务的基础特征提取模型。

若期望模型的性能实现新突破，则研究者普遍倾向于选择在机器人视觉数据中充分预训练的模型，例如 R3M、VC-1、Voltron、Theia。这些预训练模型在视觉任务中表现出色，但它们可能与现有架构不兼容。以 DP 架构为例，其依赖 ResNet-18 提取一维向量特征，而 Voltron 等模型输出的是多维特征向量。为协调两者之间的不兼容性，研究者需要借助 Perceiver 架构，这是一种能够将多维特征转换为单向量的架构。

以图 3-3 中 MDT 模型为例，MDT 采用 ResNet-18，而 MDT-V 则通过融合 Voltron 和 Perceiver 解决了特征维度不匹配的问题。

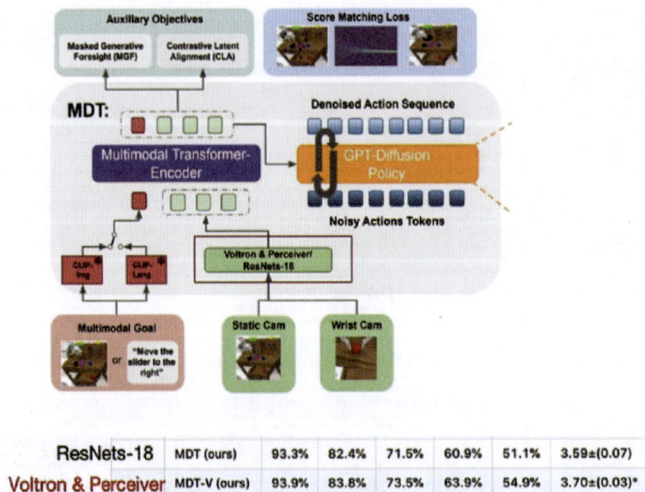

ResNets-18	MDT (ours)	93.3%	82.4%	71.5%	60.9%	51.1%	3.59±(0.07)
Voltron & Perceiver	MDT-V (ours)	93.9%	83.8%	73.5%	63.9%	54.9%	3.70±(0.03)*

图 3-3 MDT 与 MDT-V 实验结果对比

实验数据显示，引入预训练模型显著提升了任务成功率。然而，这种结合也带来了新的技术挑战：如何将 Voltron 输出的多维特征通过 Perceiver 转换为适合 ResNet-18 的单向量架构？

这就需要深入解析 Perceiver 的工作原理，如图 3-4 所示。

Perceiver 架构的两大核心机制值得关注：

其一，交叉注意力实现 token 数量的缩减。图 3-4 中下半部分为编码器处理后的 n 帧图像 token 输入。Perceiver 引入 Learned latent queries（其特征数量远少于输入视频特征），通过交叉注意力机制，驱动输入信息与 latent queries 的学习交互。具体而言，输入 token 作为键（K）和值（V），Learned latent queries 充当查询（Q），借助注意力权重计算，使 latent queries 高效捕捉输入 token 的核心信息。这一过程如同以少量"信息筛子"从海量输入特征中筛选聚合关键内容，既减少了 token 数量，又保留了数据的核心语义。

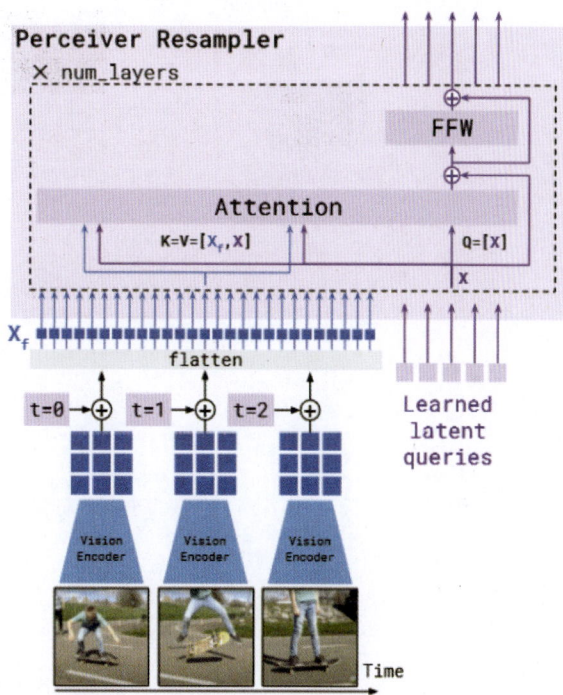

图 3-4　Perceiver 架构

其二，多层级特征优化机制。完成交叉注意力的初步信息聚合后，Perceiver 通过多层 Perceiver Resampler 模块迭代处理。在每层中，除重复交叉注意力操作深化信息融合之外，还引入前馈网络（FFW）进行非线性特征变换，并利用残差连接（⊕）确保信息传递的稳定性。该设计让 Learned latent queries 不仅在初始阶段压缩信息，更能通过多层迭代持续提炼特征，最终生成紧凑且语义丰富的表征，为视频理解、动作预测等下游任务奠定了高质量特征基础。

在视觉－语言任务场景中，若追求处理效果，则仅依赖单帧图像获取视觉信息往往难以满足需求。例如，RT-1 模型会对 6 帧图像进行处理，以获取更丰富全面的视觉信息；然而，处理多帧图像会带来更高的运算量。为平衡信息获取与运算效率，就需要借助高效的模型架构。

RT-1 采用的 EfficientNet-B3 架构，正是这样一种高效架构，如图 3-5 所示。它能够对多帧图像输入进行高效处理，既保证了视觉特征提取的效果，让模型能精准捕捉图像信息，又兼顾了运算速度，避免因处理多帧图像而导致运算耗时过长。同时，预训练模型在这类场景中也能发挥作用，与高效架构相辅相成，共同为多帧图像场景下的视觉－语言任务提供高效解决方案。

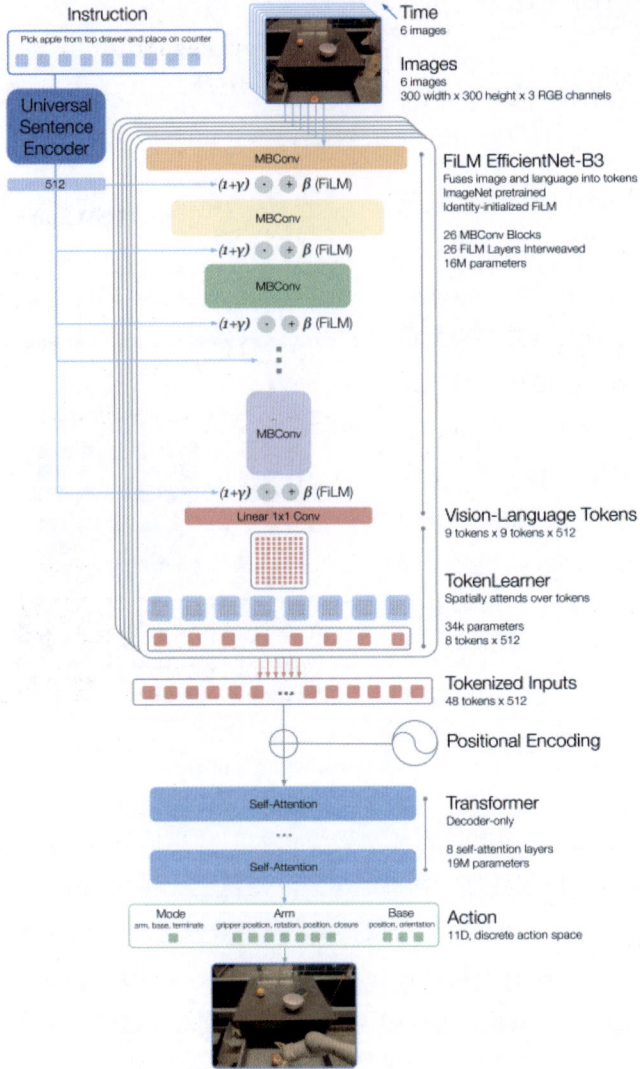

图 3-5 基于 EfficientNet-B3 的 RT-1 模型方案

  视觉特征在机器人任务大模型中的应用存在多元范式。当前应用于机器人任务的大模型主要为 RT-2 与 OpenVLA，二者分别采用 CLIP、SigLIP 等便于实现文本对齐的 backbone（主干网络）。然而，视觉-文本对齐并非仅依赖大模型方案，以 3D Diffuser Actor 为例，如图 3-6 所示，其对齐逻辑独具创新：首先通过 2D 到 3D 投影，将图像与深度图输入图像编码器，转换为 3D 场景标记；随后利用多视图聚合，借助多层感知器（Multilayer Perceptron）融合投影标记、注入标记等多源标记。在与文本指令对齐时，通过去噪 Transformer 模块，将语言编码器输出的文本标记（如 "Open the drawer" 任务指令）与 3D 场景标记协同处理，依托扩散模型的迭代去噪机制，实现视觉特征与文本语义的精准对齐。该方案突破了 CLIP、SigLIP 等大模型 backbone 的传统框架，基于 3D 场景构建与扩散生成逻辑，为机器人任务中的视觉 – 文本对齐提供了全新的解决路径。

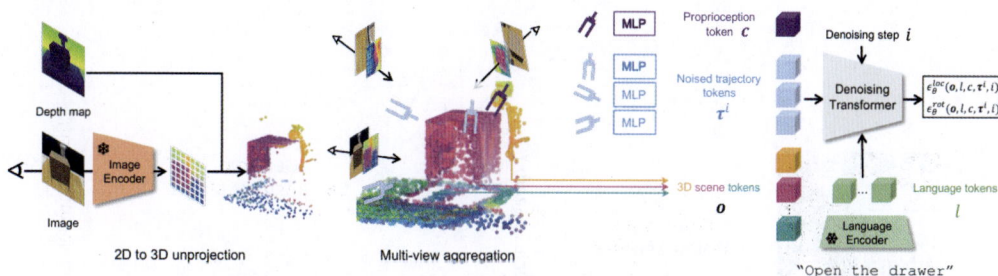

图 3-6　3D Diffuser Actor 技术流程图

2. 视觉语言的联合特征学习

此前提到的 R3M、VC-1、Voltron、Theia 等预训练模型，在训练时未将语言作为条件优化模型，缺乏文本联合优化，因此近年在 VLA 任务中应用渐少。而 VLA 任务的核心，正是实现视觉 – 语言的深度理解和融合。

对缺乏强预训练模型的小模型，如何融合文本与图像信息？以图 3-5 中 RT-1 使用的 FiLM 层为例，其本质是学习仿射变换（见图 3-7）。假设输入特征为 $F_{i,c}$，仿射变换通过学习参数 $\gamma_{i,c}$ 与 $\beta_{i,c}$，执行 $\gamma_{i,c} \odot F_{i,c} + \beta_{i,c}$ 的运算。在视觉 – 语言任务中，该过程以语言向量为输入，通过学习仿射参数，自适应匹配视觉特征与文本对应的部分。此外，Perceiver 结构也可实现关联，它借助可学习的查询，通过交叉注意力机制间接挖掘视觉特征与文本的关联性。

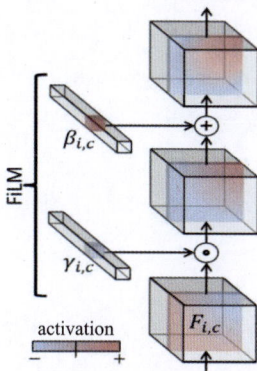

图 3-7　FiLM 层仿射变换机制示意图

若使用大模型，则无须额外设计视觉－语言融合机制，例如 MLLM 等基座模型已天然具备视觉语言处理能力。在机器人应用场景中，Paligemma 模型具有独特价值，其架构示意图如图 3-8 所示。作为谷歌开发的视觉语言模型（Vision Language Models，VLM），Paligemma 基于 SigLIP 视觉模型与 Gemma 语言模型构建。其架构与传统 VLA 模型无显著差异，核心优势在于 Gemma 语言模型的强大能力赋予了它优秀的泛化性能，这也使得 Paligemma 成为颇具竞争力的基座模型选择。

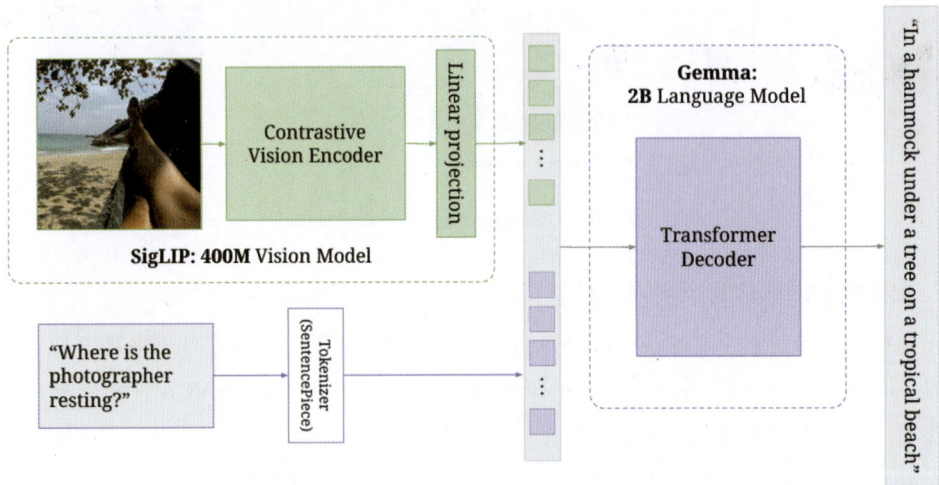

图 3-8 Paligemma 视觉语言模型架构示意图

3. 视觉语言动作的联合训练

在机器人任务中，视觉－语言－动作（VLA）联合训练的核心，是构建从视觉语言（VL）输入到动作（A）输出的映射，这也是端到端 VLA 模型的核心任务。其关键在于精准提取输入视觉信息中对动作生成有价值的区域。语言信息具有相对固定、内容有限的特性，即便将其编码为 01 向量，机器人仍可执行动作，这表明语言对动作生成的实际影响较为有限。真正主导动作生成的是图像中的空间位置信息，这一过程本质上更接近对"2D 视觉空间到 3D 动作空间"映射关系的学习。

3.2.2 方案分类

在视觉－语言－动作模型的研究领域中，对模型进行合理的分类和分析，有助于深入理解不同模型的特性、优势及发展趋势，从而为进一步的研究和应用提供有力的支持。目前，常见的模型分类方式主要有按照模型大小划分和按照模型架构划分，这两种分类方式从不同角度展现了 VLA 模型的多样性和复杂性。

1. 按照模型大小划分

从模型规模的维度对 VLA 模型进行划分，核心意义在于追求模型更优的泛化性与通用性，这对于模型在不同场景下的应用至关重要。大模型在训练过程中，不仅依托机器人任务数据，还融入海量的视觉 - 语言数据。这些丰富的数据来源使得大模型能够学习到更广泛、更复杂的知识和模式，从而具备更强的泛化与通用能力。例如，OpenVLA、RT-2、RDT 及早期的 Roboflamingo 等典型大模型，凭借庞大的参数规模和多样化的数据训练，能够在各种复杂任务和不同环境中展现出良好的适应性。

与大模型形成鲜明对比的是小模型。小模型通常在仿真环境中进行训练时，由于仿真环境简单且可控，训练效果较好。然而，当这些小模型迁移至真实场景进行测试时，往往面临巨大的挑战。真实场景存在复杂的光照条件、多样的物体形态和动态变化的环境因素等诸多不确定性。例如 RT-1、MDT 和 Octo 等经典的小模型（参数数量在 10 亿以下），在仿真环境训练中表现出色，但在真实世界时，极易出现性能崩溃，几乎无法正常工作。这是因为小模型在仿真环境中学习到的知识和模式较为局限，难以适应复杂多变的现实环境。

由此可见，模型量级在提升泛化性与通用性方面起着关键作用。较大的模型体量能够通过"压缩智能"方式，学习到更丰富的通用特征。这些特征使得模型在面对新的任务和环境时，能够更好地进行知识迁移和适应性调整，从而展现出更强大的泛化能力。

2. 按照模型架构划分

除了按照模型大小划分外，从模型架构的角度进行分类也是深入理解 VLA 模型的重要方式。不同的模型架构具有各自独特的优化机制，并且在处理不同类型的任务时各有侧重。例如，Transformer 架构以其强大的自注意力机制，擅长处理理解类任务。它能够在处理输入序列时，有效地捕捉不同元素之间的长距离依赖关系，从而对语言指令和视觉信息进行深入理解和分析。在自然语言处理和计算机视觉领域，Transformer 架构已经取得了显著的成果，并被广泛应用于 VLA 模型中。

而 Diffusion 或 Flow 架构则更适配生成类任务。Diffusion 架构通过逐步添加噪声和去噪的过程，学习数据的分布规律，从而生成高质量的样本。Flow 架构则基于可逆变换，能够灵活地对数据进行变换和生成。在 VLA 模型中，这两种架构常用于生成动作序列或图像等任务。当然，这种适配性并非绝对，不同的应用场景和任务需求可能会对架构的选择产生影响。

基于上述架构特点，对常见的 VLA 模型进行分类，可以清晰地看到模型设计的差异。

OpenVLA、RT-2、RT-1、Roboflamingo 和 Octo 等模型均属于 Transformer-based 模型，它们借助 Transformer 架构的优势，在处理视觉 – 语言 – 动作任务时，注重对输入信息的理解和特征提取，以实现准确的决策和动作生成。而 RDT、MDT 等模型则围绕生成模型展开，采用 Diffusion-based 或 Flow-based 架构实现任务目标。这些模型通过独特的生成机制，能够根据输入的条件生成符合要求的动作序列或其他输出。

3. 新的工作：架构思路逐渐趋相同

深入探讨模型架构划分，我们可以发现当前 VLA 模型研究领域的一个重要趋势——架构设计走向趋同。以 CogACT 模型为例，其架构图如图 3-9 所示，从图中可以清晰地看到其架构与同类方案存在共性逻辑。当图像输入模型后，视觉模型中的视觉编码器首先发挥作用，对图像进行特征提取，生成图像 token。这些图像 token 包含了图像的关键信息，为后续的处理提供了基础。接着，模型引入 learnable token，与感知 token 和大语言模型输出的 language token 进行联合推理。通过这种联合推理，模型能够充分融合不同模态的信息，生成融合语义理解的感知特征。这些感知特征不仅包含视觉信息，还融入了语言理解和其他相关的感知信息，使得模型对环境和任务的理解更加全面。最终，这些感知特征将输入到 Action Model。在 Action Model 中，借助内部的 Transformer Blocks 等结构，对感知特征进行去噪处理，并预测动作序列，实现从感知特征到动作输出的转换。尽管 CogACT 采用 Diffusion-based 架构，与一些 Flow-based 模型有所区别，但其核心处理流程已呈现出与其他模型趋同的特征。

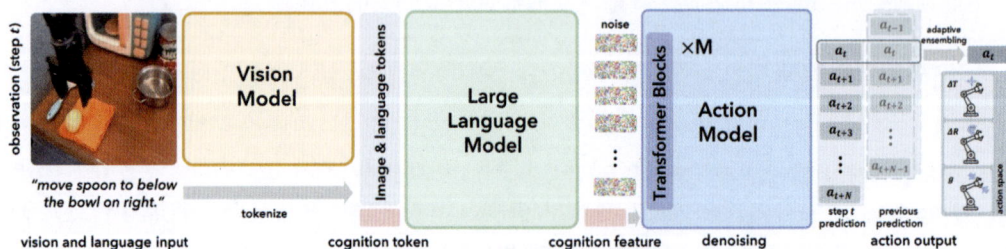

图 3-9 CogACT 模型架构图

此外，Diff-VLA、VPP、Moto 等模型架构也高度一致，均遵循"特征提取 + policy head"的设计范式。在这个范式中，首先通过各种方式进行特征提取，将输入的视觉、语言等信息转换为有效的特征表示。然后通过 policy head（策略头）对这些特征进行处理，生成相应的动作决策或策略。这种趋同的架构设计趋势，进一步体现了视觉 – 语言 – 动作任务领域在不断探索和实践中，逐渐形成了一些共识和通用的设计思路。这不仅有助于提高模型的性能和效率，也为不同模型之间的比较和融合提供了便利，推动了整个领域的快速发展。

3.2.3　RT-1 算法详解

在完成对视觉－语言－动作模型按模型大小和按模型架构分类的阐述后，为更具象地感知 VLA 的实现逻辑，接下来以经典算法 RT-1 为切入点，深入剖析其技术细节，借此直观呈现 VLA 从理论到实践的运行机制与实现路径。

RT-1 模型是一种高效且具有大容量的架构（见图 3-10），能够处理复杂的输入（如图像和自然语言指令）并生成离散化的机器人动作。该模型通过在 17 个月内收集的 13 个机器人执行的约 13 万次示范和 700 多个任务的庞大数据集进行训练。实验结果表明，RT-1 在不同的任务、环境和对象上的泛化能力和鲁棒性都非常强，能够以 97% 的成功率执行超过 700 个训练指令，并且在新任务、干扰和背景变化方面的表现优于其他基准模型。

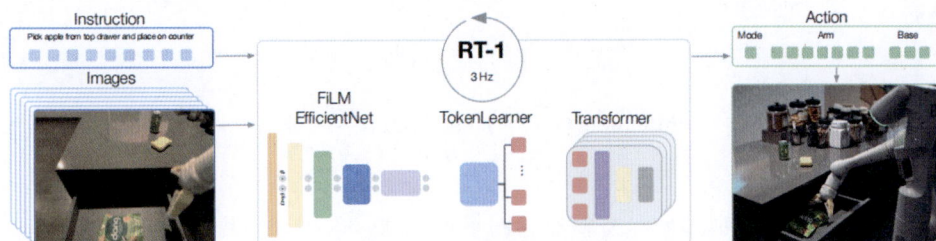

图 3-10　RT-1 模型架构图

1. 输入处理与编码

在 RT-1 算法中，图像编码主要依赖于 EfficientNet 这一高效的卷积神经网络架构。EfficientNet 经过在大规模图像数据集（如 ImageNet）上进行预训练，具备强大的特征提取能力。具体而言，对于输入的图像，它通过一系列精心设计的卷积层、池化层以及激活函数的组合操作，逐步提取出图像的高维特征图。例如，其初始的卷积层可能采用较小的卷积核（如 3×3），以较小的步长（如 1）在图像上滑动，进行卷积运算，这样可以在保留图像细节信息的同时，开始初步提取特征。随着网络层数的加深，特征图的通道数逐渐增加，空间分辨率逐渐降低，从而获取到更抽象、更具语义信息的图像表示。

FiLM 层在图像编码过程中起着关键的调节作用。它接收自然语言指令编码后的指令嵌入向量，并依据此向量对 EfficientNet 提取出的图像特征图进行动态调整。从数学角度来看，对于图像特征图中的每一个通道 i，FiLM 层通过线性变换进行调节，其公式为：

$$y_i = \gamma_i x_i + \beta_i \tag{3-1}$$

其中，x_i 是原始图像特征通道 i 的值，γ_i 和 β_i 是由指令嵌入向量经过特定的全连接层变换得到的缩放和偏移参数。

这种调节机制使得图像特征能够紧密结合自然语言指令所传达的任务信息。例如，当指令中提及"红色物体"时，FiLM 层能够增强图像中红色区域相关特征的权重，从而引导后续模型更关注与任务相关的图像区域。

RT-1 采用通用句子编码器（Universal Sentence Encoder，USE）对自然语言指令进行编码。USE 基于深度学习架构（如 Transformer 架构的变体），能够将输入的自然语言指令转换为固定维度的向量表示。在这个过程中，它首先会对指令文本进行分词操作，将文本分割成一个个单词或子词单元。然后，每个单元会被映射到一个低维的词向量空间。接着，通过多层的 Transformer 编码器结构，利用自注意力机制对词向量序列进行处理。自注意力机制的计算公式为：

$$\text{Attention}(\boldsymbol{Q}, \boldsymbol{K}, \boldsymbol{V}) = \text{softmax}(\frac{\boldsymbol{Q}\boldsymbol{K}^{\mathrm{T}}}{\sqrt{d_k}})\boldsymbol{V} \tag{3-2}$$

其中，$\boldsymbol{Q}$、$\boldsymbol{K}$、$\boldsymbol{V}$ 分别是通过对输入词向量进行线性变换得到的查询、键和值矩阵，d_k 是键向量的维度。通过这种方式，USE 能够捕捉指令中的语义信息，包括动作、对象及其关系等，并将其整合到最终的固定维度向量中。

同样，FiLM 层在自然语言指令编码与图像编码之间建立了紧密的联系。如前所述，USE 生成的指令嵌入向量会被 FiLM 层用于调节图像特征，实现了多模态信息的融合，使得模型能够根据自然语言指令有针对性地处理图像信息，为后续的动作决策提供更准确的依据。

2. TokenLearner 与 Transformer 架构

TokenLearner 模块是 RT-1 算法中提高计算效率的重要组成部分，如图 3-10 所示。其核心功能是减少传递给 Transformer 的 Token 数量，从而加速推理过程。它基于自注意力机制实现这一目标。具体来说，对于输入的图像 Token 集合 $\{t_1, t_2, \cdots, t_n\}$，TokenLearner 首先通过线性变换计算每个 Token 的注意力权重 $\boldsymbol{W}_i$：

$$\boldsymbol{W}_i = \boldsymbol{W}_1 t_i + \boldsymbol{b}_1 \tag{3-3}$$

其中，$\boldsymbol{W}_i$ 是权重矩阵，$\boldsymbol{b}_1$ 是偏置向量。

然后，通过 softmax 函数对注意力权重进行归一化，得到：

$$a_i = \frac{\exp(\boldsymbol{W}_i)}{\sum_{j=1}^{n} \exp(\boldsymbol{W}_j)} \tag{3-4}$$

最后，根据归一化后的权重选择并压缩 Token，选择权重较高的前 k 个 Token 作为输出，输出的 Token 集合为 $\{t_{j1},t_{j2},\cdots,t_{jk}\}$，其中 $j_1,j_2,\cdots,j_k$ 是根据权重排序后的索引。通过这种方式，TokenLearner 显著减少了 Transformer 需要处理的 Token 数量，提高了模型的运行效率。

RT-1 的 Transformer 模型采用了经典的由编码器和解码器组成的架构。在编码器部分，包含 8 层自注意力层和全连接神经网络。自注意力层是 Transformer 的核心创新之一，它允许模型在处理输入序列时，根据不同 Token 之间的相关性动态地分配注意力权重。如公式（3-2）所示，在每一层自注意力层中，输入的 Token 首先经过线性变换得到 $\boldsymbol{Q}$、$\boldsymbol{K}$、$\boldsymbol{V}$，然后通过注意力计算更新 Token 的表示。在经过多层自注意力层和全连接神经网络的处理后，编码器将输入的 Token 序列转换为一个具有丰富语义信息的上下文表示。

解码器部分则根据编码器的输出和任务需求生成离散化的动作 Token。整个 Transformer 模型总共包含 1900 万个参数，这些参数通过在大规模数据集上进行训练和优化，使得模型能够学习到输入图像和自然语言指令与输出动作之间的复杂映射关系，从而在不同的任务场景下生成合适的机器人动作。

3. RT-1 数学模型描述

RT-1 的目标函数旨在最小化预测动作与真实动作之间的差异，同时考虑任务的约束条件。假设预测的动作序列为 $\hat{a} = \{\hat{a}_1, \hat{a}_2, \cdots, \hat{a}_m\}$，真实动作序列为 $a = \{a_1, a_2, \cdots, a_m\}$，常用的目标函数可以采用均方误差（MSE）形式，即：

$$L(\hat{a}, a) = \frac{1}{m} \sum_{i=1}^{m} (\hat{a}_i - a_i)^2 \tag{3-5}$$

在约束条件方面，机器人的动作会受到其机械结构和物理限制。例如，机械臂的关节角度范围、运动速度限制等。假设机械臂关节角度的最小值和最大值分别为 $\theta_{\min}$ 和 $\theta_{\max}$，则对于每个关节角度 θ_i，有约束条件 $\theta_{\min} \leqslant \theta_i \leqslant \theta_{\max}$。同样地，对于机器人的底座运动速度 v，可能存在速度限制 $v_{\min} \leqslant v \leqslant v_{\max}$ 等约束。

模型推导过程基于深度学习中的反向传播算法。在训练过程中，首先将输入的图像和自然语言指令经过前面所述的编码、TokenLearner 模块和 Transformer 模型进行处理，得到预测动作序列$\hat{a}$。然后，根据目标函数计算损失值$L(\hat{a},a)$。通过反向传播算法，计算损失值对模型参数的梯度：

$$\nabla_\theta L = \frac{\partial_L}{\partial_\theta}$$

（3-6）

其中θ表示模型的参数集合。

最后，根据梯度下降法更新模型参数：

$$\theta = \theta - \eta\nabla_\theta L$$

（3-7）

其中η是学习率。

通过不断重复这个过程，模型逐渐优化参数，使得预测动作能够更好地逼近真实动作，同时满足约束条件。

4. 动作的 Token 化与实时推理速度

RT-1 对机器人的动作进行 Token 化处理，以便于模型的输出和后续的控制。对于机器人的每个运动维度，如机械臂的x、y、z轴移动、翻滚、俯仰、偏航以及夹爪的开合等，都采用离散化的方法将其转换为 Token 表示。以机械臂的x轴移动为例，假设机械臂在x轴的运动范围为$[x_{min}, x_{max}]$，将这个范围均匀地分成n个区间（例如$n=256$），每个区间对应一个 Token。通过公式（3-8）便可以计算机械臂当前位置x在哪个区间内，就可以确定其对应的 Token。

$$\text{Token}_x = \left\lfloor \frac{x - x_{min}}{(x_{max} - x_{min})/n} \right\rfloor$$

（3-8）

其中$\lfloor \cdot \rfloor$表示向下取整操作。

同样的方法适用于其他运动维度，从而得到完整的动作 Token 序列。这种离散化的动作 Token 化方法使得模型能够以一种简洁、规范的方式表示复杂的机器人动作，便于在模型训练和推理过程中进行处理。

3.3 显式端到端 VLA

为深入理解显式端到端 VLA 框架的技术内涵，本节先从定义层面展开剖析，明确其模块构成与运行逻辑。

3.3.1　显式端到端 VLA 的定义

显式端到端 VLA 将传统端到端 VLA 的"黑盒"处理模式，解耦为两个阶段，即两个可解释的核心模块，如图 3-11 所示。

- 第一阶段：未来视觉特征生成。基于输入的语言指令（Instruction）与视觉图像（Images），生成未来时刻的视觉特征信息（Feature），直观构建机械臂未来运动的可视化预期画面，打破传统端到端模型内部处理不可见的局限。
- 第二阶段：逆运动学动作解算。依托生成的未来视觉特征信息（Feature）与当前视觉信息，通过逆运动学解算，输出机械臂的动作指令（Action），实现从视觉表征到机械臂物理动作的精准转换。

该框架通过两个阶段显式设计：一方面在"语言 Text + 视觉 Vision → 未来 Feature"的过程中，明确呈现机械臂未来运动的图像（如操作场景的可视化呈现）；另一方面，借助"Feature+ 当前视觉→ Action"的逆运动学解算过程，使动作生成逻辑可追溯。相较于传统端到端方案，本框架通过中间视觉特征的显式生成，清晰展示了机械臂运动规划的中间过程，大幅提升了系统决策的可解释性。

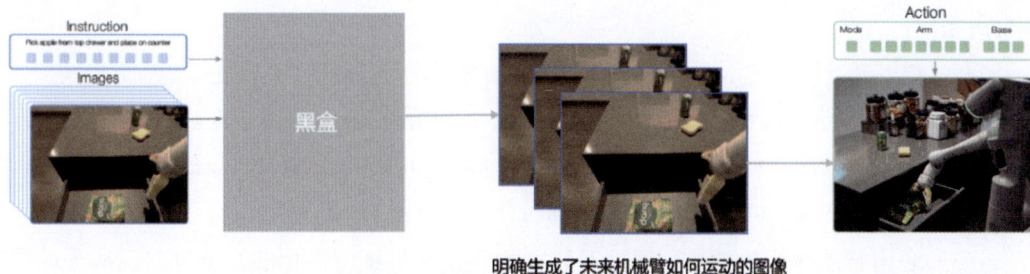

图 3-11　显式端到端视觉 – 语言 – 动作框架流程示意图

3.3.2　UniPi：开山之作

UniPi（Universal Policies via Text-Guided Video Generation）是一种通过文本引导的视频生成来学习通用策略的方法。该方法由 MIT、谷歌、伯克利分校、乔治亚理工学院和阿尔伯塔大学的研究人员提出，旨在构建一个能够解决各种任务的智能体。

1. 开创性思路

UniPi 作为领域内的开创性探索，首次破解了机械控制难题，其核心在于构建"通用智能体（General-Purpose Agents）"——借助文本引导视频生成技术，突破传统机械臂数据的应用边界。

UniPi 算法核心功能架构如图 3-12 所示，其设计蕴含三大创新逻辑：

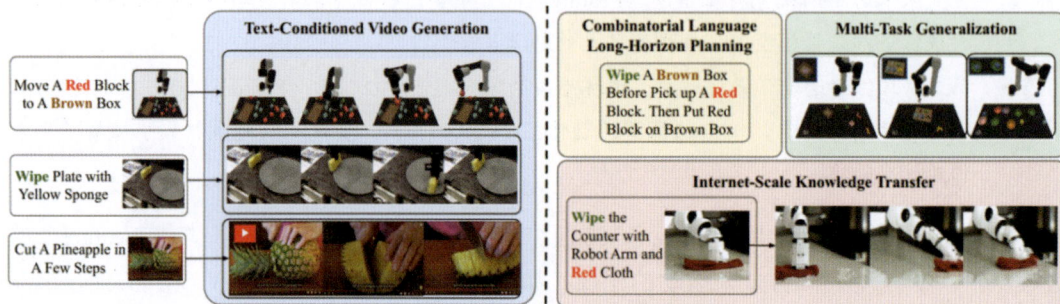

图 3-12 UniPi 算法核心功能架构图

（1）文本驱动的视频生成：通过 Text-Conditioned Video Generation 模块，将"Move A Red Block to A Brown Box"等文本指令转换为机械臂操作视频，建立语言指令与视觉动作的映射关系。

（2）多源数据协同互补：整合机械臂仿真/真实数据，同时引入 YouTube 等互联网数据（如"Cut A Pineapple in A Few Steps"生活场景视频），通过 Internet-Scale Knowledge Transfer 模块，将从互联网大规模数据中学习的知识，迁移至机械臂 Multi-Task Generalization（多任务泛化）场景，例如执行"Wipe a Pineapple Box"等组合语言长程规划任务。

（3）通用智能体构建内核：通过互联网级数据与机械臂数据的互补，实现从开放域数据到机械臂多任务执行的知识迁移，重新定义通用智能体的构建路径，为机械控制难题提供了创新性解决方案，诠释了"Universal Policies"所追求的通用性本质。

2. 主体结构

在开创性思路的指引下，UniPi 紧扣"通用智能体"核心，构建起简洁高效的架构，如图 3-13 所示。该架构以当前第一帧图像 x_0 和文本指令 c 为输入，生成未来视频序列 $\tau=[x_1,x_2,\cdots,x_H]$，并进一步转换为机械臂可执行的动作。UniPi 的架构由两大核心模块构成：

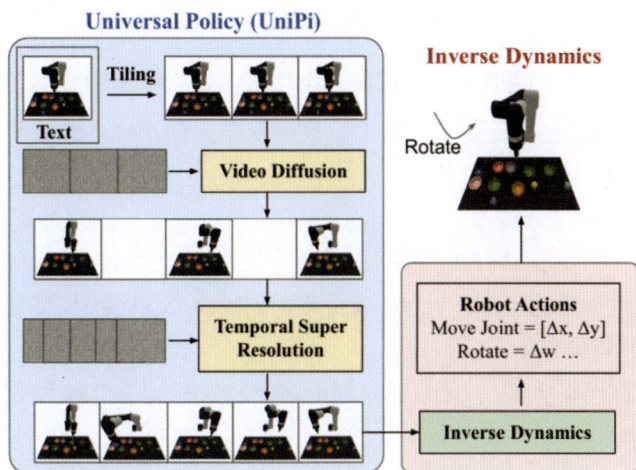

图 3-13 UniPi 通用策略架构与逆运动学转换流程示意图

（1）文本引导的视频生成模块：借助视频扩散模型，基于输入的当前帧图像 x_0 与文本指令 c，逐步生成未来 H 步的视频帧。训练时，利用 LAION-400M 等互联网级文本 - 视频数据进行预训练，并通过多重技术保障视频质量：固定首帧 x_0 并运用分类器自由引导技术，强化文本对视频生成的约束，使视频与文本描述高度契合；引入时间超分辨率和帧拼接技术，确保视频帧间的时间一致性与环境连贯性；采用层次化规划，先生成粗粒度视频抽象，再细化为具体动作序列，提升视频生成的效率与准确性。

（2）逆运动学转换模块：负责将生成的视频帧序列 τ 映射为机械臂关节空间动作 $a_{1:H}$。该模块通过监督学习训练，输入连续帧差异 $\Delta x = x_{t+1} - x_t$，经卷积层、残差块、多层感知机处理后，输出六维关节运动增量 $\Delta\theta = [\Delta\theta_1, \cdots, \Delta\theta_6]$，实现从视觉信息到机械臂动作的精准转换。正如图 3-13 所示，该模块将视频内容转换为 Rotate 等具体机械臂动作指令，完成从视觉表征到物理执行的关键跨越。

3. 损失函数

为了训练出性能优良的 UniPi 模型，合理设计损失函数至关重要。UniPi 采用了分层损失设计，分别对视频生成和动作执行进行约束，以确保模型在生成高质量视频的同时，能够准确地将视频转换为机械臂的动作。

在视频生成方面，主要有 3 个方面的损失。首先是 CLIP 对齐损失 L_{clip}，它通过对比学习的方式，使生成的视频在语义特征上与文本指令尽可能对齐。具体来说，该损失通过计算文本指令和生成视频在 CLIP 模型特征空间中的相似度来衡量，其表达式为

$$L_{\text{clip}} = -\mathbb{E}_{\tau \sim \rho}[\text{CLIP}(c, \tau)] \tag{3-9}$$

通过最小化这个损失，能够保证生成的视频在语义上与给定的文本指令高度一致。

其次是扩散损失 L_{diffuse}，它基于去噪扩散概率模型（DDPM）的原理，通过预测视频帧中添加的噪声来训练模型。具体计算为

$$L_{\text{diffuse}} = \mathbb{E}_{x_0, c, \tau}\left[\|\epsilon_\theta(x_k, k, c, x_0) - \epsilon_{\text{true}}\|_2^2\right] \tag{3-10}$$

其中，ϵ_θ 是模型预测的噪声，ϵ_{true} 是真实添加的噪声。这个损失能够确保生成的视频帧具有较高的真实性和自然度。

最后是时间一致性损失 L_{consist}，它通过超分辨率约束来提升视频帧之间的连贯性。具体计算为

$$L_{\text{consist}} = \mathbb{E}_\tau\left[\|SR(\tau) - Upsample(\tau)\|_2^2\right] \tag{3-11}$$

其中，$SR(\tau)$ 是经过超分辨率处理后的视频帧，$Upsample(\tau)$ 是简单上采样后的视频帧。通过最小化这个损失，能够使生成的视频在时间维度上更加连贯，避免出现跳跃或不自然的情况。

在动作执行方面，也有两个重要的损失。其一是逆运动学回归损失 L_{ik}，用于监督学习关节动作与视频帧差之间的映射关系，其表达式为

$$L_{\text{ik}} = \mathbb{E}_{\tau, a}\left[\|IK(\tau) - a\|_2^2\right] \tag{3-12}$$

其中，$IK(\tau)$ 是通过逆运动学模型预测的关节动作，a 是真实的关节动作。通过最小化这个损失，能够提高模型将视频帧转换为机械臂动作的准确性。

其二是碰撞规避正则项 $L_{\text{collision}}$，它基于物理仿真的碰撞检测，对可能导致机械臂碰撞的动作进行惩罚，其表达式为

$$L_{\text{collision}} = \mathbb{E}_a\left[\text{Collision\_Penalty}(a)\right] \tag{3-13}$$

这个正则项能够确保机械臂在执行动作时的安全性，避免发生碰撞事故。

4. 性能对比

为了验证 UniPi 的有效性和优越性，研究人员在多个场景下进行了性能对比实验，包括组合任务、多环境迁移和真实场景等。

在组合任务泛化方面，以多步积木操作任务为例，如"在将红色块放在蓝色块右侧前先擦拭棕色盒子"这样具有一定复杂性的任务。实验结果表明，与传统的 Transformer BC 模型相比，UniPi 在已见任务和新任务上都表现出了显著的优势。具体而言，Transformer BC 模型

在已见任务上的准确率为 19.4%，在新任务上的准确率为 11.9%；而 UniPi 在已见任务上的准确率达到了 59.1%，在新任务上的准确率为 60.1%，如图 3-14 所示。这充分证明了 UniPi 在处理复杂组合任务时具有强大的泛化能力，能够更好地适应不同的任务要求。

Model	Seen		Novel	
	Place	Relation	Place	Relation
State + Transformer BC [24]	19.4 ± 3.7	8.2 ± 2.0	11.9 ± 4.9	3.7 ± 2.1
Image + Transformer BC [24]	9.4 ± 2.2	11.9 ± 1.8	9.7 ± 4.5	7.3 ± 2.4
Image + TT [25]	17.4 ± 2.9	12.8 ± 1.8	13.2 ± 4.1	9.1 ± 2.5
Diffuser [21]	9.0 ± 1.2	11.2 ± 1.0	12.5 ± 2.4	9.6 ± 1.7
UniPi (Ours)	**59.1** ± 2.5	**53.2** ± 2.0	**60.1** ± 3.9	**46.1** ± 3.0

图 3-14　组合环境中的任务完成准确率对比图

在多环境迁移方面，研究人员设计了 10 类不同的机械臂操作任务，如翻转锅、擦拭盘子等。实验结果显示，在各个任务中，UniPi 的准确率都远高于次优基线 Diffuser 模型。例如，在放置碗任务中，UniPi 的准确率达到了 51.6%，而 Diffuser 模型仅为 14.8%；在包装对象任务中，UniPi 的准确率为 75.5%，而 Diffuser 模型为 15.9%，如图 3-15 所示。这表明 UniPi 能够更好地将在一个环境中学习到的知识迁移到其他不同的环境中，具有更强的环境适应性。

Model	Place Bowl	Pack Object	Pack Pair
State + Transformer BC	9.8 ± 2.6	21.7 ± 3.5	1.3 ± 0.9
Image + Transformer BC	5.3 ± 1.9	5.7 ± 2.1	7.8 ± 2.6
Image + TT	4.9 ± 2.1	19.8 ± 0.4	2.3 ± 1.6
Diffuser	14.8 ± 2.9	15.9 ± 2.7	10.5 ± 2.4
UniPi (Ours)	**51.6** ± 3.6	**75.5** ± 3.1	**45.7** ± 3.7

图 3-15　多环境迁移下的任务完成准确率对比图

在真实世界泛化方面，以厨房操作场景为例，如"将胡萝卜放在炉子上"。研究人员通过 CLIP 分数、FID 和任务成功率等指标来评估模型的性能。实验结果显示，经过预训练的 UniPi 模型在各个指标上都优于无预训练的模型。无预训练模型的 CLIP 分数为 24.43，FID 为 17.75，任务成功率为 72.6%；而 UniPi 模型的 CLIP 分数达到了 24.54，FID 为 14.54，任务成功率为 77.1%，如图 3-16 所示。这说明 UniPi 模型在真实场景中的视频生成质量更高，能够更准确地完成任务。

Model (24x40)	CLIP Score ↑	FID ↓	FVD ↓	Success ↑
No Pretrain	24.43 ± 0.04	17.75 ± 0.56	288.02 ± 10.45	72.6%
Pretrain	**24.54** ± 0.03	**14.54** ± 0.57	**264.66** ± 13.64	**77.1%**

图 3-16　真实场景中的任务完成准确率对比图

3.4 分层端到端 VLA

分层端到端视觉－语言－动作（VLA）架构通过创新的分层设计，实现了机器人在复杂任务场景下的高效执行。该架构突破了传统单一系统的局限性，构建了一个融合推理泛化能力与实时控制能力的分层体系。为深入理解其技术内核，我们将从定义层面剖析其架构构成、运行机制与设计逻辑。

分层端到端 VLA 架构一般分为高层语义理解层、中层任务规划层和底层动作执行层。高层语义理解层负责接收和解析人类自然语言指令，并将其转换为机器可理解的抽象语义表示。例如，当接收到"将桌子上的红色盒子拿到柜子里"这样的指令时，该层会提取出"红色盒子""桌子""柜子"等关键语义信息。中层任务规划层则基于高层的语义理解，结合当前环境的视觉信息进行任务规划与拆解。它会分析红色盒子、桌子和柜子之间的空间位置关系，并规划出从起始点到桌子，再从桌子拿起盒子并移动到柜子的行动步骤。底层动作执行层根据中层规划的步骤，精确控制机器人的机械部件，完成实际的动作操作，如控制机械臂进行移动、抓取、放置等动作。

当智能体接收到任务指令后，首先在高层语义理解层进行语义解析，通过自然语言处理技术，将文本指令转换为结构化的语义表征。然后，中层任务规划层会调用视觉感知模块获取当前环境信息，并结合高层的语义表征进行任务规划。这一过程可能涉及路径规划算法、任务调度算法等，以确定最优的行动序列。最后，底层动作执行层依据中层规划的结果，通过电机控制、动力学模型等技术，驱动机器人执行具体动作。在执行过程中，各层之间还会进行反馈调节。若底层在执行动作时发现实际情况与规划不符（如物体位置偏差），会将信息反馈给中层，以便中层重新调整任务规划，确保任务顺利完成。

分层端到端 VLA 架构的设计逻辑基于对不同任务能力的差异化需求。高层专注于语言理解和抽象推理，能够处理复杂多变的自然语言指令，具备较强的泛化能力，适应不同类型的任务描述。中层强调任务规划与环境融合，不仅需要根据高层语义进行合理规划，还要结合视觉感知信息，确保规划的可行性和高效性。底层聚焦于精准的动作控制，需要实时响应并精确执行动作指令，对控制精度和实时性要求极高。通过这种分层设计，复杂任务得以拆解为不同层次的子任务，各层专注于自身擅长的领域，既提高了系统的整体性能，又增强了系统的可扩展性和可维护性。在面对新任务时，只需在相应层进行优化或调整，而无须对整个系统进行大规模改动。

3.4.1　分层端到端 VLA 的举例说明

本小节以 Helix 为例，介绍分层端到端 VLA 的原理。Helix 是 Figure AI 公司于 2025 年 2 月 21 日发布的端到端人形机器人 VLA 通用大模型，它创新性地采用了"系统 1（S1）"与"系统 2（S2）"双层解耦架构，有效破解了传统机器人模型在速度与通用性之间难以平衡的技术瓶颈。具体来说，S1 作为高速反应式视觉运动策略，以 200Hz 的高频次将 S2 的语义分析结果转换为精准的连续动作；S2 则依托基于互联网预训练的视觉语言模型（VLM），以 7~9Hz 的频率专注于场景理解与语义推理。这种"快慢结合"的设计，使 Helix 既能实现毫秒级动作响应，又具备应对复杂任务的泛化能力。

以实际场景为例，当机器人获取第一视角图像并接收到指令"Pick up the butter and hand it over to the robot on your left"时，Helix 架构的分层处理机制便开始高效运作，如图 3-17 所示。首先，指令被输入至拥有 70 亿参数的预训练视觉语言模型 SYSTEM 2（即 S2），它以 7~9Hz 的频率对指令进行深度语义解析，将"butter""the robot on your left"等关键信息编码为潜在向量。随后，该向量被传输至由 8000 万参数 Transformer 构成的 SYSTEM 1（即 S1）。作为快速响应层，S1 结合实时视觉数据，以 200Hz 的高频次迅速规划机械臂的运动轨迹，精准完成抓取黄油、转向左侧机器人并移交物体的动作。若执行过程中出现突发状况，如路径中出现障碍物，S1 可即时调整动作策略；而 S2 则持续监控任务目标，确保语义理解的准确性，避免因环境变化而导致任务执行偏差。通过将潜在向量作为信息纽带，S2 的泛化推理能力与 S1 的高频控制能力得以深度融合，最终实现复杂指令的高效、精准执行。

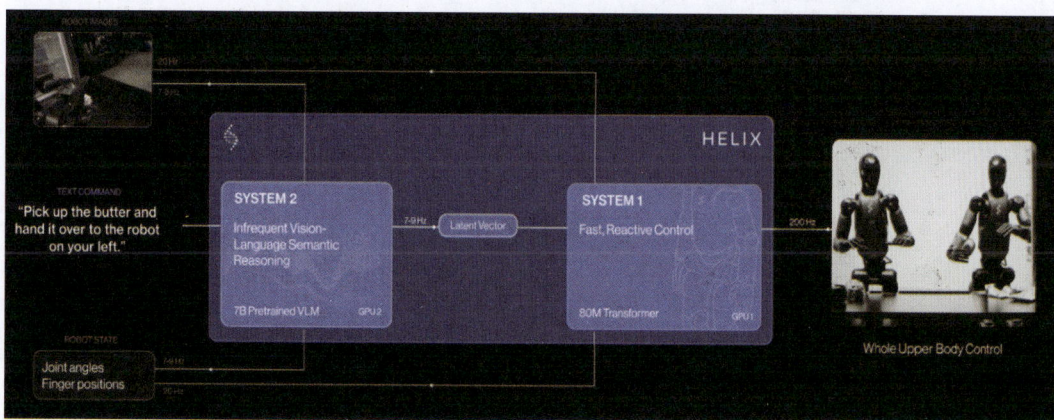

图 3-17　HELIX 架构图

3.4.2 Pi0-CogACT 算法详解

1. Pi0 的动机

机器人学习领域长期面临数据稀缺、泛化能力不足和物理操作复杂三大核心挑战。传统方法依赖特定任务的小规模数据集，难以应对现实场景的多样性。例如，单机器人训练的模型无法适应多形态机械臂（如双臂、移动基座）的差异。同时，离散动作模型（如 OpenVLA）在高频控制任务（如折叠衣物需 50Hz 动作）中表现僵化，难以满足精细操作需求。Pi0 的提出旨在突破这些瓶颈，构建具备互联网知识迁移能力的通用机器人策略。

Pi0（全称 π0: A Vision-Language-Action Flow Model for General Robot Control）是由 Physical Intelligence 公司开发的通用机器人策略模型，核心是通过视觉－语言－动作（VLA）流模型实现多模态输入下的高精度机器人控制。Pi0 受自然语言处理和计算机视觉领域大规模预训练模型的启发，提出通过预训练视觉语言模型整合互联网级文本－视频数据，以弥补机器人数据的不足，如图 3-18 所示。通过 LAION-400M 等互联网数据集，模型可学习"折叠衬衫""擦拭桌子"等通用语义知识，而非仅依赖机器人专有数据。同时，引入跨机器人训练机制，整合 7 种机器人配置（如 UR5e 双臂、移动 Trossen）的 10,000 小时数据，覆盖 68 类任务（如清理、组装、包装），增强模型对不同物理形态和环境的适应性。

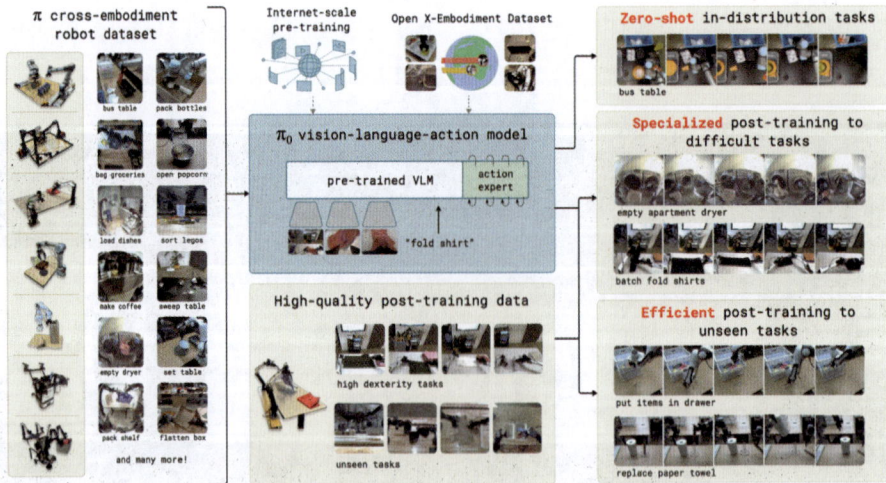

图 3-18 Pi0 框架流程与任务处理示意图

针对高维连续动作生成难题，Pi0 采用"流匹配（Flow Matching）"架构，将动作视为连续分布而非离散令牌。这一设计灵感源于扩散模型在图像生成中的成功，不同的是，Pi0

通过噪声预测学习（$L^\tau(\theta)=\mathbb{E}\left\|v_\theta\left(A_t^\tau,o_t\right)-u\left(A_t^\tau\mid A_t\right)\right\|^2$）实现高频动作生成，解决了传统离散模型的低灵活性问题。

此外，Pi0 提出了分层训练策略：在预训练阶段，模型在混合数据集上学习通用能力（如语义理解、基础操作）；在微调阶段，模型在高质量任务数据上优化特定表现（如折叠衣物需 100+ 小时数据提升成功率）。这种设计平衡了模型的通用性与任务特异性，使其能高效适应复杂多阶段任务。

2. Pi0 的主体结构

Pi0 的架构以"视觉 - 语言 - 动作"为核心，通过分层设计实现通用能力与实时控制的平衡。其核心模块包括以下 4 个。

1）预训练视觉语言模型

Pi0 基于 PaliGemma VLM（30 亿参数）构建基础语义理解模块，采用 ViT（Vision Transformer）编码器处理多视角图像（如 UR5e 的 2 摄像头、Trossen 的 3 摄像头）。通过线性投影将图像、语言指令和机器人本体状态（关节角度）统一嵌入空间。图像通过预训练 ViT 提取特征，语言指令由 T5-XXL 处理，本体状态（如 18 维关节角度）通过线性层映射至相同维度。三者拼接后输入 Transformer，生成语义特征。这一设计继承了互联网级文本 - 图像知识，例如通过"折叠衬衫"的文本指令，模型可关联 YouTube 视频中的相关操作。

2）流匹配动作生成模块

新增的 3 亿参数动作专家网络接收视觉语言模型输出的语义特征，通过多层感知机结合流匹配时间步 τ，生成连续动作分布。流匹配损失通过噪声预测学习动作分布，其中 $u(A_t^\tau\mid A_t)=\epsilon-A_t$（$\epsilon$ 为随机噪声），确保动作轨迹的物理合理性。推理过程通过欧拉积分，从噪声动作逐步生成可行轨迹（如 50Hz 的折叠动作），支持高频控制。例如，在折叠衣物时，模型预测连续关节角度变化，避免离散动作的生硬衔接，如图 3-19 所示。

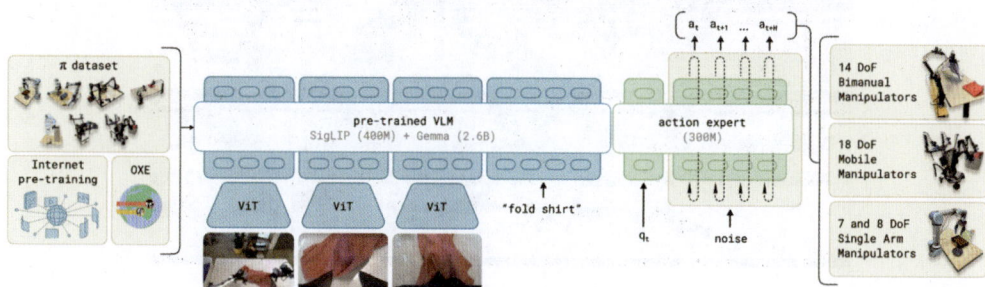

图 3-19 Pi0 模型架构与机器人适配示意图

3）跨机器人训练机制

自研数据集（10,000 小时）覆盖双臂、移动机械臂等 7 种配置，如图 3-20 所示。结合开源数据（OXE、DROID），通过零填充（如 14 维 UR5e 扩展至 18 维）和掩码（缺失摄像头数据）统一动作空间。任务多样性包括 68 类任务，如清理（Bussing）包含将不同餐具分类，组装（Box Building）涉及纸板折叠与固定。跨机器人训练使模型

图 3-20 Pi0 机器人配置

能适应不同机械臂的动力学差异，例如 UR5e 的平行夹爪与 Trossen 的多指手的控制策略。

4）分层训练策略

预训练阶段，模型在混合数据集上学习通用能力，输出粗粒度策略，如"抓取→移动→放置"。例如，通过互联网视频学习"抓取"的通用模式，再结合机器人数据优化具体动作。在微调阶段，模型在高质量任务数据上进行优化，例如折叠衣物需 100+ 小时数据，通过监督学习提升动作的流畅性和成功率。分层策略使模型在"清理餐桌"任务中，既能识别未见过的餐具（预训练），又能精准分类（微调），如图 3-21 所示。

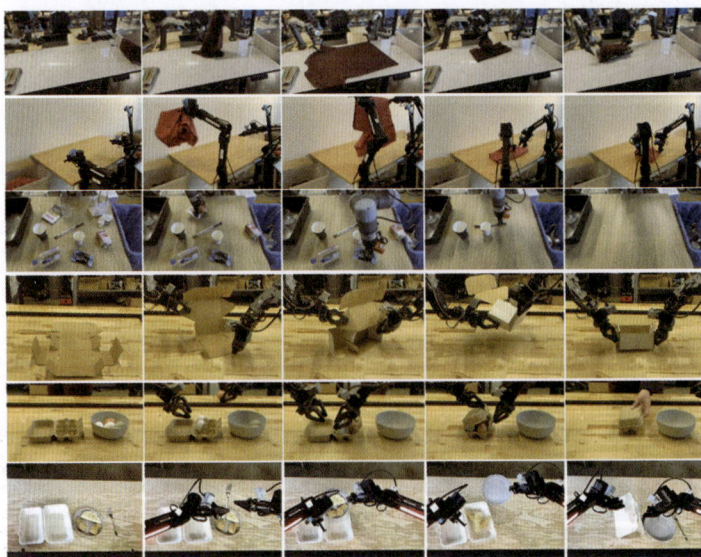

图 3-21 Pi0 实现复杂场景下的任务

3. Pi0 的性能对比

Pi0 在多类具有挑战性的任务中表现出显著优势，具体如下：

1）开箱即用能力

在衬衫折叠任务中，Pi0 通过流匹配生成高频动作（50Hz），成功率接近 100%；而 OpenVLA 因离散动作设计导致成功率仅为 19.4%。在复杂清理任务（Bussing Hard）中，Pi0 的准确率超 50%，远超基线模型（Octo 仅为 13.2%）。这得益于跨机器人训练增强的泛化能力，例如 UR5e 数据训练的模型可适应 Trossen 机械臂的新场景。图 3-22 为各模型开箱即用能力对比图，展示它们在衬衫折叠等任务中的准确率，突出流匹配与跨机器人训练的优势。

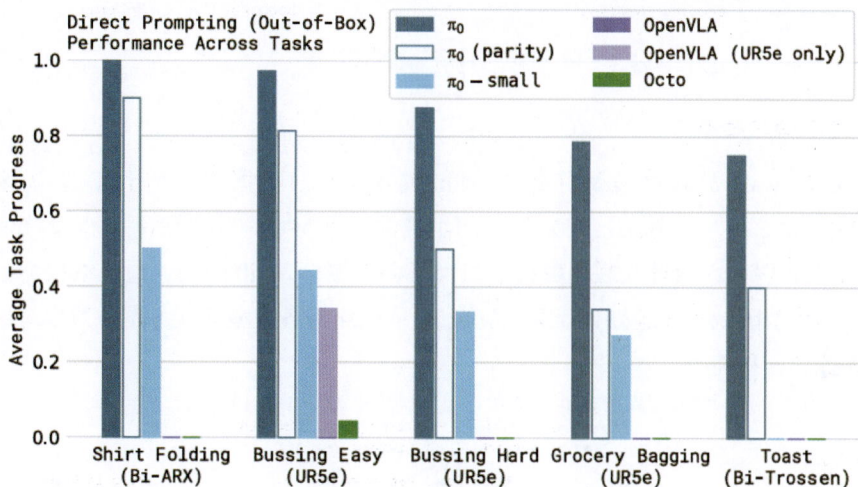

图 3-22　开箱即用能力对比图

2）语言指令遵循

在直接指令（Flat）下，Pi0 在装袋杂货任务中的准确率比无视觉语言模型初始化的 π_0-small 高 20%。结合人类或视觉语言模型高层指令后，其成功率提升至 80%+，而基线模型无显著提升。例如，在将咖啡袋放入纸袋任务中，Pi0 通过视觉语言模型理解"袋"的语义，准确执行操作，而 π_0-small 因缺乏互联网知识而出现误判。图 3-23 为各模型语言指令遵循对比图，显示不同条件下的成功率，强调视觉语言模型初始化的重要性。

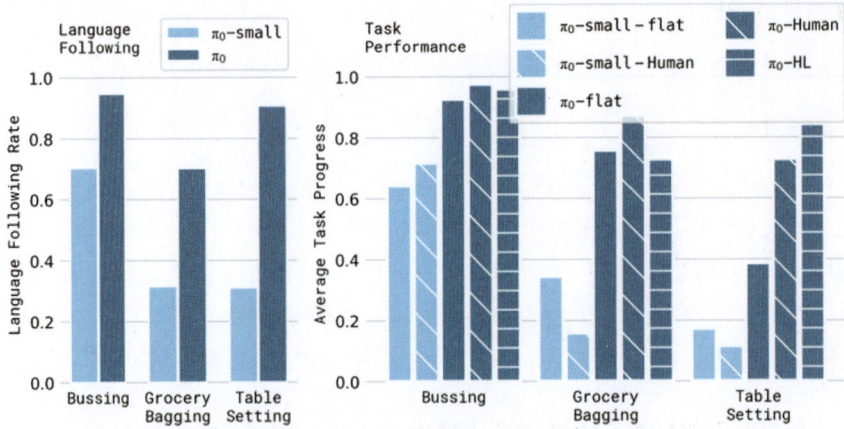

图 3-23 语言指令遵循对比图

3）新任务学习效率

在将 Tupperware 放入微波炉任务中，Pi0 仅需 1 小时数据即可达到基线模型（ACT/Diffusion Policy）5 小时的效果。在未见过的组装盒子任务中，预训练 + 微调策略使成功率提升 30% 以上。例如，通过互联网数据学习"折叠"概念，Pi0 能快速适应纸板盒的组装，而从头训练的模型因缺乏先验知识而无法完成。图 3-24 为各模型新任务学习效率对比图，突出显现预训练的迁移能力。

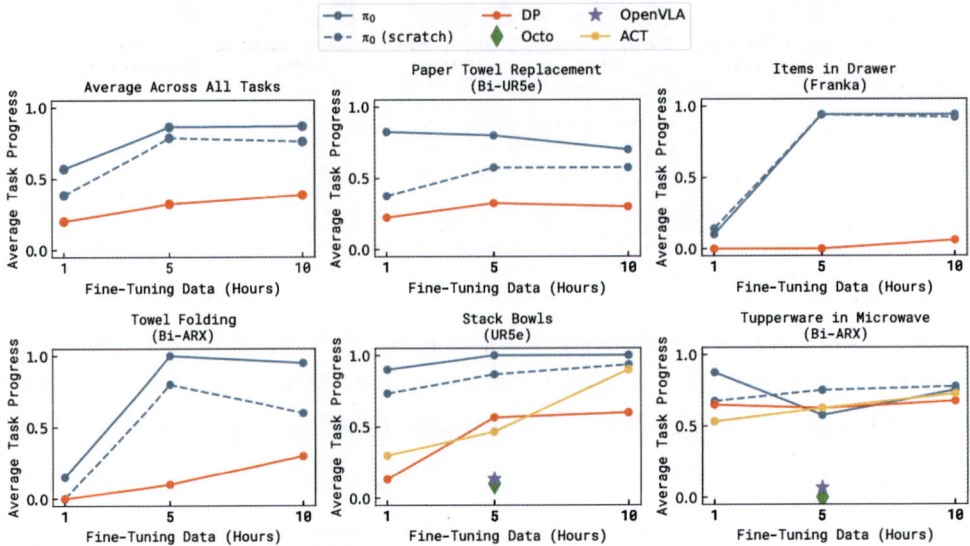

图 3-24 新任务学习效率对比图

4）真实场景表现

在多阶段任务（如折叠衣物需 5~20 分钟）中，Pi0 的成功率比从头训练的模型高 30%。例如，通过预训练学习"抓取→折叠→堆叠"流程，结合微调优化动作细节，Pi0 能处理衣物的随机初始形态。在纸、毛巾更换等新场景中，其适应速度显著加快（成功率从 30% 提升至 70%），验证了互联网知识的有效性。图 3-25 为各模型在复杂任务场景中的表现，展示预训练 + 微调的优势。

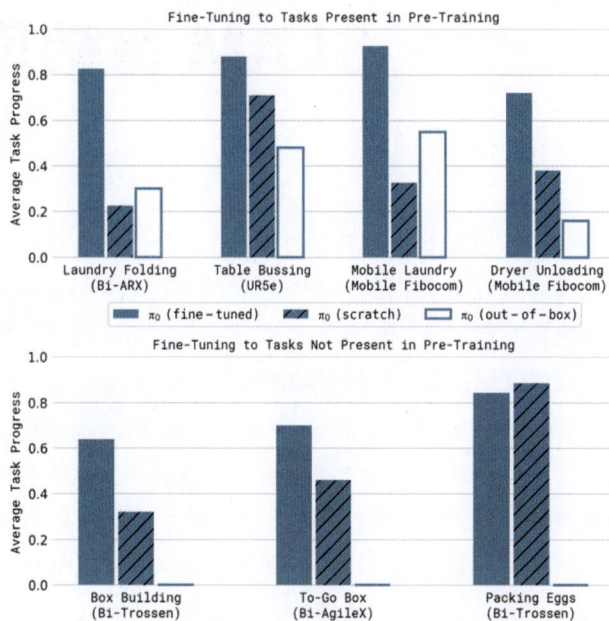

图 3-25　复杂任务场景表现对比图

3.5　本章小结

本章围绕 VLA 技术展开，阐述了其发展范式。VLA 技术打破传统系统中感知与决策的割裂，实现多模态融合，赋予智能体在物理世界自主行动的能力。本章还介绍了隐式端到端 VLA、显式端到端 VLA 和分层端到端 VLA 三种模型，分别剖析了其基础模块、算法流程及性能特点。此外，本章还以 RT-1、UniPi、Pi0-CogACT 等算法为例，详细讲解模型在输入处理、特征学习、动作生成等方面的技术细节，为理解具身智能中智能体如何实现感知、语言理解和动作执行的协同提供了理论依据。

第 4 章
SLAM 基础原理简介

在本书的知识框架中，本章起着承前启后的关键作用。在第 2 章和第 3 章中，我们深入探讨了机械臂的控制技术，无论是传统的控制方法，还是先进的 VLA 模型方法，这些技术虽然在各自的领域展现出独特的优势，但要让机械臂进一步完成复杂多样的任务，仅靠自身的控制能力是不够的，还需要精准且高效的移动能力与之配合。

想象一下，在一个复杂的仓储物流场景中，机械臂不仅要准确识别货物的位置并进行抓取操作，还需要在仓库中灵活移动，将货物搬运到指定地点。这就要求机械臂所在的机器人具备出色的移动能力，而机器人要实现精准移动，首先必须具备可靠的定位能力。

说到机器人的定位能力，就不得不提及 SLAM 技术。SLAM 的全称是 Simultaneous Localization And Mapping，即同时定位与地图构建。它在机器人和自动驾驶领域扮演着举足轻重的角色，是关键技术之一。

SLAM 的核心目标非常明确，那就是让机器人在完全未知的环境中，能够实时、精准地确定自身的位置，同时构建出该环境的地图。例如，在一个新建成且尚未进行数字化建模的大型商场中，服务机器人需要在其中自主导航，为顾客提供引导服务。此时，SLAM 技术就发挥了关键作用。机器人利用自身携带的传感器，如激光雷达、摄像头等，持续收集周围环境的信息。通过对这些信息的分析和处理，机器人能够实时计算出自己在商场中的位置，同时根据这些信息逐步构建出商场的地图，包括各个店铺的位置、通道的布局等。有了这张地图，机器人不仅可以规划出前往目标地点的最佳路径，还能在遇到障碍物或其他突发情况时及时调整路线，确保顺利到达目的地。SLAM 整体流程如图 4-1 所示。这一过程充分体现了SLAM 技术对于机器人在未知环境中实现自主移动和定位的重要性，也为后续 VLN 等更先进的导航技术的发展奠定了坚实基础。

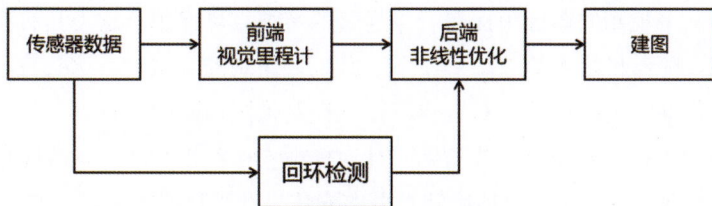

图 4-1　SLAM 整体流程图

　　本章将介绍 SLAM 技术在机器人和自动驾驶领域的关键作用，讲解视觉里程计原理、后端状态估计与累计误差处理方法，以及回环检测消除累计误差实现精准导航的原理。

4.1　视觉里程计原理

　　在理解视觉里程计的工作原理时，我们不妨从人类自身的感知出发。当我们身处一个环境中，如何判断自己是否在移动以及向哪个方向移动呢？很多人可能会直观地想到依靠视觉。确实，视觉在我们感知自身运动中发挥着重要作用。例如，当我们看到周围的物体仿佛在往左边移动时，根据相对运动的原理，我们就能推断出自己是在往右边移动。这一日常现象背后的原理，与机器人领域中的视觉里程计有着相似之处。

　　视觉里程计作为 SLAM 系统前端的重要组成部分，其核心任务是通过分析机器人搭载的视觉传感器所采集的图像序列，来估计机器人的运动轨迹。视觉里程计的算法种类繁多，主要可以划分为特征点法和直接法两大类别。

　　特征点法的核心原理是通过提取图像中的特征点，然后通过匹配这些特征点来估计两帧之间相机的运动和场景结构。特征点由关键点和描述子组成，关键点指特征点在图像中的位置，而描述子则描述了该关键点周围的信息。

　　直接法与特征点法不同，它不依赖于特征点的提取和匹配，而是直接对图像的像素强度进行比较。这种方法对光照变化不敏感，但在动态场景中可能会受到影响。直接法的核心是通过最小化连续帧之间像素的差异来估计相机的运动。

　　其中，基于特征点法的前端长期以来（直至当下）都被视作视觉里程计的主流方法。它之所以备受青睐，是因为具备诸多优势，比如稳定性强，在面对光照变化以及动态物体干扰时受影响程度较小，是目前较为成熟且可靠的解决方案。本章将深入且具体地介绍特征点法的相关原理。

　　以常见的单目视觉里程计为例，其工作原理主要基于对图像特征点的跟踪与匹配。在初始时刻，系统会从采集到的图像中提取一些显著的特征点，像角点这类具有明显特征的点往往会被优先选取。随着机器人的移动，在下一时刻采集到的图像中，这些特征点会出现在新的位置。此时，借助特定的算法，对这些特征点在两帧图像间的位移进行计算，再结合相机的内部参数（例如焦距等）以及一些基础的几何模型（如对极几何），就能估算出机器人在这一时间段内的相对运动状态，包括旋转角度的变化以及平移的距离。例如，在实际应用中，常利用八点法等算法，通过多组匹配特征点的坐标信息，求解出本质矩阵。本质矩阵蕴含着丰富的运动信息，通过对它进行分解，便能得到旋转向量和平移向量，进而精准确定机器人的运动姿态变化，为机器人的定位和导航提供关键数据支持。

而在多目传感器视觉定位领域，多目相机系统（以双目相机为典型代表）相较于单目相机展现出独特的优势。双目相机由两个相机组成，这两个相机之间存在一定的基线距离。当它们同时拍摄同一物体时，由于两个相机的视角不同，物体在两个相机图像平面上的成像位置会产生差异，这种差异被称为视差。依据三角测量原理，在已知相机内参、基线长度以及视差信息的情况下，就可以精确地计算出物体相对于相机的三维空间位置。在实际场景中，多目传感器凭借其多个相机的协同工作，能够采集到更为丰富的环境信息。通过对这些多目图像进行联合处理，机器人可以更准确地确定自身在环境中的位置。这一优势不仅有助于提升机器人定位的精度，更为后续的地图构建和路径规划提供了更可靠、更精准的数据基础，使得机器人在复杂环境中的导航和操作更加稳定和高效。

在 SLAM 技术体系中，根据匹配好的图像特征点来估计相机的运动是一项核心任务。不同类型的相机由于其结构和工作方式的差异，在解决这一问题时需要采用不同的解决方案，具体内容如表 4-1 所示。

表4-1 不同情形下的相机运动估计

传感器类型	数据维度	核心问题	解决方案
单目相机	2D	2D-2D运动估计	对极几何+八点法
混合系统	2D+3D	3D-2D投影匹配	PnP（Perspective-n-Point）算法（EPnP等）
双目/RGB-D	3D	3D-3D匹配	ICP（Iterated Closest Points，迭代最近点算法）及其变体

4.1.1 2D-3D：对极几何

以图 4-2 所示的对极几何约束为例，我们希望求取两帧图像 I_1、I_2 之间的运动，假设第一帧到第二帧的运动为 $\boldsymbol{R}$, $\boldsymbol{t}$。两个相机中心分别为 O_1、O_2。现在，考虑 I_1 中有一个特征点

p_1，它在 I_2 中对应着特征点 p_2。由于两者是通过特征匹配得到的，如果匹配正确，则说明它们确实是同一个空间点在两个成像平面上的投影。

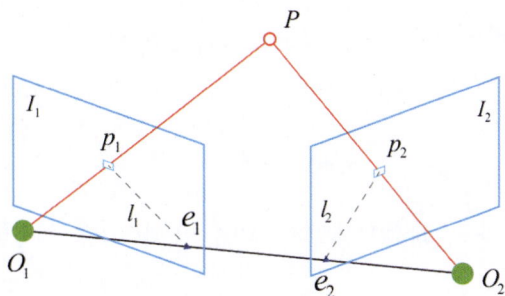

图 4-2　对极几何约束

从第一帧的角度看，射线 O_1p_1 是某个像素可能出现的空间位置，如果此时不知道 P 的位置，那么当我们在第二幅图像上看时，连线 e_2p_2 就是 P 可能出现投影的位置，也就是射线 O_1p_1 在第二个相机中的投影。现在，由于特征点 p_2 是 I_1 中的特征点 p_1 在 I_2 中对应的特征点，因此我们能够推断 P 的空间位置以及相机的运动。如果此时不知道 I_1 中的特征点 p_1 在 I_2 中对应的特征点是哪一个，我们就无法确定 p_2 到底在极线 l_2（即连线 e_2p_2）的哪个位置。

现在，假设在第一帧的坐标系下，P 的空间位置为 $P=[X,Y,Z]^{\mathrm{T}}$。

根据针孔相机模型的相关结论，我们可以得到两个像素点 p_1、p_2 的像素位置为：

$$s_1p_1 = KP , \quad s_2p_2 = K\left(RP+t\right) \tag{4-1}$$

这里，K 为相机内参矩阵，R 和 t 为相机坐标系之间的旋转矩阵和平移向量。s_1 和 s_2 是深度尺度因子，它们的作用是在将三维空间点投影到二维像素平面时，对坐标进行尺度缩放，以使投影关系满足数学表达。s_1 是三维点 P 在第一个相机坐标系下的深度，s_2 是变换后的点 $RP+t$ 在第二个相机坐标系下的深度。

取 p_1、p_2 的归一化坐标 $x_1=K^{-1}p_1$，$x_2=K^{-1}p_2$，可以得出：

$$x_2 \simeq Rx_1 + t \tag{4-2}$$

公式（4-2）中的 ≃ 表示尺度意义上的相等，即在齐次坐标下是相等的，在物理上表示对原点成投影关系。

经过推导（这里不详细介绍推导过程），我们得到：

$$x_2^{\mathrm{T}} \hat{t} R x_1 = 0 \qquad\qquad (4\text{-}3)$$

公式（4-3）中，T 是转置符号，表示将列向量转置为行向量，以便于矩阵乘法运算。符号"^"表示将向量转换为反对称矩阵，用于表示向量的外积运算。

重新代入 p_1、p_2，

$$p_2^{\mathrm{T}} K^{-\mathrm{T}} \hat{t} R K^{-1} p_1 = 0 \qquad\qquad (4\text{-}4)$$

公式（4-3）与公式（4-4）都被称为对极约束，分别用于定义基础矩阵 F 和本质矩阵 E，可以进一步简化对极约束：

$$E = \hat{t} R, \quad E = \hat{t} R \quad F = K^{-\mathrm{T}} E K^{-1}, \quad x_2^{\mathrm{T}} E x_1 = p_2^{\mathrm{T}} F p_1 = 0 \qquad (4\text{-}5)$$

对极约束简洁地给出了两个匹配点的空间位置关系。于是，相机位姿估计问题分解为以下两步：

（1）根据配对点的像素位置求出 E 或 F。

（2）根据 E 或者 F 求出 R，t。

由于 E 和 F 只相差相机内参，而内参在 SLAM 中通常是已知的，因此实践中通常使用形式更简单的 E。

4.1.2 八点法求解本质矩阵

考虑到 E 的尺度等价性，可以利用 8 对点（即 8 对匹配的特征点）来估计 E，即八点法。八点法只利用了 E 的线性性质，因此可以在线性框架下求解。

对于 1 对点，它们的归一化坐标为 $x_1=[u_1,v_1,1]^{\mathrm{T}}$，$x_2=[u_2,v_2,1]^{\mathrm{T}}$。根据对极约束，有

$$(u_2,v_2,1)\begin{pmatrix} e_1 & e_2 & e_3 \\ e_4 & e_5 & e_6 \\ e_7 & e_8 & e_9 \end{pmatrix}\begin{pmatrix} u_1 \\ v_1 \\ 1 \end{pmatrix} = 0 \qquad (4\text{-}6)$$

将矩阵 E 展开为向量 $e=[e_1,e_2,e_3,e_4,e_5,e_6,e_7,e_8,e_9]^{\mathrm{T}}$，对极约束可以写成与 e 有关的线性形式：

$$[u_2 u_1, u_2 v_1, u_2, v_2 u_1, v_2 v_1, v_2, u_1, v_1, 1]\cdot e = 0 \qquad (4\text{-}7)$$

将 8 对点对应的 x_1，x_2 分别代入公式（4-7）中，得到线性方程组（u^i，v^i 表示第 i 个特征点，以此类推）：

$$
\begin{pmatrix}
u_2^1 u_1^1 & u_2^1 v_1^1 & u_2^1 & v_2^1 u_1^1 & v_2^1 v_1^1 & v_2^1 & u_1^1 & v_1^1 & 1 \\
u_2^2 u_1^2 & u_2^2 v_1^2 & u_2^2 & v_2^2 u_1^2 & v_2^2 v_1^2 & v_2^2 & u_1^2 & v_1^2 & 1 \\
\vdots & \vdots & \vdots & \vdots & \vdots & \vdots & \vdots & \vdots & \vdots \\
u_2^8 u_1^8 & u_2^8 v_1^8 & u_2^8 & v_2^8 u_1^8 & v_2^8 v_1^8 & v_2^8 & u_1^8 & v_1^8 & 1
\end{pmatrix}
\begin{pmatrix}
e_1 \\ e_2 \\ e_3 \\ e_4 \\ e_5 \\ e_6 \\ e_7 \\ e_8 \\ e_9
\end{pmatrix} = 0
\tag{4-8}
$$

通过求解公式（4-8）中的方程，就能够求解 E 中的各个元素。求得 E 后，对 E 进行奇异值分解（Singular Value Decomposition，SVD），以求得 R，t。设 E 的 SVD 为

$$
E = U\Sigma V^{\mathrm{T}}
\tag{4-9}
$$

其中 U、V 为正交矩阵，Σ 为奇异值矩阵。因此可以求得对应的 R，t 分别为：

$$
\hat{t_1} = UR_Z\left(\frac{\pi}{2}\right)\Sigma U^{\mathrm{T}}, R_1 = UR_Z^{\mathrm{T}}\left(\frac{\pi}{2}\right)V^{\mathrm{T}}, \hat{t_2} = UR_Z\left(-\frac{\pi}{2}\right)\Sigma U^{\mathrm{T}}, R_2 = UR_Z^{\mathrm{T}}\left(-\frac{\pi}{2}\right)V^{\mathrm{T}}
\tag{4-10}
$$

其中 $R_Z\left(\dfrac{\pi}{2}\right)$ 表示沿 z 轴旋转 90° 得到的旋转矩阵。

4.1.3 3D-2D：PnP

2D-2D 的对极几何方法需要 8 对或 8 对以上的匹配点（以八点法为例），但在此过程中存在初始化、纯旋转和尺度的问题。然而，如果两幅图像中的一幅特征点的 3D 位置已知，那么只需 3 对点（以及至少一个额外点验证结果）便可估计相机运动。特征点的 3D 位置可以由三角化或 RGB-D 相机的深度图确定。因此，在双目或 RGB-D 的视觉里程计中，可以直接使用 PnP 估计相机运动；而在单目视觉里程计中，必须先进行初始化，才能使用 PnP。

PnP 有多种求解方法：至少需要 6 对点的直接线性变换（DLT）、用 3 对点估计位姿的 P3P，还有 EPnP、UPnP 等高效方法。此外，还可以用非线性优化的方式构建最小二乘问题并迭代求解，也就是光束平差法（Bundle Adjustment，BA）。在此，我们将先介绍 DLT，再讲解 P3P，最后介绍 BA。

1. 直接线性变换（DLT）：先求解相机位姿，再求解空间点位置

考虑某个空间点 P，它的齐次坐标为 $\boldsymbol{P}=(X,Y,Z,1)^{\mathrm{T}}$。在图像 I_1 中，它投影到特征点 $\boldsymbol{x}_1=(u_1,v_1,1)^{\mathrm{T}}$。此时，相机的位姿 $\boldsymbol{R}$，$\boldsymbol{t}$ 是未知的。这时定义增广矩阵 $[\boldsymbol{R}|\boldsymbol{t}]$ 为一个 3×4 的矩阵，包含了旋转与平移信息。增广矩阵展开形式如下：

$$s\begin{pmatrix} u_1 \\ v_1 \\ 1 \end{pmatrix} = \begin{pmatrix} t_1 & t_2 & t_3 & t_4 \\ t_5 & t_6 & t_7 & t_8 \\ t_9 & t_{10} & t_{11} & t_{12} \end{pmatrix}\begin{pmatrix} X \\ Y \\ Z \\ 1 \end{pmatrix} \tag{4-11}$$

用最后一行把 s 消去，得到两个约束：

$$\begin{cases} \boldsymbol{t}_1^{\mathrm{T}}\boldsymbol{P} - \boldsymbol{t}_3^{\mathrm{T}}\boldsymbol{P}_{u_1} = 0 \\ \boldsymbol{t}_2^{\mathrm{T}}\boldsymbol{P} - \boldsymbol{t}_3^{\mathrm{T}}\boldsymbol{P}_{v_1} = 0 \end{cases} \tag{4-12}$$

其中，$\boldsymbol{t}_1=(t_1,t_2,t_3,t_4)^{\mathrm{T}}$，$\boldsymbol{t}_2=(t_5,t_6,t_7,t_8)^{\mathrm{T}}$，$\boldsymbol{t}_3=(t_9,t_{10},t_{11},t_{12})^{\mathrm{T}}$。

根据公式（4-12）可以看到，每个特征点提供了两个关于 $\boldsymbol{t}$ 的线性约束。若此时存在 N 对匹配的特征点，则可构建如下的线性方程组：

$$\begin{pmatrix} \boldsymbol{P}_1^{\mathrm{T}} & 0 & -u_1\boldsymbol{P}_1^{\mathrm{T}} \\ 0 & \boldsymbol{P}_1^{\mathrm{T}} & -v_1\boldsymbol{P}_1^{\mathrm{T}} \\ \vdots & \vdots & \vdots \\ \boldsymbol{P}_N^{\mathrm{T}} & 0 & -u_N\boldsymbol{P}_N^{\mathrm{T}} \\ 0 & \boldsymbol{P}_N^{\mathrm{T}} & -v_N\boldsymbol{P}_N^{\mathrm{T}} \end{pmatrix}\begin{pmatrix} \boldsymbol{t}_1 \\ \boldsymbol{t}_2 \\ \boldsymbol{t}_3 \end{pmatrix} = 0 \tag{4-13}$$

$\boldsymbol{t}$ 一共有 12 维，因此最少需要 6 对点才能实现相机变换矩阵的线性求解，这种方法被称为 DLT。若匹配点大于 6 对时，仍可使用 SVD 等方法对超定方程进行最小二乘解。对于求解出的旋转矩阵 $\boldsymbol{R}$，可以通过 QR 分解等手段将其重新投影到 SE(3) 流形上。

2. P3P：先求解空间点位置，再求解相机位姿

P3P 需要利用给定的 3 对点的几何关系。它的输入数据为 3 对 3D-2D 匹配点，其中 3 对匹配点的 3D 世界坐标为 A,B,C，2D 投影坐标为 a,b,c，如图 4-3 所示。

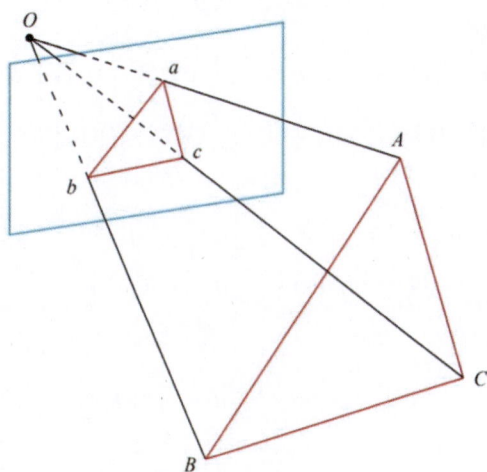

图 4-3　P3P 问题示意图

根据三角形的余弦定理，有

$$\begin{cases} OA^2 + OB^2 - 2OA \cdot OB \cdot \cos(a,b) = AB^2 \\ OB^2 + OC^2 - 2OB \cdot OC \cdot \cos(b,c) = BC^2 \\ OA^2 + OC^2 - 2OA \cdot OC \cdot \cos(a,c) = AC^2 \end{cases} \tag{4-14}$$

对公式（4-14）中的 3 个式子全体除以 OC^2，并且记 $x=OA/OC$，$y=OB/OC$，$v=AB^2/OC^2$，$uv=BC^2/OC^2$，$wv=AC^2/OC^2$，得

$$\begin{cases} (1-u)y^2 - ux^2 - \cos(b,c)y + 2uxy\cos(a,b) + 1 = 0 \\ (1-w)x^2 - wy^2 - \cos(a,c)x + 2wxy\cos(a,b) + 1 = 0 \end{cases} \tag{4-15}$$

由于已经知道 2D 点的图像位置，3 个余弦角 $\cos(a,b)$、$\cos(b,c)$、$\cos(a,c)$ 以及 u、w 都是已知的，可以求解出 x 和 y，进而求解出 A、B、C 三点的相机坐标。然后根据 3D-3D 的点对，计算相机的运动 $\boldsymbol{R}$、$\boldsymbol{t}$。

3. BA：最小化重投影误差，同时求解空间点位置和相机位姿

如果有 n 个三维空间点 P 及其投影 p，此时需要计算相机位姿 $\boldsymbol{R}$、$\boldsymbol{t}$，它的李群（李群是一种只有一个运算的、比较简单的代数结构）表示为 $\boldsymbol{T}$。某空间点的世界坐标 $\boldsymbol{P}_i=[X_i,Y_i,Z_i]^T$，其投影的像素坐标为 $\boldsymbol{u}_i=[u_i,v_i]^T$，则像素点位置与空间点位置的关系如下：

$$s_i \boldsymbol{u}_i = \boldsymbol{K}\boldsymbol{T}\boldsymbol{P}_i \qquad (4\text{-}16)$$

由于相机位姿未知以及存在观测点的噪声，因此上式存在一个误差，该误差被称为重投影误差，即 $\boldsymbol{e} = \boldsymbol{u}_i - \dfrac{1}{s_i}\boldsymbol{K}\boldsymbol{T}\boldsymbol{P}_i$。我们对重投影误差求和，寻找最好的相机位姿和特征点的空间位置，最小化重投影误差：

$$\boldsymbol{T}^* = \underset{T}{\arg\min}\ \frac{1}{2}\sum_{i=1}^{n}\left\| \boldsymbol{u}_i - \frac{1}{s_i}\boldsymbol{K}\boldsymbol{T}\boldsymbol{P}_i \right\|^2 \qquad (4\text{-}17)$$

$$\boldsymbol{P}_i^* = \underset{P_i}{\arg\min}\ \frac{1}{2}\sum_{i=1}^{n}\left\| \boldsymbol{u}_i - \frac{1}{s_i}\boldsymbol{K}\boldsymbol{T}\boldsymbol{P}_i \right\|^2 \qquad (4\text{-}18)$$

使用最小二乘优化，我们需要分别求 e 对 T 和 P 的导数：

$$\boldsymbol{e}(\boldsymbol{x}+\Delta\boldsymbol{x}) \approx \boldsymbol{e}(\boldsymbol{x}) + \boldsymbol{J}^{\mathrm{T}}\Delta\boldsymbol{x} \qquad (4\text{-}19)$$

（1）求 e 对 T 的导数：

当 e 为像素坐标误差（二维），x 为相机位姿（六维）时，雅可比矩阵 $\boldsymbol{J}^{\mathrm{T}}$ 将是一个 2×6 的矩阵，我们来推导 $\boldsymbol{J}^{\mathrm{T}}$ 的形式：取中间变量 $\boldsymbol{P}'=(\boldsymbol{T}_P)1,3=[X',Y',Z']^{\mathrm{T}}$，使用李代数（Lie algebra，是一类重要的非结合代数）求导的扰动模型，对 T 左乘微小扰动 $\delta\boldsymbol{\xi}$，求导得到：

$$\frac{\partial\boldsymbol{e}}{\partial\delta\boldsymbol{\xi}} = \lim_{\delta\boldsymbol{\xi}\to0}\frac{\boldsymbol{e}(\delta\boldsymbol{\xi}\oplus\boldsymbol{\xi})-\boldsymbol{e}(\boldsymbol{\xi})}{\delta\boldsymbol{\xi}} = \frac{\partial\boldsymbol{e}}{\partial\boldsymbol{P}'}\frac{\partial\boldsymbol{P}'}{\partial\delta\boldsymbol{\xi}} \qquad (4\text{-}20)$$

其中的 $\oplus$ 表示李代数的左乘扰动。

其中第一项 $\dfrac{\partial\boldsymbol{e}}{\partial\boldsymbol{P}'}$：

$$\frac{\partial\boldsymbol{e}}{\partial\boldsymbol{P}'} = -\begin{bmatrix} \dfrac{\partial u}{\partial X'} & \dfrac{\partial u}{\partial Y'} & \dfrac{\partial u}{\partial Z'} \\[2mm] \dfrac{\partial v}{\partial X'} & \dfrac{\partial v}{\partial Y'} & \dfrac{\partial v}{\partial Z'} \end{bmatrix} = -\begin{bmatrix} \dfrac{f_x}{Z'} & 0 & -\dfrac{f_x X'}{Z'^2} \\[3mm] 0 & \dfrac{f_y}{Z'} & -\dfrac{f_y Y'}{Z'^2} \end{bmatrix} \qquad (4\text{-}21)$$

第二项 $\dfrac{\partial\boldsymbol{P}'}{\partial\delta\boldsymbol{\xi}}$ 为变换后的点关于李代数的导数：

$$\frac{\partial \boldsymbol{P}'}{\partial \delta \boldsymbol{\xi}} = \frac{\partial (\boldsymbol{TP})}{\partial \delta \boldsymbol{\xi}} = (\boldsymbol{TP})^{\odot} = \begin{bmatrix} \boldsymbol{I} & -\boldsymbol{P}'^{\wedge} \\ \boldsymbol{0}^{\mathrm{T}} & \boldsymbol{0}^{\mathrm{T}} \end{bmatrix} \tag{4-22}$$

在 $\boldsymbol{P}'$ 定义中，取出前三维，得到

$$\frac{\partial \boldsymbol{P}'}{\partial \delta \boldsymbol{\xi}} = \begin{bmatrix} \boldsymbol{I}, -\boldsymbol{P}'^{\wedge} \end{bmatrix} \tag{4-23}$$

将两项相乘，得到了 2×6 的雅可比矩阵

$$\frac{\partial \boldsymbol{e}}{\partial \delta \boldsymbol{\xi}} = -\begin{bmatrix} \dfrac{f_x}{Z'} & 0 & -\dfrac{f_x X'}{Z'^2} & -\dfrac{f_x X' Y'}{Z'^2} & f_x + \dfrac{f_x X'^2}{Z'^2} & -\dfrac{f_x Y'}{Z'} \\ 0 & \dfrac{f_y}{Z'} & -\dfrac{f_y Y'}{Z'^2} & -f_y - \dfrac{f_y Y'^2}{Z'^2} & \dfrac{f_y X' Y'}{Z'^2} & \dfrac{f_y X'}{Z'} \end{bmatrix} \tag{4-24}$$

（2）求 $\boldsymbol{e}$ 对 $\boldsymbol{P}$ 的导数：

根据导数的链式法则

$$\frac{\partial \boldsymbol{e}}{\partial \boldsymbol{P}} = \frac{\partial \boldsymbol{e}}{\partial \boldsymbol{P}'} \frac{\partial \boldsymbol{P}'}{\partial \boldsymbol{P}} \tag{4-25}$$

第一项 $\dfrac{\partial \boldsymbol{e}}{\partial \boldsymbol{P}'}$ 已在公式（4-21）中推导。第二项 $\dfrac{\partial \boldsymbol{P}'}{\partial \boldsymbol{P}}$ 按照定义：

$$\boldsymbol{P}' = (\boldsymbol{TP})_{1:3} = \boldsymbol{RP} + \boldsymbol{t} \tag{4-26}$$

根据公式（4-26）可以发现，$\boldsymbol{P}'$ 对 $\boldsymbol{P}$ 求导只剩下 $\boldsymbol{R}$，于是可以得到：

$$\frac{\partial \boldsymbol{e}}{\partial \boldsymbol{P}} = -\begin{bmatrix} \dfrac{f_x}{Z'} & 0 & -\dfrac{f_x X'}{Z'^2} \\ 0 & \dfrac{f_y}{Z'} & -\dfrac{f_y Y'}{Z'^2} \end{bmatrix} \boldsymbol{R} \tag{4-27}$$

4.1.4　3D-3D 匹配：ICP

假设我们有一组配对好的 3D 点（例如我们对两幅 RGB-D 图像进行了匹配）：

$$P = \{p_1, \cdots, p_n\}, P' = \{p'_1, \cdots, p'_n\} \tag{4-28}$$

现在，需要找一个欧氏变换 R, t，使得

$$\forall i, p_i = Rp'_i + t \tag{4-29}$$

这个问题可以用迭代最近点（Iterative Closest Point，ICP）求解。常见 ICP 问题的求解包含两种方式：利用线性代数的求解（主要是 SVD），以及利用非线性优化方式的求解（类似于 BA）。

1. SVD 方法

定义第 i 对点的误差项为 $e_i = p_i - (Rp'_i + t)$，定义两组点的质心 $p = \frac{1}{n}\sum_{i=1}^{n}(p_i)$，$p' = \frac{1}{n}\sum_{i=1}^{n}(p'_i)$，构建最小二乘问题，求取最合适的 R, t：

$$\begin{aligned}\min_{R,t} J &= \frac{1}{2}\sum_{i=1}^{n}\|(p_i - (Rp'_i + t))\|^2 \\ &= \frac{1}{2}\sum_{i=1}^{n}\| p_i - p - R(p'_i - p')\|^2 + \| p - Rp' - t\|^2\end{aligned} \tag{4-30}$$

左边只和旋转矩阵 R 相关，而右边既有 R 也有 t，但只和质心相关。因此令左边取最小值解出 R，代入到右边令式子等于 0 求出 t。定义去质心坐标 $q_i = p_i - p, q'_i = p'_i - p'$，则优化目标可写成：

$$\begin{aligned}R^* &= \min_{R}\sum_{i=1}^{n}\| p_i - p - R(p'_i - p')\|^2 \\ &= \min_{R}\sum_{i=1}^{n} -q_i^{\mathrm{T}} R q'_i \\ &= -tr\left(R\sum_{i=1}^{n} q_i q_i^{\mathrm{T}}\right)\end{aligned} \tag{4-31}$$

省略数学证明，定义矩阵：

$$W = \sum_{i=1}^{n} q_i q_i^{\mathrm{T}} \tag{4-32}$$

对矩阵 W 进行 SVD 分解得到：

$$W = U\Sigma V^{\mathrm{T}} \tag{4-33}$$

可求解

$$R = UV^{\mathrm{T}} \tag{4-34}$$

2. 非线性优化方法

使用李代数表达位姿，目标函数可以写成：

$$\min_{\xi} = \frac{1}{2}\sum_{i=1}^{n}\lVert\left(p_i - \exp\left(\xi^{\wedge}\right)p_i'\right)\rVert^2 \tag{4-35}$$

误差项关于位姿的导数可以用李代数求导的扰动模型，计算导数得到：

$$\frac{\partial e}{\partial \delta\boldsymbol{\xi}} = -(\exp\left(\xi^{\wedge}\right)p_i')^{\odot} \tag{4-36}$$

可以直接使用最小二乘优化方法求解位姿。

4.2 后端状态估计与累计误差

在机器人的运动感知与定位过程中，前端的里程计发挥着重要作用。通过对采集到的数据进行计算，我们能够获取一系列的观测量以及移动体的状态信息。然而，这些通过前端里程计得到的结果，仅仅反映了机器人在相对运动中的情况，要想进一步精准确定移动体在当前环境中的位置，尤其是使该位置与当前的观测量相契合，就需要进行状态估计。

视觉里程计主要借助特征点匹配和几何模型，实现对机器人相对运动的估计。它在一定程度上为机器人的定位提供了基础数据，但这种方法存在一个不容忽视的问题——误差累积。在实际运行中，视觉里程计每次对相对运动的估计都不可避免地存在一定误差，随着时间的推移和运动距离的增加，这些误差会不断累加。例如，在机器人执行长距离任务时，每次相对运动估计产生的误差都会积累起来，导致对机器人位置和姿态的估计与真实情况的偏差越来越大。这种累计误差会严重影响地图构建的准确性和机器人导航的精度，使得构建出的地图与实际环境存在较大差异，机器人在导航过程中也容易偏离预定路径。

为了解决这一问题，需要使用后端状态估计进行全局优化。后端状态估计通常采用滤波算法，如扩展卡尔曼滤波、粒子滤波等。它们的主要作用是融合视觉里程计的数据与其他传感器（如惯性测量单元，IMU）采集的数据，通过综合分析多源信息，更准确地估计机器人的状态，包括其位置、速度和姿态等关键参数。

根据状态估计的不同处理方式，后端优化可以分为"批量处理"（Batch）和"渐进处理"（Incremental）两种。如果希望机器人的整个运动轨迹在较长时间内保持最优状态，则需要利用最新获取的知识来更新较久远的状态。从"久远的状态"角度来看，这种方法好比是未来的信息在指导机器人"应该处于哪里"。这种方法考虑的是较长时间内（甚至是所有时间内）的状态估计问题，并不仅仅依赖过去的信息，还会利用未来的信息进行状态更新，因此称为"批量处理"方法。与之相对的是"渐进处理"方法，在这种方式下，当前的状态仅仅由过去的时刻决定，甚至有时只依赖前一个时刻的信息。

在这之前，我们先复习一下 SLAM 的运动方程和观测方程：假设在 $t=0$ 到 $t=N$ 的时间内，机器人的位姿 x_0 到 x_N，并且有一系列路标 $y_1, \cdots, y_M$。此时，运动和观测方程为：

$$\begin{cases} x_k = f\left(x_{k-1}, u_k\right) + w_k \\ z_{k,j} = h\left(y_j, x_k\right) + v_{k,j} \end{cases} k = 1, \cdots, N \ j = 1, \cdots, M \qquad (4\text{-}37)$$

由于噪声的存在，我们无法直接获得方程的精确数值解，因此需要把位姿 x 与路标 y 视为服从某种概率分布的随机变量。通常假设它们服从高斯分布，其中高斯分布的均值就是最优值估计，协方差矩阵表示该估计的不确定性。此时，我们需要根据一系列的运动数据和路标点观测数据，估计每个时刻相机位姿和路标点坐标的高斯分布。

改变 x 记号的含义，并利用过去 0 到 k 中的数据来估计当前的状态分布，关注 k 时刻与 $k-1$ 时刻的状态关系，可以推导出：

$$P\left(x_k \mid x_0, u_{1:k}, z_{1:k-1}\right) = \int P\left(x_k \mid x_{k-1}, x_0, u_{1:k}, z_{1:k-1}\right) P\left(x_{k-1} \mid x_0, u_{1:k}, z_{1:k-1}\right) \mathrm{d}x_{k-1} \qquad (4\text{-}38)$$

其中，"|"左边表示待估计的变量（x_k），"|"右边包含已知信息（包含 x_0、观测数据以及已估计的数据）。$P\left(x_k \mid x_0, u_{1:k}, z_{1:k-1}\right)$ 是基于初始状态 x_0、从 1 到 k 的输入数据和从 1 到 $k-1$ 的观测数据，对 x_k 的先验估计。$P\left(x_k \mid x_{k-1}, x_0, u_{1:k}, z_{1:k-1}\right)$ 是根据上一时刻 x_{k-1} 和其他已知数据，通过运动方程对 x_k 的预测。$P\left(x_{k-1} \mid x_0, u_{1:k}, z_{1:k-1}\right)$ 是上一个时刻的状态估计（额外包含本时刻输入 u_k）。

对于这一步的更进一步处理，有以下两种方式：

（1）假设马尔可夫性：认为 k 时刻的状态只与 $k-1$ 时刻有关，采用基于滤波器的方法，如卡尔曼滤波（Kalman Filter，KF）。

（2）非线性优化方法：认为 k 时刻的状态与之前所有时刻的状态均有关，是目前的主流方法，如扩展卡尔曼滤波（Extended Kalman Filter，EKF）。

4.2.1　线性系统和卡尔曼滤波

卡尔曼滤波是一种递推算法，用于估计动态系统的状态，广泛应用于控制系统、信号处理、经济学、导航和机器人学等领域。由于基于滤波器的 SLAM 逐渐过时，因此本小节仅简单介绍卡尔曼滤波的基本概念。

在假设马尔可夫性时，我们可以将公式（4-38）右侧部分进一步简化：

$$P\left(\boldsymbol{x}_k \mid \boldsymbol{x}_0, \boldsymbol{u}_{1:k}, \boldsymbol{z}_{1:k-1}\right) = \int P\left(\boldsymbol{x}_k \mid \boldsymbol{x}_{k-1}, \boldsymbol{u}_k\right) P\left(\boldsymbol{x}_{k-1} \mid \boldsymbol{x}_0, \boldsymbol{u}_{1:k-1}, \boldsymbol{z}_{1:k-1}\right) \mathrm{d}\boldsymbol{x}_{k-1} \tag{4-39}$$

从这里可以看出，根据马尔可夫性，右侧两项所依赖的已知数据是互不交叉的。此时的问题是如何将 k-1 时刻的状态分布推导至 k 时刻。若只与上一个时刻有关，则只需维护当前时刻的状态量，并对它进行迭代更新。若认定是高斯分布，则仅需维护均值与协方差。

1. 卡尔曼滤波推导过程

（1）运动方程（和观测方程）是线性的，且高斯分布经过线性变换仍为高斯分布，因此可以利用这一性质来得出 k 时刻 x 的先验，即状态的预测。

（2）利用观测方程计算后验，结合运算技巧推导出后验公式，并定义中间变量 K（K 计算不依赖后验）。

2. 卡尔曼滤波具体步骤

（1）预测：

$$\check{\boldsymbol{x}}_k = \boldsymbol{A}_k \hat{\boldsymbol{x}}_{k-1} + \boldsymbol{u}_k, \quad \check{\boldsymbol{p}}_k = \boldsymbol{A}_k \hat{\boldsymbol{P}}_{k-1} \boldsymbol{A}_k^{\mathrm{T}} + \boldsymbol{R} \tag{4-40}$$

其中，$\check{\boldsymbol{x}}_k$ 为预测状态，它基于上一时刻的后验状态 $\hat{\boldsymbol{x}}_{k-1}$，通过状态转移矩阵 $\boldsymbol{A}_k$ 和控制输入 $\boldsymbol{u}_k$ 计算当前时刻的状态预测值。$\check{\boldsymbol{p}}_k$ 为预测状态协方差，它由上一时刻的协方差 $\hat{\boldsymbol{P}}_{k-1}$ 经状态转移传播 $\boldsymbol{A}_k \hat{\boldsymbol{P}}_{k-1} \boldsymbol{A}_k^{\mathrm{T}}$ 并叠加过程噪声协方差 $\boldsymbol{R}$ 得到。

（2）更新：先计算 $\boldsymbol{K}$，它又被称为卡尔曼增益。

$$K = \check{P}_k C_k^{\mathrm{T}} (C_k \check{P}_k C_k^{\mathrm{T}} + Q_k)^{-1} \tag{4-41}$$

其中，C_k 为观测矩阵，Q_k 为观测噪声协方差，用来描述 z_k 的不确定性。

然后计算后验概率分布：

$$\hat{x}_k = \check{x}_k + K(z_k - C_k \check{x}_k), \quad \hat{P}_k = (I - K C_k)\check{P}_k \tag{4-42}$$

公式（4-40）、公式（4-41）和公式（4-42）中的 $\hat{x}_k$ 表示后验，$\check{x}_k$ 表示先验分布。

上述过程采用了从概率角度出发的最大后验概率估计的方式来推导卡尔曼滤波。在线性高斯系统中，卡尔曼滤波构成了该系统的最优无偏估计，并且由于高斯分布经过线性变换后仍服从高斯分布，因此整个过程中没有进行任何的近似。可以说，卡尔曼滤波构成了线性系统中最优的无偏估计。

4.2.2 非线性系统和扩展卡尔曼滤波

在 SLAM 中，运动方程和观测方程通常是非线性函数，尤其是视觉 SLAM 中，涉及的相机模型需要使用相机内参模型及李代数表示的位姿，显然无法构成线性系统。一个高斯分布经过非线性变换后，往往不再是高斯分布。因此，在非线性系统中，我们通常需要对其进行一定的近似，将非高斯分布近似成高斯分布。

此时，需要把卡尔曼滤波的结果拓展到非线性系统中，这就是扩展卡尔曼滤波。通常的做法是，在某个点附近，对运动方程和观测方程进行一阶泰勒展开，只保留一阶项，即线性的部分，然后像线性系统一样进行推导：假设在 $k-1$ 时刻的均值与协方差矩阵为 $\hat{x}_{k-1}, \hat{P}_{k-1}$，在 k 时刻，我们对运动方程和观测方程在 $\hat{x}_{k-1}, \hat{P}_{k-1}$ 处进行线性化（即一阶泰勒展开），得到：

$$x_k \approx f(\hat{x}_{k-1}, u_k) + \frac{\partial f}{\partial x_{k-1}}\bigg|_{\hat{x}_{k-1}} (x_{k-1} - \hat{x}_{k-1}) + w_k \tag{4-43}$$

记这里的偏导数为

$$F = \frac{\partial f}{\partial x_{k-1}}\bigg|_{\hat{x}_{k-1}} \tag{4-44}$$

同样，对于观测方程，亦有

$$z_k \approx h(\check{x}_k) + \left. \frac{\partial h}{\partial x_k} \right|_{\hat{x}_k} (x_k - \check{x}_k) + n_k \tag{4-45}$$

记这里的偏导数为

$$H = \left. \frac{\partial h}{\partial x_k} \right|_{\hat{x}_k} \tag{4-46}$$

那么，在预测步骤中，根据运动方程有

$$P\left(x_k \mid x_0, u_{1:k}, z_{0:k-1}\right) = N\left(f\left(\hat{x}_{k-1}, u_k\right), F\hat{P}_{k-1}F^{\mathrm{T}} + R_k\right) \tag{4-47}$$

这些推导和卡尔曼滤波十分相似。为方便表述，记先验和协方差的均值为

$$\check{x}_k = f\left(\hat{x}_{k-1}, u_k\right), \check{P}_k = F\hat{P}_{k-1}F^{\mathrm{T}} + R_k \tag{4-48}$$

然后，考虑在观测中有

$$P\left(z_k \mid x_k\right) = N\left(h(\check{x}_k) + H(x_k - \check{x}_k), Q_k\right) \tag{4-49}$$

最后，根据贝叶斯展开式，推导出 x_k 的后验概率形式，定义卡尔曼增益 K_k：

$$K_k = \check{P}_k H^{\mathrm{T}} (H\check{P}_k H^{\mathrm{T}} + Q_k)^{-1} \tag{4-50}$$

在卡尔曼增益的基础上，后验概率的形式为

$$\hat{x}_k = \check{x}_k + K_k\left(z_k - h(\check{x}_k)\right), \hat{P}_k = \left(I - K_k H\right)\check{P}_k \tag{4-51}$$

卡尔曼滤波器在线性系统和高斯噪声下给出无偏最优估计，而在 SLAM 中的非线性情况下，给出了单次线性近似下的最大后验估计。

4.2.3　光束平差法（BA）与图优化

1. 投影模型和 BA 代价函数

现在我们回顾整个投影过程：从一个世界坐标系中的点 P 出发，考虑相机的内外参数和畸变来，最后投影成像素坐标，具体步骤如图 4-4 所示。

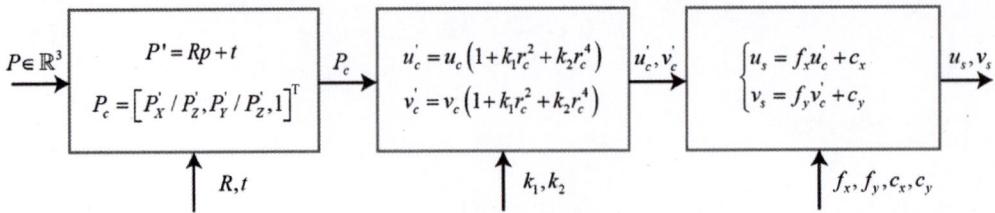

图 4-4 计算流程示意图

实际上，投影过程就是观测过程 $z=h(x,y)$，其中 x 表示此时相机的位姿（即外参数 R,t），它的李群为 T，李代数为 ξ，像素坐标是我们的观测数据 z，路标 y 是三维坐标点 p。因此，可以将一次观测的重投影误差记为

$$e = z - h(T, p) \tag{4-52}$$

进而得到总代价函数：

$$\frac{1}{2}\sum_{i=1}^{m}\sum_{j=1}^{n}\parallel e_{ij}\parallel^2 = \frac{1}{2}\sum_{i=1}^{m}\sum_{j=1}^{n}\parallel z_{ij} - h(T_i, p_j)\parallel^2 \tag{4-53}$$

2. BA 的求解

非线性优化的核心问题是 Δx 的选取，由于相机位姿 x 和路标点坐标 p 都是优化的目标，所以这里的 x 定义为所有待优化的变量 $x = [T_1, T_2, \cdots, T_m, p_1, p_2, \cdots, p_n]^{\mathrm{T}}$。

无论是采用高斯－牛顿法还是利文贝格－马夸特法，求解 Δx 都需要求解雅可比矩阵 J。按照高斯－牛顿法，对重投影误差 e 进行泰勒展开：

$$\frac{1}{2}\parallel f(x + \Delta x)\parallel^2 \approx \frac{1}{2}\sum_{i=1}^{m}\sum_{j=1}^{n}\parallel e_{ij} + F_{ij}\Delta\xi_i + E_{ij}\Delta p_j\parallel^2 \tag{4-54}$$

其中，F_{ij} 表示整个代价函数在当前状态下对相机姿态的偏导数，E_{ij} 表示该函数对路标点的位置偏导，所以 $J=[F,E]$。

我们可以通过增量线性方程：$H\Delta x = g$ 求解 Δx，其中 $H=J^{\mathrm{T}}J$，$g=-Je$。

对于求和形式的代价函数求最小值，与提升维度形式的代价函数求范数最小值，二者是等价的。因此求每个位姿和路标点的 H_{ij} 矩阵进而求 Δx_{ij}，然后迭代；与求所有位姿和路标点拼接而成的 H 矩阵（海塞矩阵）进而求 Δx，然后进行迭代，二者也是等价的。后续过程我们都按提升维度形式的 BA 来说明。

随着相机位姿与被观测的路标点数量的增加，H 矩阵的维度会变得越来越大。如果直接通过求 H^1 的方法来求 Δx 将会十分困难。因此，我们需要利用 H 矩阵的特殊结构来加速求解。

3. 稀疏性

在视觉 SLAM 中，光束平差法的优化问题涉及大量相机位姿和路标点变量，核心挑战在于如何高效求解大规模非线性优化问题。21 世纪视觉 SLAM 的重要突破在于揭示了 H 矩阵的稀疏结构，并且发现这种结构可以自然地用图优化来表示。

H 矩阵的稀疏性源自雅可比矩阵 J，每个重投影误差项只与当时的第 i 个相机位姿和第 j 个路标点有关，而对其余部分的变量的导数都为 0。因此，该误差项对应的雅可比矩阵具有如下形式：

$$J_{ij}(x) = \left(\mathbf{0}_{2\times6}, \ldots, \mathbf{0}_{2\times6}, \frac{\partial e_{ij}}{\partial T_i}, \mathbf{0}_{2\times6}, \ldots, \mathbf{0}_{2\times3}, \ldots, \mathbf{0}_{2\times3}, \frac{\partial e_{ij}}{\partial p_j}, \mathbf{0}_{2\times3}, \ldots, \mathbf{0}_{2\times3} \right) \quad (4\text{-}55)$$

然后考虑 H_{ij}，以图 4-5 为例。

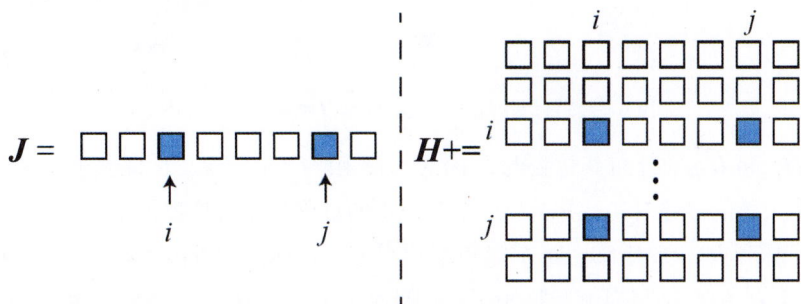

图 4-5 雅可比矩阵 J 与海塞矩阵 H 稀疏结构示意关系图

其中，H_{11}，即左上角部分（i 部分）永远是对角阵，只有 H_{ii} 有非零块；H_{22}，即右下角部分（j 部分）永远是对角阵，只有 H_{jj} 有非零块；H_{12} 和 H_{21}，即左下角和右上角部分，与位姿 i 是否观察到路标点 j 有关（即邻接矩阵），可能稀疏也可能稠密。

在之后对线性方程的求解中，我们也需要利用它的稀疏结构。以下是一个直观示例。假设一个场景内有 2 个相机位姿（C_1, C_2）和 6 个路标点（$P_1, P_2, P_3, P_4, P_5, P_6$，）。这些相机和点所对应的变量为 $T_{i,i}$=1,2 及 $P_{j,j}$=1,$\cdots$,6。相机 C_1 观测到路标点 P_1, P_2, P_3, P_4，相机 C_2 观测到路标点 P_3, P_4, P_5, P_6。将这个过程画成示意图，如图 4-6 所示。相机和路标以圆形节点表示。如果 i 相机能够观测到路标点 j，则在它们对应的节点之间连上一条线（即添加边）。

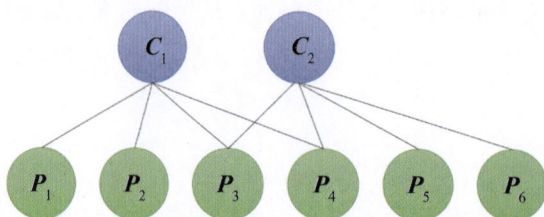

图 4-6 相机位姿与路标点观测关系示意图

为了方便表示稀疏性，用带有颜色的方块表示矩阵在该区域有数值，而没有颜色的区域表示矩阵在该处的数值为 0。将 J_{ij} 按照一定顺序列为向量后，整体雅可比矩阵和相应的 H 矩阵的稀疏情况如图 4-7 所示。

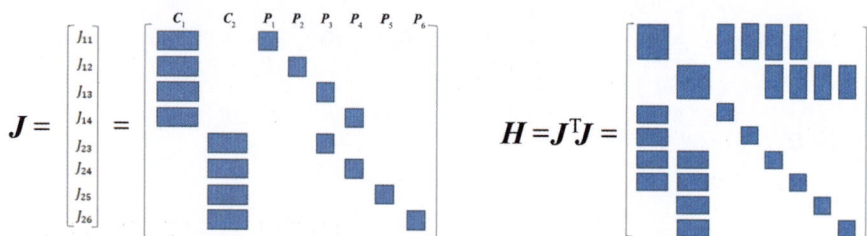

图 4-7 雅可比矩阵 J 与海塞矩阵 H 稀疏结构示意图

可见，H_{12} 和 H_{21} 的分布和位姿与路标的邻接矩阵分布一致。由此我们可以得出，在矩阵结构中，左上角的 B 是对角块矩阵，每个对角块的维度与相机位姿的维度一致（一般为 6）；右下角的 C 同样为对角块矩阵，每个对角块的维度与路标点的维度相符（一般为 3）。左下角 E 和右上角 E^T 的结构与观测数据相关。当路标点数量庞大时，会出现 B 规模较小、C 规模较大，且 E 与 E^T 呈零散分布的特征，如图 4-8 所示。

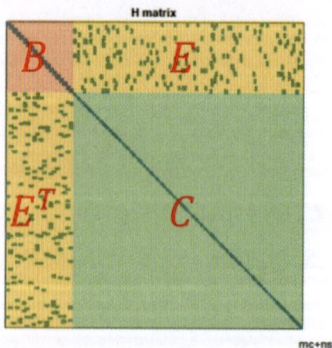

图 4-8 H 矩阵的区域划分

4. 边缘化

获得海塞矩阵 H 后，目标是求解 $H\Delta x = g$，其线性方程组可以表示为以下形式：

$$\begin{bmatrix} B & E \\ E^{\mathrm{T}} & C \end{bmatrix} \begin{bmatrix} \Delta x_c \\ \Delta x_p \end{bmatrix} = \begin{bmatrix} v \\ w \end{bmatrix} \tag{4-56}$$

其中，B 是对角块矩阵，每个对角块的维度和相机参数的维度相同，对角块的个数是相机变量的个数。由于路标数量远大于相机变量的个数，因此 C 往往也远大于 B。三维空间中每个路标点是三维的，C 矩阵是对角块矩阵，每个块是 3×3 矩阵。对角块矩阵的求逆难度小于一般矩阵，因为只需对对角线矩阵块分别求逆。基于此特性，我们可以对线性方程组进行高斯消元，以消去右上角非对角部分 E，得到：

$$\begin{bmatrix} B - EC^{-1}E^{\mathrm{T}} & 0 \\ E^{\mathrm{T}} & C \end{bmatrix} \begin{bmatrix} \Delta x_c \\ \Delta x_p \end{bmatrix} = \begin{bmatrix} v - EC^{-1}w \\ w \end{bmatrix} \tag{4-57}$$

消元后，方程组的第一行与 Δx_p 无关，可以单独提取出到位姿部分的增量方程：

$$\begin{bmatrix} B - EC^{-1}E^{\mathrm{T}} \end{bmatrix} \Delta x_c = v - EC^{-1}w \tag{4-58}$$

该方程维度与 B 矩阵一致，求解 Δx_c 后代入原方程求 Δx_p。因此，边缘化的计算主要集中在求解公式（4-58）。

从概率角度来看，边缘化实际上是将求解（Δx_c，Δx_p）的问题转换成先固定 Δx_p 再求出 Δx_c，然后求 Δx_p 的过程。这一步相当于做了条件概率展开：

$$P(x_c, x_p) = P(x_c | x_p) P(x_p) \tag{4-59}$$

4.3　回环检测消除累计误差实现精准导航

在 SLAM 系统中，虽然光束平差法能够对局部轨迹进行优化，但其优化效果在长距离应用中仍存在局限性，特别是长距离的累计误差问题依旧突出。回环检测作为解决这一问题的关键手段，在实现 SLAM 系统的全局一致性方面起着决定性作用。

回环检测的核心思路是判断机器人是否回到了曾经访问过的位置。在机器人的运行过程中，一旦检测到回环，便意味着之前的估计轨迹可能存在偏差。此时，回环检测算法（例如基于词袋模型的方法）会发挥作用，通过对比当前观测数据与历史观测数据，精准确定回环关系。

当回环关系确定后，系统将借助图优化等技术，把回环处的节点与之前的对应节点连接起来，构建一个以误差最小化为目标的优化问题。通过求解该优化问题，对机器人的轨迹和地图进行全局优化，进而有效消除累计误差。经过这样的处理，机器人的定位精度和地图构建的准确性都将得到显著提升，最终实现精准导航。

在实际应用场景中，回环检测的重要性不言而喻。无论是在室内环境下服务机器人的导航工作，还是在室外环境中自动驾驶车辆的定位任务，回环检测都能有效提升 SLAM 系统在复杂环境下的可靠性和稳定性，如图 4-9 所示。

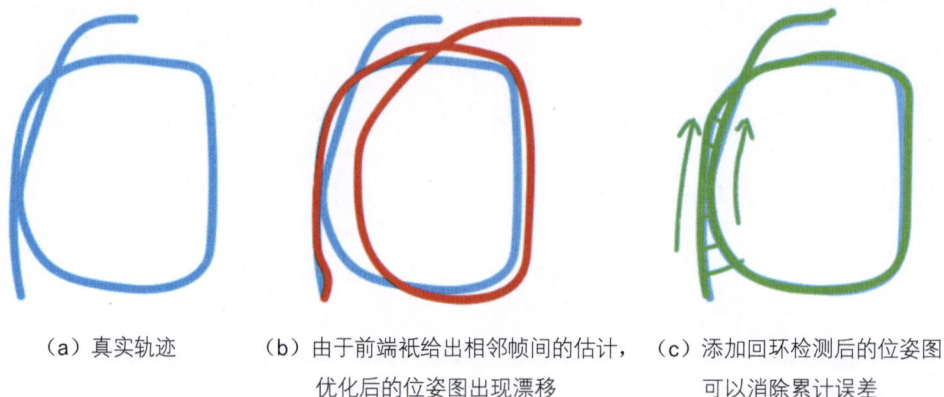

（a）真实轨迹　　　　（b）由于前端祇给出相邻帧间的估计，　　（c）添加回环检测后的位姿图
　　　　　　　　　　　　　优化后的位姿图出现漂移　　　　　　可以消除累计误差

图 4-9 漂移示意图

4.3.1 词袋模型

在讲解词袋模型之前，我们需要先辨析两个关键概念：准确率（Precision）和召回率（Recall）。以回环检测场景为例：从人类的认知角度来看，我们通常认为能够高精度地判断"两幅图像是否相似"或"是否在同一地点拍摄"，但受制于对人脑工作原理的认知局限，我们无法清晰拆解这一判断过程。从程序设计角度，期望算法输出的结果与人类认知（或事实）一致：若两幅图像实际来源于同一位置，算法应判定为"回环"；若图像实际来源不同，算法应判定为"非回环"。然而，程序的判断未必与人类的预期完全一致，由此衍生出真阳性、假阴性等多种情况，判断情况如表 4-2 所示。

表4-2　回环判断

算法/事实	是回环	不是回环
是回环	真阳性	假阴性
不是回环	假阴性	真阳性

这里的"阴"和"阳"描述算法的检测结果，"真"和"假"则描述结果是否正确。假阳性也称为感知偏差，假阴性也称为感知变异。现在，假如我们用 TP 表示 True Positive（真阳性），用 TN 表示 True Negative（假阴性），其余类推。为了让算法的判断尽可能接近人类预期，因此希望 TP 和 TN 尽可能高，而 FP 和 FN 尽可能低。对于某种特定算法，我们可以统计它在某个数据集上的 TP、TN、FP、FN 的出现次数，并计算两个统计量：准确率和召回率。

$$Precision=TP/(TP+FP), \ Recall=TP/(TP+FN) \tag{4-60}$$

从公式的字面意义来看，准确率描述的是算法提取的所有回环中实际的回环概率（即判断的准确率）；而召回率则是在所有真实回环中算法正确检测到的概率（即提取的敏感度）。准确率与召回率往往是一对矛盾体，通常当算法敏感提高时会导致判断准确率降低，反之准确率很高。

在 SLAM 中，通常对准确率有更高的要求，甚至需要添加回环验证步骤，而对于召回率则相对宽容，因为假阳性会为 BA（光束平差）添加错误的边，导致严重的错误，而假阴性则仅仅会导致地图上的累积误差未被及时消除。

准确率和召回率能够更加科学地评判回环检测算法的优劣。从这个角度来看，直接计算两个图像差异的算法，其准确率和召回率通常都较低，其中采用的就是词袋模型方法。

词袋，也就是 Bag-of-words（BoW），目的是用"图像上有哪几种特征"来描述一幅图像。使用词袋评价相似性分为 3 个步骤：

步骤 01 训练字典：确定"人""车""狗"等概念——它们对应于"单词"，许多单词组成"字典"。

步骤 01 确定每幅图像的单词；通过单词出现的情况（或直方图）描述图像，从而将图像转换为向量。

步骤 01 比较两个向量（图像）的相似程度。

描述向量只表明"是否存在"，而不考虑"出现在哪里"。因此，当相机视角发生轻微变化时，只要特征不丢失，描述向量通常不会发生变化。根据两幅图的描述向量，可以计算它们之间的相似度：

$$s(a, b) = 1 - \frac{1}{W} \| a - b \|_1 \tag{4-61}$$

其中，W 是归一化系数，与范数的定义方式有关。当 $a=b$ 时，$s=1$；当 a 与 b 完全相反时，$s=0$。

现在，剩下的两个问题是：

（1）如何得到字典？

（2）如何通过相似度更好地判断回环？

4.3.2 字典

在特征点法中，我们用描述子来描述特征，但描述子与单词不同。描述子是由单幅图像提取出的单个特征，而单词是从多幅图像提取的局部相邻特征点的集合。词袋模型的回环检测算法需要用到描述子，因此直接法无法直接使用这种算法。

例如，对大量图片提取了 N 个特征点，并希望获得有 k 个单词的字典，可以使用 K-means 算法将 N 个特征点的描述子归为 k 类（聚类），大致步骤如下：

步骤 01 随机选取 k 个中心点：$c_1, \cdots, c_k$。

步骤 02 对每一个样本，计算与每个中心点之间的距离，取距离最小的中心点作为它的归类。

步骤 03 重新计算每个类的中心点。

步骤 04 如果每个中心点的变化都很小，则算法收敛，退出；否则返回步骤 1。

通过聚类算法得到 k 个单词的字典后，接下来需根据特征点"查字典"找到对应的单词。最简单的方法是逐个单词地查字典，但通常情况下，字典都包含大量单词，这样做效率较低。因此，可考虑将字典排序，或采用 FAB-MAP、Chow-Liu Tree 等数据结构。在这里，主要介绍一种常用的 k 叉树结构，类似于层次聚类，树的每一代为一层聚类，步骤如下：

步骤 01 在根节点，使用 K-means（实际常用 K-means++ 保证聚类均匀性）将所有样本聚成 k 类，得到第一层。

步骤 02 对第一层每个节点的样本再聚成 k 类，得到下一层。

步骤 03 以此类推，最终得到叶子层（即 Words），如图 4-10 所示。

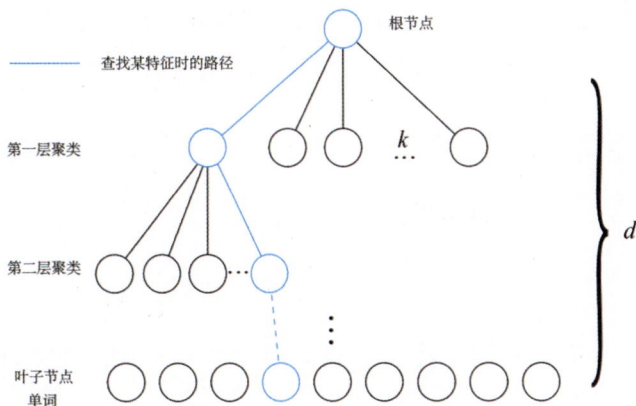

图 4-10　k 叉树字典示意图

如此，得到 k^d 个单词。在查找特征点对应的单词时，从根节点逐层查找，复杂度为 $O(\log k^d)$。在实际操作中，只需把所有描述子放入同一个 Mat 容器，然后用 DBoW3::Vocabulary 实例创建字典并存储即可，这里不做详细介绍。创建好字典后，接下来便是相似度计算。

4.3.3　相似度计算

有些单词具有很高的区分度，若只有两幅图片包含这个单词，则它们极有可能是回环；而有些单词则不具备区分度，若所有图片都包含这个单词，则对判定回环几乎没有帮助。因此，可根据单词的区分度为其赋予不同的权重，从而提高回环检测的正确率和效率。

词频－逆向文本频率（TF-IDF）原本是一种文本检索中的加权方式，也适用于词袋模型。在词袋模型中，词频（TF）指的是某单词在字典中出现的频率，区分度高的单词在图像中出现的频率高。例如，如果一幅图中有 100 辆汽车，而包含小于 30 辆汽车的图像与之不相似，包含超过 80 辆汽车的图像则与之相似。逆向文本频率（IDF）则反映了某个单词在字典中出现的频率低，区分度高的单词在较少的图像中出现。例如，如果只有两幅图包含"汽车"这一单词，那么很可能构成回环。

例如，单词 w_i 的特征数量为 n_i，所有特征数量为 n，则 w_i 的逆向文本频率 IDF 为

$$IDF_i = \log \frac{n}{n_i} \tag{4-62}$$

假设图像 A 中单词 w_i 出现了 n_i 次，而总共出现的单词次数为 n，那么 TF 为：

$$\text{TF}_i = \frac{n_i}{n} \tag{4-63}$$

于是，w_i 的权重 η_i 等于 TF 乘 IDF 之积：

$$\eta_i = \text{TF}_i \times \text{IDF}_i \tag{4-64}$$

考虑到权重，对于图像 A，它的特征点可对应到多个单词，组成它的词袋：

$$A = \left\{ \left(w_1, \eta_1\right), \left(w_2, \eta_2\right), \cdots, \left(w_N, \eta_N\right) \right\} \stackrel{\text{def}}{=} \boldsymbol{v}_A \tag{4-65}$$

由于相似的特征可能会落到同一个类中，因此实际的 $\boldsymbol{v}_A$ 中会存在大量零。它的非零部分代表图像 A 包含的单词，并给出了相应的 TF-IDF 值作为权重。

接下来的问题是：给定 $\boldsymbol{v}_A$ 和 $\boldsymbol{v}_B$，如何计算它们的差异呢？这个问题类似于范数的定义，存在若干种解决方法，例如使用 L_1 范数：

$$
\begin{aligned}
\|q - d\|_p^p &= \sum_i |q_i - d_i|^p \tag{5} \\
&= \sum_{i|d_i=0} |q_i|^p + \sum_{i|q_i=0} |d_i|^p + \sum_{i|q_i \neq 0, d_i \neq 0} |q_i - d_i|^p \\
&= \|q\|_p^p + \|d\|_p^p + \sum_{i|q_i \neq 0, d_i \neq 0} \left(|q_i - d_i|^p - |q_i|^p - |d_i|^p \right) \\
&= 2 + \sum_{i|q_i \neq 0, d_i \neq 0} \left(|q_i - d_i|^p - |q_i|^p - |d_i|^p \right)
\end{aligned}
\tag{4-66}
$$

我们令 $p=1$，可以得出

$$s\left(\boldsymbol{v}_A - \boldsymbol{v}_B \right) = 2 \sum_{i=1}^{N} \left| \boldsymbol{v}_{Ai} \right| + \left| \boldsymbol{v}_{Bi} \right| - \left| \boldsymbol{v}_{Ai} - \boldsymbol{v}_{Bi} \right| \tag{4-67}$$

这里我们说明一下令 $p=1$ 的原因：

（1）当单词不同，差异大，$\|\boldsymbol{v}_A - \boldsymbol{v}_B\| = 2$，符合要求。

（2）当单词相同且权重相同，图像相似，$\|\boldsymbol{v}_A - \boldsymbol{v}_B\| = 2 - |\boldsymbol{v}_A| - |\boldsymbol{v}_B|$，s 小，符合要求。

（3）单词相同但权重不同，$\|\boldsymbol{v}_A - \boldsymbol{v}_B\| = 2 - 2 \sum_{i=1}^{n} \min\left(\boldsymbol{v}_{Ai}, \boldsymbol{v}_{Bi} \right)$，s 大，符合要求。

4.4　本章小结

SLAM 是机器人和自动驾驶领域的关键技术，旨在实现机器人在未知环境中的实时定位与地图构建。本章先介绍了视觉里程计原理，包括对极几何、八点法、PnP、ICP 等算法在不同传感器数据维度下估计相机运动的应用；接着阐述了后端状态估计与累计误差的处理方法，如卡尔曼滤波、扩展卡尔曼滤波、BA 与图优化等；最后讲解了回环检测消除累计误差的原理，包括词袋模型、字典构建和相似度计算。这些内容构成了机器人在复杂环境中定位和导航的技术体系。

第 5 章
机器人感知与自主定位

在前面的章节里，我们已经对视觉 SLAM 的基本原理有了较为系统的了解。本章将围绕定位技术展开更为深入的探索。定位与感知，二者犹如一枚硬币的两面，紧密相连却又各有侧重。感知解决的是"知道别人在哪里"的问题，它帮助机器人或移动终端识别周围环境中的物体、目标及其位置信息；而定位则聚焦于"知道自己在哪里"，精准确定自身在环境中的位置坐标。它们共同构成了机器人或移动终端的核心技术，对于实现智能交互和自主行动起着决定性作用。

在具身智能这一前沿且极具潜力的领域中，智能体与环境之间的有效交互成为衡量其核心能力的重要标准。机器人感知与自主定位，作为连接智能体与环境的关键纽带，发挥着举足轻重的作用。它们将智能体与复杂多变的现实世界紧密交织在一起，赋予智能体在各种复杂环境中灵活行动与精准决策的能力，成为提升具身智能整体性能和智能水平的核心要素。具身智能强调智能体通过身体与环境进行物理交互，从中获取经验和知识，进而展现出智能行为。在这一过程中，多传感器感知融合与自主定位技术不可或缺。

具身智能体不再是孤立存在的信息处理单元，它借助多种类型的传感器，如同拥有了全方位的"感官器官"，对周围环境进行全方位、多角度的感知。视觉摄像头作为具身智能体的"眼睛"，能够捕捉丰富的图像信息，呈现出环境的视觉外观、物体的形状、颜色以及空间布局，为具身智能体提供直观的环境视觉信息；激光雷达则利用其高精度的距离测量技术，通过发射激光束并接收反射光，构建出周围环境的三维点云图，清晰地描绘出障碍物、地形地貌等空间结构，让具身智能体对环境的空间信息有更为精确的认知；超声波传感器在近距离检测方面具有独特优势，能够快速反馈附近物体的存在与否以及大致距离，为具身智能体在近距离操作时提供重要的安全保障；惯性测量单元（Inertial Measurement Unit，IMU）则实时监测智能体自身的运动状态，包括加速度、角速度等信息，这些数据为其他传感器的数据提供了运动补偿和姿态校正，确保具身智能体在运动过程中能够准确感知自身的状态变化。

　　然而，单一传感器的数据往往存在一定的局限性。例如，视觉传感器在光照条件不佳的情况下，如黑暗环境或强光直射，可能会出现信息缺失或误判的情况；当物体被部分遮挡时，也难以获取完整的信息。激光雷达虽然在测量距离方面表现出色，但对于反射率低的物体，如黑色的吸光材料或透明物体，检测效果可能不理想。而 IMU 由于其工作原理，存在随时间累积的漂移误差，长时间使用后，其测量的准确性会受到影响。这些局限性使得单一传感器难以满足具身智能在复杂环境下对环境感知的高精度要求。

　　因此，多传感器感知融合技术应运而生。通过巧妙地整合多种传感器的数据，具身智能体能够克服单一传感器的缺陷，构建出一个更加全面、准确、稳定且可靠的环境感知模型。这种融合后的感知信息不仅为智能体提供了关于周围环境的详尽描述，涵盖了物体的位置、形状、运动状态以及环境的整体布局等多方面信息，更成为其后续行动规划、决策制定以及与环境互动的基础。例如，在智能家居场景中，智能机器人通过融合视觉摄像头、超声波传感器和激光雷达的数据，能够更加准确地识别家具的位置和形状，避免在移动过程中发生碰撞，同时也能更好地完成清洁、搬运等任务。

　　自主定位是具身智能体在环境中确立自身"位置感"的关键能力。准确的定位使具身智能体能够清晰知晓自己身在何处，进而规划出合理的行动路径，前往目标地点或执行特定任务。无论是在室内复杂的房间布局中，面对家具摆放的多样性和人员走动等动态变化，还是在室外广袤的开放空间里，如城市街道或野外环境，自主定位能力都确保了智能体能够在动态变化的环境中保持对自身位置的精确掌控，避免迷失方向，并能与环境中的其他元素进行有效的空间协调。在自动驾驶领域，车辆通过全球定位系统（Global Positioning System，GPS）、惯性导航系统（Inertial Navigation System，INS）以及激光雷达等多种传感器的融合，实现对自身位置的高精度定位，从而确保车辆能够安全、准确地行驶在道路上，按照预设路线到达目的地。

　　在具身智能体的范畴内，多传感器感知融合与自主定位相互依存、协同共进。精准的自主定位依赖于多传感器融合所提供的高质量环境感知信息。通过对多种传感器数据的综合分析，智能体能够更精确地估计自身的位置，减少定位误差。例如，在室内定位中，结合视觉信息和激光雷达数据，可以更准确地确定智能体在房间中的位置。而准确的定位信息反过来又为传感器数据的融合与处理提供了关键的参考框架。在统一的空间坐标系下，不同传感器的数据能够进行有效的整合与分析，进一步提高环境感知的准确性和可靠性。这种紧密的联系使得智能体能够在复杂的现实场景中，以一种高效、灵活且智能的方式与环境互动，展现出真正意义上的具身智能特性。

　　多传感器感知融合与自主定位技术为具身智能在众多领域的广泛应用奠定了坚实的基

础。在机器人导航领域，它们使机器人能够在复杂的环境中自主规划路径，完成各种任务，如物流仓库中的货物搬运、服务机器人的室内导航等。在自动驾驶领域，这些技术保障了车辆的安全行驶和精准操控，推动了自动驾驶技术的发展。在智能家居领域，智能设备通过感知融合与自主定位，能够更好地理解用户的需求，提供更加智能化的服务。在工业自动化领域，机器人借助这些技术能够更精确地执行生产任务，提高生产效率和产品质量。可以说，多传感器感知融合与自主定位技术提供了具身智能走向实用化和普及化的关键路径。

在接下来的章节中，我们将深入探讨多传感器感知融合与自主定位的具体技术、方法以及面临的挑战与解决方案。通过对这些内容的详细分析，更加深入地揭示其在具身智能领域的深度内涵和广阔前景，为进一步推动具身智能技术的发展提供理论支持和实践指导。

5.1 常见传感器在具身智能中的应用

本节将介绍相机、惯性测量单元、激光雷达等常见传感器在具身智能中的工作原理、特点和应用场景，展示它们在智能体感知环境中的重要作用。

5.1.1 相机

在具身智能的感知体系中，相机作为"眼睛"发挥着至关重要的作用。它能够捕捉环境中的视觉图像，为具身智能体提供丰富的视觉信息，是实现物体识别、场景理解等功能的关键部件。

相机的成像原理基于小孔成像。最初人们发现小孔成像现象，然后对其进行技术改进，在孔上安装凸透镜聚焦光线，形成现代相机成像基础。相机主要由暗箱、镜头、感光元件等构成。按下快门时，物体反射光线经镜头折射聚焦到图像传感器（感光元件）上，传感器上的数百万像素将光信号转换为电信号，再转换为数字信号，经过影像处理器处理（如锐化、去噪、调色等）后存储并可预览。

不同类型的相机各具特点。单目相机结构简单、成本低，通过二维图像和算法可以估算物体位置和形状，但深度信息获取有限；双目相机模仿人眼视觉，利用视差计算深度信息，更准确地定位物体；深度相机集成直接获取深度功能，如结构光或飞行时间（Time of Flight，TOF），提供更丰富的三维信息。多款相机设备展示如图 5-1 所示。

在具身智能应用中，相机的作用广泛。在自动驾驶领域，相机可识别交通标志、行人、其他车辆等，进而判断道路状况，决定行驶策略；在室内服务机器人场景中，相机能识别目标物体及其位置，辅助完成任务，如抓取物品；在智能安防领域，相机可用于监控和识别入侵行为；在工业生产中，相机可用于检测产品质量和缺陷；在农业领域，相机可用于监测农作物生长状况等。

（a）单目相机　　　（b）ZED 双目相机　　（c）奥比双目结构光相机　（d）微软 kinect 3 代 TOF 相机

图 5-1 多款相机设备展示

5.1.2 惯性测量单元

IMU 是具身智能的"平衡感知器"，它通过测量加速度和角速度，实时感知具身智能体自身姿态与运动状态的变化，为教授智能体的稳定运行和精确控制提供关键信息。

IMU 内部含陀螺仪、加速度计和磁力计。

- 陀螺仪基于科里奥利效应（Coriolis Effect）。在硅基微机电系统（MEMS）中，驱动质量块以固定频率振动。当器件旋转时，科里奥利力导致质量块在垂直于振动方向产生位移，通过差分电容检测位移量，进而解算角速度。

- 加速度计依据牛顿第二定律。物体的加速度使内部质量块位移，导致其与固定电极之间的电容值变化。通过检测差分电容值（ΔC），可计算加速度值。

- 磁力计基于霍尔效应。通电时，磁场使电子移动，从而产生电场，通过测量电场强度可计算磁场强度。

在具身智能中，IMU 在机器人运动控制方面具有重大意义。例如，无人机在启动、加速、转向时，IMU 实时反馈状态，控制系统根据这些信息调整状态，确保飞行稳定。在机器人行走于复杂地形或执行动态任务时，IMU 也能及时提供运动状态，保障控制精度。当其他传感器失效时（如 GNSS 信号被遮挡、视觉特征不明显），IMU 短期数据可维持机器人的基本姿态和运动判断，防止智能体失控。在虚拟现实游戏中，IMU 可用于实时监测玩家的身体姿态和运动状态，为游戏提供更真实的体验。在航空航天领域，IMU 可用于飞行器的导航和姿态控制。在医疗领域，IMU 可用于康复治疗和运动监测等。

IMU 传感器及其轴系示意图如图 5-2 所示。

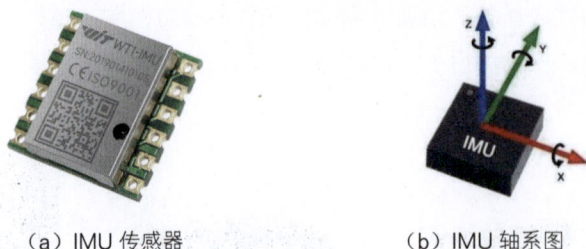

（a）IMU 传感器　　　　　　　　　（b）IMU 轴系图

图 5-2 IMU 传感器及其轴系示意图

5.1.3 激光雷达

激光雷达是具身智能的"空间测绘仪"，它通过激光束扫描环境获取点云数据，为具身智能体构建精确环境地图、实现安全导航和高效避障提供有力支持。

激光雷达的工作原理为：激光发射机发射光脉冲，光脉冲遇目标反射后被光学接收机接收并转换为电脉冲，传输至信息处理系统。测距原理包括飞行时间法（TOF）和调频连续波法（FMCW）。

- TOF 法：通过测量发射与回波的时间差，结合光速计算距离，具有速度快、精度高的特点。
- FMCW 法：将发射光频进行调制，通过回波与参考光的相干混频获取频率差，间接推算飞行时间以确定距离。

在具身智能应用中，激光雷达在多个领域发挥关键作用。在自动驾驶场景下，当车辆进入陌生区域时，激光雷达快速扫描周围环境，构建三维地图，为导航规划路线；在行驶中实时检测障碍物（如其他车辆、行人、路边障碍物等），提前避让，保障安全。在仓储物流中，搬运机器人依靠激光雷达导航，精准避障，高效完成货物搬运任务。

激光雷达与自动驾驶车辆应用展示如图 5-3 所示。

（a）Velodyne 激光雷达　　　　　　　　（b）萝卜快跑自动驾驶车辆

图 5-3 激光雷达与自动驾驶车辆应用展示图

5.1.4　角雷达

在具身智能的感知体系中，角雷达是一种重要的传感器。它主要用于测量物体的角度和速度信息，为具身智能体提供关键的感知数据。角雷达的工作原理基于电磁波的反射和多普勒效应。当电磁波发射出去遇到物体时，会被反射回来，通过对反射波的分析，角雷达可以快速、准确地确定物体的角度和速度。与其他传感器相比，角雷达在复杂环境下具有更好的适应性和可靠性。例如，在恶劣天气条件下，角雷达能够不受影响地工作，为智能体提供稳定的感知数据。

在具身智能应用中，角雷达用途广泛。例如，在自动驾驶汽车中，角雷达可以检测车辆周围的障碍物和其他车辆的位置、速度及方向，帮助车辆安全行驶和避障；在智能机器人的运动控制中，角雷达可以实时监测机器人的运动状态，通过精确测量角度和速度，实现机器人的精准定位和运动控制。

在实际应用中，角雷达通常与其他传感器如相机、激光雷达等结合使用。通过多传感器融合，能够更全面地获取环境信息，提高智能体的感知能力和决策水平，为智能体的运动控制和安全保障提供有力支持。

汽车传感器与智能驾驶场景如图 5-4 所示。

（a）汽车传感器　　　　　　　（b）智能驾驶场景

图 5-4　汽车传感器与智能驾驶场景

5.1.5　全球卫星定位系统

全球导航卫星系统（Global Navigation Satellite System，GNSS）接收机是具身智能在户外环境中的"导航灯塔"。它基于卫星信号为具身智能体提供绝对位置信息，是实现长距离导航和精准定位的重要保障。

GNSS 卫星生成由伪随机噪声码（PRN 码）、载波信号和导航电文组成的复合定位信号，并持续向地面广播。地面接收机通过天线接收多颗卫星信号的叠加波，经射频前端处理（下变频、数字化采样）后，由基带处理器进行信号捕获、信号分离、跟踪环路和数据解调，最终输出数据并解算定位结果及精度信息。

在具身智能应用方面，以户外巡检机器人为例，当它在开阔环境运行时，接收至少 4 颗卫星的信号，通过后方交会确定自身坐标。机器人借此规划从起始点到目标点的最优路径，并实时监控位置，确保按规划路线行进。在农业无人机植保作业中，GNSS 接收机为无人机提供精确位置，使其按预设航线飞行，精准作业，避免重复或遗漏区域。

高精度定位设备及车载天线配置展示如图 5-5 所示。

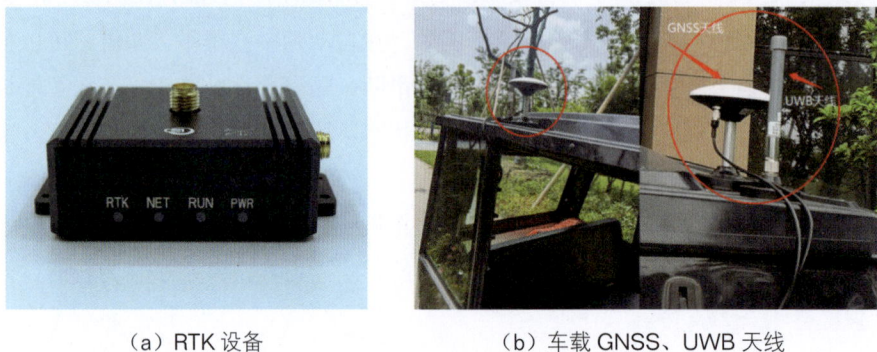

（a）RTK 设备 　　　　　　　（b）车载 GNSS、UWB 天线

图 5-5 高精度定位设备及车载天线配置展示

5.1.6 轮速传感器

轮速传感器在具身智能的轮式运动系统中扮演着"运动节奏监测者"的角色。它基于电磁感应或霍尔效应工作，为机器人的运动控制提供精确的车轮速度信息，是实现稳定运动、精准定位和安全导航的基础要素之一。

轮速传感器的工作原理因类型而异。电磁感应式轮速传感器在车轮齿圈转动时，磁通量周期性变化产生感应电动势，其频率与车轮转速成正比；霍尔效应式轮速传感器则利用霍尔元件在磁场变化时产生的霍尔电压变化检测车轮转速。

在具身智能应用中，轮速传感器的作用体现在多个方面。在机器人直线行驶时，轮速传感器实时监测车轮速度，确保机器人按照预设速度稳定前行，就像汽车的速度表为驾驶员提供实时速度信息一样。当机器人需要转弯时，轮速传感器精确测量每个车轮的转速差异，控制系统根据这些数据调整车轮的驱动力，使机器人能够平稳、精准地转弯，避免侧滑或失控。例如，搬运机器人在仓库搬运货物时，需要在狭窄通道内转弯，轮速传感器与转向控制系统协同工作，保证机器人安全通过。

在不同路况下，轮速传感器也能发挥重要作用。在平滑路面上，轮速传感器能准确测量车轮速度，为机器人的速度控制提供可靠依据。在颠簸路面上，尽管车轮会因路面不平整而产生跳动，但传感器凭借其快速响应能力，依然可以准确获取车轮的平均转速，并通过算法过滤掉因颠簸产生的速度波动，确保速度数据的有效性。在湿滑路面上，轮速传感器配合防滑控制系统，当检测到车轮打滑导致转速异常增加时，及时反馈信息，使控制系统降低驱动力或采取制动措施，从而保障机器人的行驶安全。

　　轮速传感器的数据还在机器人的定位和导航中起到关键作用。在航位推算算法中，轮速数据用于计算机器人的相对位移和姿态变化。与其他传感器（如 GNSS、IMU 等）的数据融合时，轮速传感器的数据能够补充和修正其他传感器在特定场景下的误差。例如，在卫星信号受遮挡的峡谷环境中，GNSS 定位精度下降，此时结合轮速传感器和 IMU 的姿态数据，可以维持机器人的短期定位精度，确保机器人在复杂环境下的连续导航能力。

　　车轮传感器及其关联部件示意图如图 5-6 所示。

图 5-6　车轮传感器及其关联部件示意图

5.1.7　超声波传感器

　　超声波传感器犹如智能体的"近场守护者"，它利用超声波特性探测周围环境，在近距离感知、障碍物检测和安全防护等方面具有不可或缺的作用。

　　超声波传感器基于超声波的发射与接收原理工作。它发射出特定频率的超声波，当超声波遇到障碍物时反射回来，传感器接收反射波，并根据发射与接收的时间差计算出与障碍物的距离。超声波传感器的工作频率范围影响其探测效果，高频超声波适合短距离高精度探测，如在机器人抓取小型精密零件时，高频传感器能够精确检测零件位置；低频超声波则适合长距离大范围探测，像在大型仓库中，机器人利用低频超声波传感器可以提前感知远处大型障碍物的大致位置。

在障碍物检测方面，超声波传感器具有独特的优势和应用策略。当机器人在未知环境中移动时，超声波传感器持续发射超声波并监测反射波。通过分析回波时间和强度，不仅能判断障碍物的距离，还能根据反射波的特征初步判断障碍物的类型（如硬物体反射波强且清晰，软物体反射波相对较弱且模糊）和大小（较大物体反射波覆盖范围广，多个传感器接收时间差异小）。在复杂环境中，多个超声波传感器协同工作，形成一个近距离感知网络。例如在家庭服务机器人中，机身周围布置多个超声波传感器，当机器人靠近家具或墙壁时，传感器及时检测到距离变化，为机器人的运动控制提供实时反馈，使其能够避免碰撞，从而安全地在室内环境中穿梭。

在近距离环境感知中，超声波传感器的作用尤为突出。在狭窄空间内，如机器人在管道或狭小通道中执行任务时，其他传感器（如激光雷达、相机等）可能因视野受限或光线不足而无法有效工作，超声波传感器则不受这些因素的影响，能够准确探测周围近距离的障碍物，为机器人的导航提供关键信息。与其他近距离传感器（如触觉传感器）配合时，超声波传感器可以提前预警可能的碰撞风险，触觉传感器则在接触瞬间提供精确的力反馈信息，两者协同工作，能够提高机器人在复杂近距离操作中的安全性和精确性。

超声波传感器原理与应用展示如图 5-7 所示。

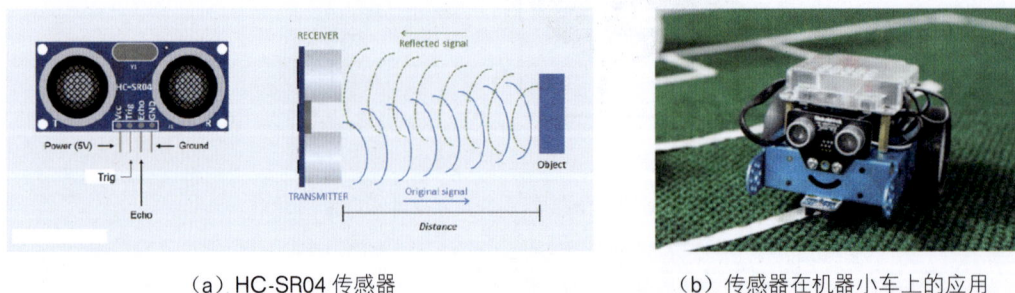

（a）HC-SR04 传感器　　　　　　　　　　（b）传感器在机器小车上的应用

图 5-7 超声波传感器原理与应用展示图

5.2 多传感器时间同步

时间同步作为多传感器融合的前提，确保了多传感器数据在时间维度上的一致性，这对于数据融合的准确性和实时性至关重要。本节将详细介绍机器人平台常用的全球卫星定位系统、相机、惯性测量单元、轮速计和激光雷达信号进行时间同步的基本方法，通过确保传感器数据在时间上的一致性，为机器人的场景感知和导航等任务提供准确的时间基准。随着技术的不断发展，多传感器时间同步方案将更加完善，为轮式机器人平台的性能提升提供有力支持。在实际应用中，需要根据具体的机器人平台和应用场景，选择合适的时间同步方案，并不断进行优化和调整。同时，还需要关注时间同步技术的发展趋势，及时引入新的技术和方法，以提高时间同步的精度和稳定性。

5.2.1　时间同步的意义

时间同步是在分布式系统中，通过某种方式使得各个节点的时钟达到一致的过程。在轮式机器人平台中，时间同步对于传感器数据融合、定位和导航等任务至关重要。只有当各个传感器的数据在时间上保持一致时，才能进行有效的数据融合，从而提高机器人对环境的感知能力和定位精度。影响时间不同步的因素主要有如下几个方面：

（1）各传感器具有不同的采样频率和时钟源：不同类型的传感器通常具有不同的采样频率，例如相机的采样频率可能为几十赫兹，而激光雷达的采样频率可能为几千赫兹。这使得在时间同步过程中需要考虑如何将不同采样频率的传感器数据进行对齐。各传感器还可能具有不同的时钟源，这会导致时钟偏差的存在。例如，GPS接收机的时钟源通常来自卫星信号，而相机和激光雷达的时钟源可能是内置的晶振，时钟源的不同会进一步增加时间同步的难度。

（2）数据传输和处理引入的延迟：在传感器数据传输过程中，由于网络延迟、数据缓存等因素，会引入一定的延迟。这些延迟会导致传感器数据在时间上的不一致性。数据处理过程中也会引入延迟，例如传感器数据的滤波、融合等操作都需要一定的时间，这些延迟会影响时间同步的精度。

（3）动态环境下传感器相对运动带来的时间偏差：在动态环境中，机器人的运动和传感器的相对位置变化会导致时间偏差的产生。例如，当机器人快速移动时，相机和激光雷达之间的相对位置会发生变化，这会影响它们对同一目标的观测时间。传感器的相对运动还会导致信号传播时间的变化，从而进一步增加时间同步的难度。

5.2.2　基本方法

要实现时间同步，需要实现硬件同步和软件同步。

1. 硬件同步

1）PPS（Pulse Per Second，每秒脉冲数）模式

将全球定位系统作为主时钟源，通过 GPS 接收机提供精确的时间信号，作为系统内所

有传感器的时间基准。GPS 具有高精度、全球覆盖等优点，能够为轮式机器人平台提供可靠的时间基准，并进一步利用 PPS 信号和 GPRMC（Global Positioning System Recommended Minimum Data，全球定位系统推荐最小数据集）报文实现主设备授时。PPS 信号是一种秒脉冲信号，具有高精度的时间特性。GPRMC 报文包含了时间、位置等信息，可以用于校准传感器的时钟。通过将 GNSS 接收机的 PPS 信号和 GPRMC 报文接入系统中的其他设备，可以实现主设备对从设备的授时，从而保证各个设备的时间同步。PPS 模式时间同步原理示意图如图 5-8 所示。

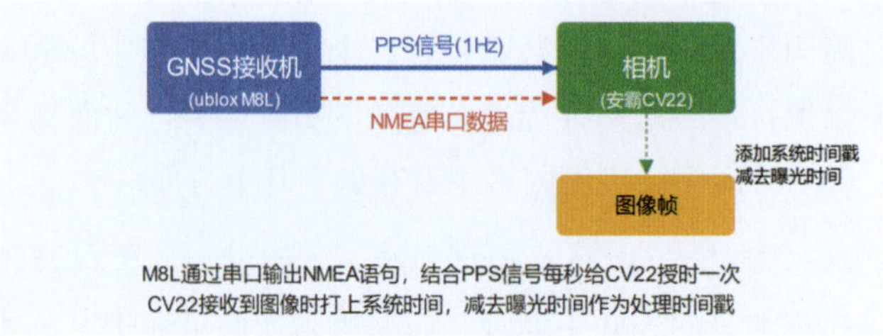

图 5-8 PPS 模式时间同步原理示意图

2）PTP（Precision Time Protocol，精确时间协议）模式

PTP 是基于 IEEE 1588 标准的高精度时间同步协议，适用于以太网环境，能实现亚微秒级的时间同步。PTP 通过在网络中传递时间戳信息，实现主时钟和从时钟之间的时间同步。在轮式机器人平台中，可以在机器人的网络设备（如交换机和网卡）上部署 PTP，实现各个传感器之间的高精度时间同步。PTP 模式时间同步原理示意图如图 5-9 所示。

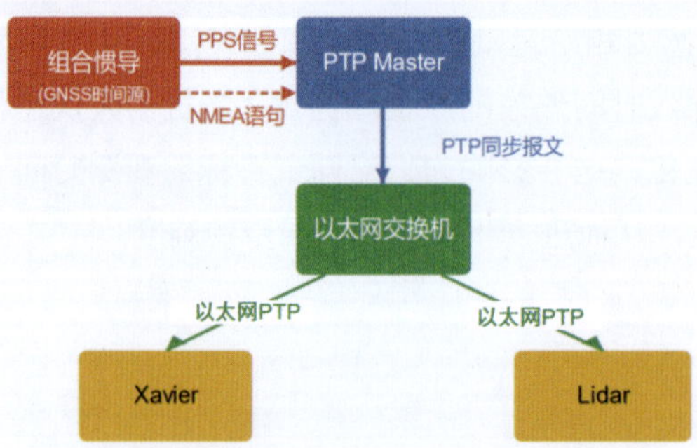

组合惯导首先输出 PPS 和 NMEA 语句将 PTP Master 同步到 GNSS 时间源上
PTP Master 和待授时设备通过以太网协议进行高精度时间同步

图 5-9 PTP 模式时间同步原理示意图

2. 软件同步

仅靠硬件同步无法解决各个传感器频率在多个周期内无法重叠的问题。例如，相机每

50ms 曝光一次，激光雷达每 100ms 扫描一次，在这种情况下，每两次摄像头周期和每 1 次激光雷达周期硬同步一次就够了。但有些传感器的周期可能是 30ms、27ms 等，传感器之间的频率不是整数倍关系，它们的重合周期就会出现问题，这就需要软同步。软同步的目的是在原本传感器固有采样频率的基础上进行算法推算，形成虚拟帧，获取同一时刻的信息。软件同步后的传感器数据时间对齐效果如图 5-10 所示。

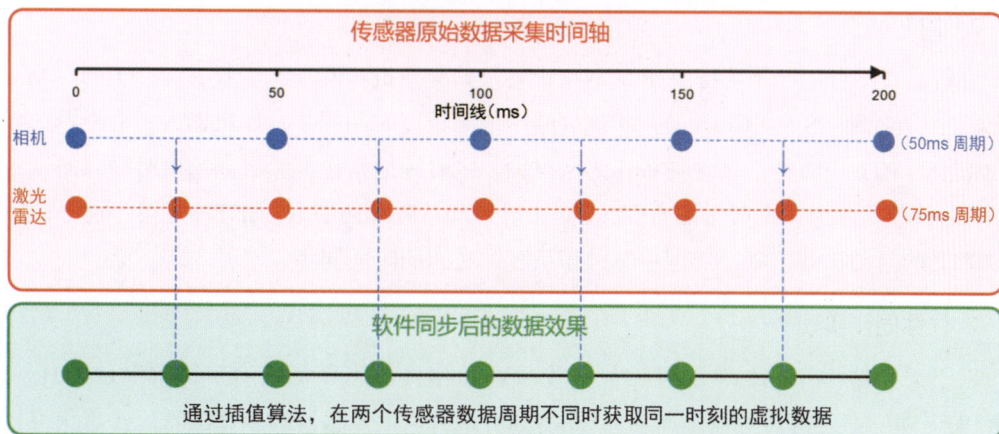

图 5-10 软件同步后的传感器数据时间对齐效果

5.2.3 实验方案

下面介绍时间同步的实验方案。

1. 硬件同步实现

1）PPS 同步触发

首先，配置 GNSS 接收机，确保它能够提供精确的 PPS 信号和 GPRMC 报文，作为系统的时间基准。在配置 GNSS 接收机时，需要注意以下几点：

（1）选择合适的 GNSS 接收机型号，确保它具有高精度的时间输出和稳定的性能。

（2）正确连接 GNSS 接收机的天线，确保能够接收到良好的卫星信号。

（3）配置 GNSS 接收机的输出参数，如 PPS 信号的脉冲宽度、GPRMC 报文的输出格式等。

然后，使用 PPS 信号作为硬件触发器，同步触发相机和激光雷达的数据采集。当 PPS

信号的上升沿到来时，触发相机和激光雷达开始采集数据，从而保证它们的数据在时间上的一致性。在配置 PPS 触发时，需要注意相机和激光雷达的触发方式和参数设置，确保它们能够正确响应 PPS 信号的触发。

另外，也可配置相机支持外部触发曝光，以实现与 PPS 信号同步的数据采集。相机的外部触发可以通过硬件接口（如 GPIO 接口）或软件接口（如网络触发）实现。在配置相机外部触发时，需要注意相机的触发模式、触发延迟等参数设置，确保相机能够与 PPS 信号同步采集数据。

2）PTP 配置

在机器人平台上部署支持 PTP 的网络设备，如交换机和网卡。配置 PTP 主时钟（Master Clock）和从时钟（Slave Clock），实现网络中的高精度时间同步。在机器人平台中，选择一个设备作为 PTP 主时钟，其他设备作为从时钟。主时钟通常选择具有高精度时钟源的设备，如 GNSS 接收机或专用的时钟服务器。配置主时钟和从时钟的参数，如时钟等级、同步周期等。通过 PTP 的自动协商机制，实现主时钟和从时钟之间的时间同步。

2. 软件同步实现

对于采样频率不同的传感器，如激光雷达和相机，假设相机的采样频率是 20Hz（即 50ms 的周期），而雷达的输出周期为 50~100ms。当执行传感器融合算法时，若想获得相机采样时刻的车辆状态，就需要根据相机采样前后时刻的雷达信息，通过插值法计算出相机采样时刻的等效值。数据插值的步骤如下：

步骤 01 确定需要进行插值的传感器和目标时刻。例如，需要计算激光雷达在相机采样时刻的数据。

步骤 02 获取传感器在目标时刻附近的采样数据。例如，获取激光雷达在目标时刻前后的两个采样点的数据。

步骤 03 采用插值算法计算出传感器在目标时刻的数据。插值算法可以采用线性插值、三次样条插值等算法，应根据具体情况选择合适的插值算法。

5.2.4 应用案例分析

在多传感器融合中，由于相机与其他传感器（如 IMU、激光雷达）采样频率和记录时间的不同，会导致时间不同步问题，并对融合结果产生严重影响。相机的采样频率通常较高，而 IMU 和激光雷达的采样频率相对较低。这就意味着在同一时间段内，相机可能会采集到更多的数据，而其他传感器采集到的数据相对较少。如果不进行时间同步，可能会导致在融合过程中不同传感器的数据在时间上无法准确对齐，从而影响融合结果的准确性。

　　例如，在目标检测和识别任务中，如果相机和激光雷达的数据不同步，可能会导致目标的位置和形状的确定出现偏差。相机可能在某个时刻拍摄到了目标，而激光雷达在不同的时刻采集到了目标的距离信息。如果不进行时间同步，就无法准确地将相机图像中的目标与激光雷达点云中的目标对应起来，从而影响目标检测和识别的准确性。

　　使用 message_filters 实现相机与其他传感器的时间同步的方法如下：

　　首先，订阅不同的话题，例如：

```
# 订阅不同的话题
camera_sub = message_filters.Subscriber('/camera/image_raw', Image)
imu_sub = message_filters.Subscriber('/imu/data', Imu)
lidar_sub = message_filters.Subscriber('/scan', LaserScan)
```

　　然后，设置同步策略，这里以 **ApproximateTime** 策略为例：

```
# 设置同步策略，以 ApproximateTime 策略为例
sync = message_filters.ApproximateTimeSynchronizer([camera_sub, imu_
sub, lidar_sub], 10, 0.1)
```

　　最后，在回调函数中，对同步后的相机、**IMU** 和激光雷达数据进行处理：

```
def sync_callback(image_msg, imu_msg, scan_msg):
    # 在这里处理同步后的数据
    # 例如，可以使用 OpenCV 处理图像数据
    # 处理 IMU 数据中的加速度和角速度信息
    # 处理激光雷达的扫描数据
    print("Received synchronized data!")
```

5.2.5　性能提升策略

对于传感器的时间同步，可以采用以下策略提升性能。

1. 误差分析与统计方法

采用统计信号处理方法分析时间同步误差，并提出改进措施。在误差分析与统计方法中，可以采用以下方法：

　　（1）分析时间同步误差的来源，确定主要误差因素。例如，可以分析传感器的时钟偏差、

数据传输延迟、环境干扰等因素对时间同步误差的影响。

（2）采用统计信号处理方法，对时间同步误差进行建模和分析。例如，可以采用最小二乘法、卡尔曼滤波等算法，对时间同步误差进行估计和预测。

（3）根据误差分析结果，提出改进措施。例如，可以调整传感器的参数、优化同步算法、采用更先进的硬件设备等，减少时间同步误差。

2. 系统性能优化

针对时间同步过程中的瓶颈，如数据传输和处理延迟，提出优化策略，提升系统性能。在系统性能优化中，可以采用以下方法：

（1）优化数据传输方式，减少数据传输延迟。例如，可以采用高速网络设备、数据压缩技术、并行传输等方式，提高数据传输的效率。

（2）优化数据处理算法，减少数据处理延迟。例如，可以采用并行计算、优化算法复杂度、采用更高效的编程语言等方式，提高数据处理的速度。

（3）优化系统资源分配，提高系统的整体性能。例如，可以合理分配 CPU、内存、网络带宽等资源，避免资源竞争和瓶颈。

5.3 轮式机器人外参标定

近年来，轮式机器人在众多领域展现出了巨大的应用潜力，如工业自动化生产中的物料搬运、物流行业的货物配送，以及在复杂环境下的救援、探测等任务场景。轮式机器人之所以能够在这些不同应用场景中准确、高效地执行任务，很大程度上依赖于其对周围环境进行精确感知、精准定位以及基于此做出合理决策的能力。

在提升轮式机器人感知、定位及决策能力的诸多技术手段中，多传感器融合技术成为关键所在。通过将 GNSS 接收机、相机、IMU 和激光雷达等不同类型的传感器结合使用，各传感器能够发挥自身优势，弥补彼此的不足，从而为机器人提供更全面、准确的环境信息。

要想让这些传感器协同工作，发挥出最大的效能，就必须准确地知道它们之间的相对位置和姿态关系，也就是外参标定。外参标定的准确与否直接影响了多传感器融合效果的好坏，如果外参存在误差，那么在进行数据融合时，各个传感器所采集的数据就无法准确地转换到统一的坐标系下，进而导致融合后的信息出现偏差，严重影响机器人对环境的感知精度、定位准确性以及后续的决策合理性。因此，针对轮式机器人平台上的 GNSS 接收机、相机、

IMU 和激光雷达等多种传感器相对后轮中心的外参进行标定，具有极其重要的现实意义。它能够有效解决多传感器协同工作中的坐标转换精准性问题，使得各传感器采集的数据能够在统一的坐标框架下准确融合，从而助力轮式机器人更好地适应复杂多变的实际环境，提升机器人整体的智能化水平和任务执行能力，拓展其在更多领域的应用。

5.3.1　基础理论

1. 坐标系统

轮式机器人涉及多个坐标系统，理解它们之间的关系是外参标定的基础。轮式机器人坐标系示意图如图 5-11 所示。

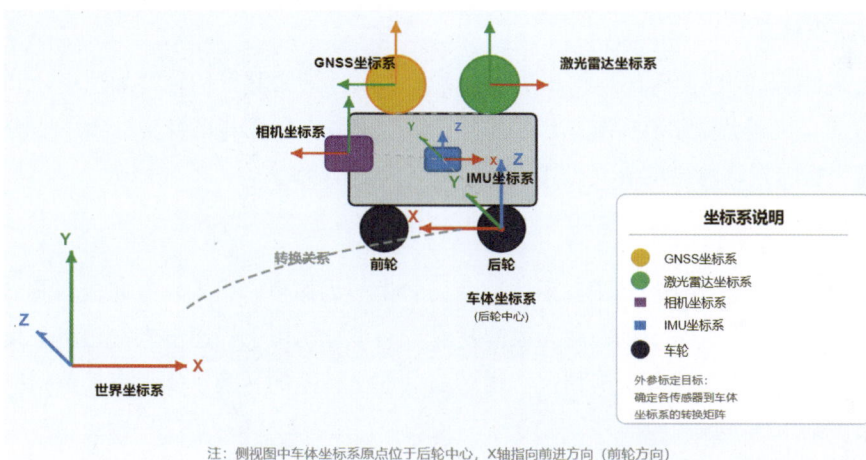

注：侧视图中车体坐标系原点位于后轮中心，X轴指向前进方向（前轮方向）

图 5-11　轮式机器人坐标系示意图

1）世界坐标系

世界坐标系是一个固定的全局参考坐标系，用于描述机器人在整个环境中的绝对位置和姿态。其原点和坐标轴方向的选择通常根据具体的应用场景和需求确定。例如，在地理信息系统中，可能以地球的经纬度为坐标轴方向，原点位于某一特定的地理位置；在室内环境中，可能以房间的某一角为原点，坐标轴与房间的墙壁平行。

2）车体坐标系

车体坐标系以机器人车体为参考，原点通常位于车体的某一特定位置，如后轮中心或几何中心。x 轴指向机器人的前进方向，y 轴指向机器人的左侧，z 轴垂直于地面向上。车体坐标系用于描述机器人自身的运动状态、姿态变化以及各部件和传感器相对于车体的位置关系。

3）GNSS 坐标系

GNSS 坐标系与 GNSS 接收机的测量原理和定位算法相关，其坐标轴方向和原点定义遵循 GNSS 系统的标准规范，通常与地球坐标系存在一定的转换关系，用于表示 GNSS 接收机所确定的位置和方向信息。

4）相机坐标系

相机坐标系以相机的光心为原点，x 轴和 y 轴分别与图像平面的水平和垂直方向平行，z 轴指向相机的前方。相机坐标系用于描述相机所拍摄的图像中物体的空间位置和姿态关系，是将图像信息转换为真实世界坐标信息的关键中间坐标系。

5）IMU 坐标系

IMU 坐标系与 IMU 的内部结构和测量轴方向一致，通常其坐标轴与加速度计和陀螺仪的敏感轴对应，用于描述 IMU 所测量的加速度和角速度信息在其自身坐标系下的分量，以便后续通过坐标转换计算出机器人在其他坐标系下的运动状态。

6）激光雷达坐标系

激光雷达坐标系以激光雷达的发射中心或旋转中心为原点，坐标轴方向根据激光雷达的扫描方式和设计确定，一般 z 轴与激光束的发射方向平行，用于描述激光雷达所采集的点云数据在其自身坐标系下的空间分布情况。通过与其他坐标系的转换，实现点云数据在机器人整体坐标系中的定位和应用。

2. 坐标转换关系推导

不同坐标系之间的转换可以通过旋转和平移变换来实现。假设存在两个坐标系 A 和 B，从坐标系 A 到坐标系 B 的转换可以用一个 4×4 的齐次变换矩阵 $\boldsymbol{T}$ 表示：

$$\boldsymbol{T} = \begin{bmatrix} \boldsymbol{R} & \boldsymbol{t} \\ 0 & 1 \end{bmatrix} \tag{5-1}$$

其中，$\boldsymbol{R}$ 是一个 3×3 的旋转矩阵，用于描述坐标系 A 相对于坐标系 B 的旋转关系；$\boldsymbol{t}$ 是一个 3×1 的平移向量，用于描述坐标系 A 的原点相对于坐标系 B 的原点的平移量。

对于旋转矩阵 $\boldsymbol{R}$，它可以通过分别绕 x、y、z 轴的旋转角度（通常用 roll、pitch、yaw 表示）来计算得到。例如，绕 x 轴旋转 roll 角度的旋转矩阵为：

$$\boldsymbol{R}_x\left(\text{roll}\right) = \begin{bmatrix} 1 & 0 & 0 \\ 0 & \cos\left(\text{roll}\right) & -\sin\left(\text{roll}\right) \\ 0 & \sin\left(\text{roll}\right) & \cos\left(\text{roll}\right) \end{bmatrix} \tag{5-2}$$

绕 y 轴旋转 pitch 角度的旋转矩阵为：

$$\boldsymbol{R}_y\left(\text{pitch}\right) = \begin{bmatrix} \cos\left(\text{pitch}\right) & 0 & \sin\left(\text{pitch}\right) \\ 0 & 1 & 0 \\ -\sin\left(\text{pitch}\right) & 0 & \cos\left(\text{pitch}\right) \end{bmatrix} \tag{5-3}$$

绕 z 轴旋转 yaw 角度的旋转矩阵为：

$$\boldsymbol{R}_z\left(\text{yaw}\right) = \begin{bmatrix} \cos\left(\text{yaw}\right) & -\sin\left(\text{yaw}\right) & 0 \\ \sin\left(\text{yaw}\right) & \cos\left(\text{yaw}\right) & 0 \\ 0 & 0 & 1 \end{bmatrix} \tag{5-4}$$

如果已知从坐标系 A 到坐标系 B 的 roll、pitch、yaw 角度和平移向量 $\boldsymbol{t}$，则可以通过以下步骤计算出转换矩阵 $\boldsymbol{T}$：

步骤 01　计算总的旋转矩阵 $\boldsymbol{R}$：

$$\boldsymbol{R} = \boldsymbol{R}_z\left(\text{yaw}\right) \cdot \boldsymbol{R}_y\left(\text{pitch}\right) \cdot \boldsymbol{R}_x\left(\text{roll}\right) \tag{5-5}$$

步骤 02　将 $\boldsymbol{R}$ 和平移向量 $\boldsymbol{t}$ 组合成齐次变换矩阵 $\boldsymbol{T}$：

$$\boldsymbol{T} = \begin{bmatrix} \boldsymbol{R} & \boldsymbol{t} \\ 0 & 1 \end{bmatrix} \tag{5-6}$$

例如，对于一个在坐标系 A 中的点 $P_A=[x_A,y_A,z_A]^{\text{T}}$，通过与转换矩阵 $\boldsymbol{T}$ 相乘，就可以得到它在坐标系 B 中的坐标 $P_B=\boldsymbol{T} \cdot P_A$。

3. 外参标定的定义

外参标定的本质就是确定各传感器坐标系到车体坐标系（后轮中心坐标系）的转换矩阵 $\boldsymbol{T}$，通过采集不同坐标系下的对应点坐标数据，利用数学方法求解出旋转矩阵 $\boldsymbol{R}$ 和平移向量 $\boldsymbol{t}$，从而实现传感器数据在车体坐标系下的统一表示，为多传感器融合提供准确的坐标转换基础。其核心聚焦于轮式机器人平台上的 GNSS 接收机、相机、IMU 和激光雷达等多种传感器到后轮中心的外参标定工作。在实际的机器人系统中，后轮中心通常作为一个重要的参考点，很多运动控制和定位算法都是基于该点来进行设计和实现的。因此，明确这些传感器相对于后轮中心的外参，是实现精准多传感器融合的基础。

为了简化研究的复杂性并突出重点，我们预先假设传感器已经完成时间同步工作。这意味着各个传感器所采集的数据在时间维度上是对齐的，这样我们可以将更多的精力集中在空间位置和姿态关系的标定上。需要注意的是，时间同步本身也是多传感器融合中的一个关键环节，但在本方案的设定下，将其作为已知前提条件进行后续研究。

研究范围明确限定在上述提到的特定传感器（GNSS 接收机、相机、IMU 和激光雷达）以及与之相关的外参标定流程与方法探索上。具体而言，我们将深入研究如何准确地确定这些传感器与后轮中心之间的坐标转换关系，包括平移量和旋转量等参数的精确求解。例如，对于激光雷达，要确定其坐标系原点相对于后轮中心坐标系的三维平移向量以及 3 个坐标轴之间的旋转角度；对于相机，同样需要明确其与后轮中心之间的相对位置和姿态，以便将拍摄到的图像信息准确地映射到机器人的实际空间位置中；IMU 的外参标定则关乎其测量数据与后轮中心参考系的对齐，从而为机器人的姿态估计提供准确依据；GNSS 接收机的外参标定能够将其获取的全球定位信息准确地转换到以后轮中心为基准的局部坐标系下，实现与其他传感器数据的有效融合。

通过对这些传感器到后轮中心进行外参标定的深入研究，旨在形成一套完整且有效的技术方案。该方案不仅能够在理论上清晰阐述标定的原理和方法，更能在实际应用中指导轮式机器人的多传感器系统进行准确的外参标定操作，从而提高多传感器融合的精度和可靠性，为轮式机器人在复杂环境下的高精度感知、定位和决策提供有力的技术支撑。

5.3.2 基本方法

外参标定主要包括离线外参标定和在线外参标定两种方法，这两种方法的对比如表 5-1 所示。

表5-1 离线外参标定和在线外参标定的对比

	离线外参标定	在线外参标定
特点	1. 在实验室或控制环境中进行 2. 使用专门的标定工具和设备 3. 一次性完成，结果相对稳定	1. 在实际运行环境中进行 2. 利用实时传感器数据 3. 持续更新和优化参数
优点	1. 精度较高 2. 可重复性好 3. 计算资源需求较低	1. 可适应环境变化 2. 考虑实际运行条件 3. 无须专门的标定设备
缺点	无法适应动态环境变化	计算复杂度高

1. 离线外参标定

离线外参标定通常是在机器人处于静止或特定运动状态下进行的。在这个过程中，需要采集各传感器的数据，并借助一些特定的工具（如标定板等）来完成参数的一次性标定。

例如，对于相机与标定板的标定，可以将标定板放置在机器人工作空间内的特定位置，让相机拍摄包含标定板的多幅图像。通过对标定板上已知的特征点（如棋盘格的角点）在图像中的像素坐标及其在标定板坐标系下的实际物理坐标进行分析，利用相关的数学模型和算法（如张正友标定法等），就可以计算出相机坐标系与标定板坐标系之间的转换关系，再结合标定板相对于车体坐标系（后轮中心坐标系）的已知位姿，就可以推导出相机到车体坐标系的外参。

对于 IMU 和 GNSS 的离线外参标定，一种常见的方法是获取位姿运动的位姿序列，通过 GNSS/IMU 来观测车辆自身的运动（例如可以通过绕圈的形式＋手持点测绘来对车辆自身坐标和 GNSS 坐标进行匹配计算），然后经过数据处理和优化算法（例如构建代价函数并通过优化方法求解），得到 IMU 和 GNSS 相对于车体坐标系的外参。同样地，对于激光雷达与车体坐标系外参的标定，也可将多个标定板置于激光雷达可扫描到的区域，利用已知的车身位姿、标定板位姿和激光雷达工装等先验信息，解算出激光雷达与车身（后轮中心）的外参。

离线外参标定的优点在于操作相对简单、精度较高，适用于在机器人初始安装调试阶段，或传感器位置相对固定、不易受外界因素干扰的情况下，能够为后续的多传感器融合提供较为准确的初始外参数据。

2. 在线外参标定

在线外参标定则是在机器人实际运行过程中实时进行的。由于在机器人运行时，传感器的安装位置可能会因为振动、碰撞等外界因素发生变化，导致原本标定好的外参不再准确，因此需要在线监测并修正传感器之间的相对位姿参数。

在线外参标定往往需要借助一些实时的传感器数据以及相应的自适应算法来实现。例如，在机器人运动过程中，利用各传感器同时采集的数据，通过分析不同传感器对同一环境特征的观测差异，结合机器人的运动状态信息（如速度、加速度等），构建动态的误差模型，然后基于优化算法实时调整外参，以使得各传感器的数据在融合时能够保持一致性和准确性。

与离线外参标定不同，在线外参标定无法依赖固定的标定场景（如标定板），因此难度更大。然而，它能够及时应对各种外部因素引起的传感器外参变化，确保机器人在整个运行过程中实现精准的传感器融合，从而使机器人能够持续准确地感知环境、进行定位和做出合理决策。

总之，离线外参标定和在线外参标定各有其适用场景和优缺点。在实际的轮式机器人多传感器外参标定应用中，往往需要根据具体需求和工况条件，合理选择或结合使用这两种标定方式，以实现最佳的外参标定效果，助力机器人更好地完成各项任务。

5.3.3 实验方案

本实验选用定制的轮式机器人型号，其车体尺寸长为 0.7m，宽为 0.5m，高为 0.4m。车体框架采用高强度铝合金材质，既保证了结构强度，又减轻了整体重量，有利于机器人的灵活运动。驱动轮部分采用四轮驱动形式，适应多种路面状况，满足不同运动状态下的需求。传感器的配置如表 5-2 所示。

表5-2 传感器的配置

传感器类型	型号/参数	安装位置	功能描述
GNSS接收机	Trimble BD992（RTK模式水平精度为±2cm，垂直精度为±5cm）	车体顶部中央	提供全球定位基准，支持实时动态定位
双目相机	Stereolabs ZED 2i（2K分辨率，视场角为110°，帧率为30fps）	车头前方（离地0.5m）	采集环境的RGB图像和深度信息，用于视觉SLAM和目标检测
IMU	Xsens MTi-G-710（角速度精度为0.01°/s，加速度精度为0.001g）	后轮轴中心	测量机器人的姿态（欧拉角）和运动加速度，辅助位姿解算
激光雷达	Velodyne VLP-16（16线，测距精度为±3cm，水平扫描范围为360°，垂直扫描范围为±15°）	车体顶部后方	生成环境三维点云，用于障碍物检测和地图构建
轮速传感器	欧姆龙E6B2-CWZ6C（分辨率为2000PPR）	驱动轮轴	测量车轮转速，用于航位推算
超声波传感器	HC-SR04（测距范围为2cm~400cm，精度为±3mm）	车体四周（共8个）	近距离障碍物检测，补充激光雷达盲区

通过上面的配置与安装，构建了一个具备多种感知能力的轮式机器人实验平台，且各部件的参数明确、安装位置固定，为后续外参标定实验的可复现性以及标定结果的对比分析奠定了统一的基础条件。

1. 数据采集

为全面反映轮式机器人在实际应用中的各种情况，制定了涵盖不同运动状态和不同环境场景的数据采集计划。

在运动状态方面，具体包括以下几种情况：

（1）静止状态：让机器人静止在不同的位置，采集各传感器的数据，每次静止采集时长设定为 30s，主要用于获取传感器在初始状态下的基准数据，观察各传感器数据的稳定性以及是否存在初始偏差等。

（2）直线行驶状态：控制机器人在平坦的直线路径上以不同的速度（如 0.5m/s、1m/s、1.5m/s 等）匀速行驶，同时采集各传感器数据。此状态下的数据有助于分析传感器在平稳运动过程中的数据变化规律以及相互之间的关联性，并且可以观察不同速度对传感器数据的影响。此外，还安排了加速和减速过程的直线行驶，加速阶段从静止逐渐加速到设定的最大速度，减速阶段则从最大速度逐渐减速到静止，记录这两个过程中的传感器数据变化，进一步丰富数据样本。

（3）转弯状态：设定不同的转弯半径（如 1m、2m、3m 等），让机器人进行转弯运动，转弯过程中保持一定的角速度（如 0.2rad/s、0.3rad/s、0.4rad/s 等），采集各传感器数据，采集时长涵盖整个转弯过程。通过转弯状态的数据采集，可以了解传感器在机器人改变行驶方向时的数据特征，这有助于分析各传感器坐标系与后轮中心坐标系在角度变化方面的关系。

（4）变速行驶状态：让机器人按照预设的变速曲线行驶，例如先加速后减速再加速等复杂的速度变化模式，模拟实际应用中可能遇到的不规则行驶情况，采集各传感器数据。采集频率根据速度变化的快慢和复杂程度进行合理设置（一般与其他动态采集频率相当或适当提高），采集时长覆盖整个变速行驶过程。这有助于测试传感器在复杂运动情况下的数据响应能力，以及外参标定的准确性和稳定性。

在环境场景方面，考虑以下几种情况：

（1）室内环境：选择空旷且具有一定结构特征的室内场地，如大型仓库、室内停车场等，场地内存在的不同物体（如货架、立柱等）作为障碍物和地标。在这样的环境下，GNSS 信号可能被遮挡或不稳定，因此主要依靠激光雷达、相机以及 IMU 来感知环境，进行定位和导航，采集各传感器数据，以分析在相对封闭、空间结构相对规整但 GNSS 受限的场景中，传感器之间的协同工作情况以及外参的适应性。

（2）室外开阔场地：例如学校操场、广场等开阔平坦区域，GNSS 信号良好，机器人可以在其中自由行驶，采集各传感器数据，采集频率和时长根据上述不同运动状态分别设置。此环境下重点关注 GNSS 接收机与其他传感器在室外大尺度环境中的融合效果，以及各传感器外参在全局坐标系下的准确性。

（3）狭窄通道环境：选取如狭窄的走廊、小区内的小道等狭窄通道场景，通道宽度限制了机器人的行驶灵活性，且周围物体距离机器人较近，对传感器的感知精度和范围要求更高。在这样的环境中进行不同运动状态下的数据采集，能够检验传感器在复杂近距离环境中的外参标定是否依然可靠，以及各传感器数据融合后能否为机器人提供准确的决策依据，是否能保障机器人安全通过狭窄通道。

此外，在采集数据时，对于各传感器数据的采集频率、采集时长、存储格式等也有明确要求。IMU 的数据采集频率一般设置为 100Hz，由于它需要实时反映机器人的角速度和加速度变化，因此设置较高的采集频率有助于捕捉到更细致的运动状态信息；GNSS 接收机根据定位更新频率和实验需求，一般设置采集频率为 1Hz，并且和 IMU 结合，以获取足够精确且连续的位置信息；相机采集图像数据的频率依据其应用场景和配置，在实时性要求较高的场景下（如在复杂环境中需要快速识别目标、进行避障决策等），相机采集频率至少为 30 帧 / 秒，甚至 60 帧 / 秒等，图像数据存储格式采用常见的 JPEG、PNG 等格式，便于后续的图像处理与分析；激光雷达点云数据以 PCD、PLY 等格式进行存储，便于后续进行点云处理、地图构建以及与其他传感器数据的融合分析。采集时长则根据不同的运动状态和环境场景灵活确定，如上述提到的静止状态下的固定时长、不同运动状态下覆盖整个运动过程的时长等，确保采集到的数据能够完整反映相应情况下各传感器的工作情况。

通过全面的数据采集，能够获取到丰富且多样化的数据，为离线和在线外参标定实验分析提供充足的数据支撑，从而准确评估各传感器的标定精度以及不同标定方法的优劣，以进一步优化外参标定的技术方案，提升轮式机器人多传感器融合的效果和整体性能。

2. 数据预处理

在获取到传感器数据后，需要对其进行滤波、时间对齐、异常值剔除等预处理操作。

滤波操作方面，针对 IMU 数据，由于其测量过程容易受到噪声干扰（如电子元件热噪声、机械振动引起的噪声等），可以采用卡尔曼滤波或者均值滤波等方法。例如，采用卡尔曼滤波，根据 IMU 的误差模型（包括测量噪声协方差、过程噪声协方差等参数，这些参数通常可以通过传感器的技术手册或者前期的标定实验来确定），对采集到的角速度和加速度数据进行滤波，去除高频噪声，使数据更加平滑稳定，以便后续用于姿态估计等计算。对于 GNSS 数据，卫星信号在传输过程中可能会受到遮挡、多径效应等影响而产生噪声和误差。这同样可以利用卡尔曼滤波，结合 GNSS 接收机的定位精度指标以及实际应用场景下的误差特性，对位置、速度等信息进行滤波处理。

时间对齐操作至关重要，尽管我们预先假设传感器已经完成了时间同步，但在实际的数据传输、存储以及不同传感器数据融合的过程中，仍可能出现微小的时间偏差。为了解决这一问题，可以通过在数据采集时为每个数据点记录精确的时间戳，然后在后续处理中，根据时间戳对各传感器数据进行重新排序、插值等操作，保证同一时刻的不同传感器数据能够准确对应。例如，如果发现 IMU 某一时刻的数据时间戳与激光雷达对应时刻的数据时间戳相差了一定时间间隔，就可以根据前后相邻时刻的数据，通过线性插值等方式来调整，使得两者在时间上对齐，从而为后续基于多传感器同时刻观测的外参标定计算提供准确的数据基础。

异常值剔除也是必要的步骤。在传感器采集数据的过程中，可能会因一些突发的干扰因素（如电磁干扰、硬件临时故障等）而导致出现明显偏离正常范围的数据点。对于 IMU 数据，可以设定角速度和加速度的合理阈值范围，超出这个范围的数据点视为异常值并予以剔除；对于激光雷达点云数据，可以通过统计点云的密度、距离等特征，将那些明显与周围点云分布不符合的数据点（如孤立的、距离过远或者过近的异常点）予以去除，确保输入外参标定算法中的数据质量可靠。

3. 离线外参标定

IMU 与后轮中心外参标定的核心在于利用 IMU 测量的加速度、角速度数据以及机器人在平面运动时的特定约束条件，通过特定运动轨迹采集数据，并借助相应算法来计算 IMU 坐标系到后轮中心坐标系的旋转和平移参数。

首先，明确机器人在平面运动时的约束条件。通常情况下，我们主要考虑 x、y 方向的位移以及偏航角 yaw 等信息。例如，在较为平坦的地面上做直线运动或绕圈运动时，机器人的垂向（z 方向）位移相对稳定，运动主要集中在平面内，此时可以简化分析过程，聚焦于对平面运动相关参数的捕捉与处理。

然后，选择合适的运动轨迹进行数据采集。常见的运动轨迹有绕圈运动和直线行驶等。绕圈运动时，机器人以一定半径围绕某点做圆周运动，在这个过程中，IMU 能够持续测量到角速度的变化以及因向心加速度等导致的加速度变化情况。通过分析这些数据，可以获取到 IMU 在不同时刻的姿态信息以及与运动轨迹相关的特征。直线行驶运动同样重要，在匀速直线行驶阶段，IMU 测量的加速度理论上应为零（忽略外界干扰等因素），而当机器人加速、减速或者转向时，加速度、角速度会相应发生变化，这些变化的数据对于后续的标定计算至关重要。

以绕圈运动为例，详细说明数据采集与处理过程。在机器人开始进行绕圈运动前，先启动 IMU 进行数据记录，确保能够完整获取整个运动过程中的测量数据。随着机器人开始围绕设定圆心做圆周运动，IMU 输出的角速度数据会呈现出周期性变化，其频率与机器人的旋转速度相关；而加速度数据则会包含向心加速度以及可能存在的其他干扰加速度分量。采集到这些数据后，需要对其进行预处理，例如去除异常值、进行滤波等操作，以提高数据质量。

最后，利用算法进行计算。这里常用基于车体坐标系 odom（里程计坐标系，通常可基于轮速计等信息推算得到车体的位姿变化）和 IMU 的位姿联合矫正算法。该算法的基本思想是将 IMU 测量得到的位姿信息与通过车体坐标系 odom 推算出的位姿信息进行匹配与联合优化。具体而言，根据机器人的运动学模型以及采集到的 IMU 数据，可以建立起关于 IMU 坐标系与车体坐标系（这里以后轮中心坐标系为例）之间旋转和平移参数的数学模型。通过最小化 IMU 位姿与 odom 位姿之间的误差（例如可以采用均方误差等作为衡量指标），利用优化算法（如非线性最小二乘法等）求解出最优的旋转和平移参数，从而确定 IMU 坐标系到后轮中心坐标系的转换关系。

直线行驶运动的数据也可按照类似的思路进行处理与分析，例如通过分析加速、减速阶段的加速度变化以及行驶过程中的角速度变化（正常直线行驶时角速度应为零，若出现偏差，则可能反映出 IMU 与后轮中心的位姿关系存在误差），结合车体坐标系的位姿变化情况，进行联合矫正算法运算，进一步优化标定结果。

4. 在线外参标定

机器人在实际运行场景中，会面临各种不同的动态环境，如颠簸路面、复杂地形等。在颠簸路面上，机器人的振动会比较剧烈，传感器由于安装在车体上，其相对后轮中心的位置和姿态可能会因为振动而发生临时性的改变。例如，激光雷达可能会出现微小的角度偏移，原本标定好的外参就不再准确了。此时，我们可以根据实时采集的数据动态调整离线标定的参数。在进行参数校正时，可基于扩展卡尔曼滤波、无迹卡尔曼滤波或粒子滤波等算法进行状态估计与参数更新。

以扩展卡尔曼滤波为例，首先需要确定状态向量。对于各传感器到后轮中心的外参标定，状态向量可以包含传感器坐标系相对于后轮中心坐标系的旋转角度（如用欧拉角表示，分别为横滚角、俯仰角、偏航角）以及平移向量（即在三维空间中的 x, y, z 方向的平移量）等参数。

然后，建立状态方程。状态方程要描述外参随机器人运动以及外界干扰等因素的变化规律。例如，考虑到机器人行驶过程中路面颠簸等原因，传感器的外参会产生缓慢的变化，这个变化可以用一个带有过程噪声的动态模型来表示。过程噪声的协方差矩阵可以根据实际的干扰强度、传感器安装稳定性等因素来大致确定（可通过前期在不同路况下的试验数据统计分析来获取合适的参数值）。

以激光雷达和后轮中心的外参标定为例，在机器人行驶过程中，持续获取激光雷达扫描的点云数据以及机器人的运动状态数据（如通过 IMU 得到的姿态信息、轮速计得到的速度等）。基于这些实时数据，我们可以采用自适应的扩展卡尔曼滤波算法来进行优化。首先，将激光雷达到后轮中心的外参（包含旋转矩阵 R 和平移向量 t）作为状态量，建立状态方程。这个状态方程要考虑机器人运动时其外参会因颠簸等干扰而发生变化。例如，在颠簸过程中，平移向量可能会按照一定的随机波动模型变化（可以根据实际经验或者前期试验数据来大致确定这个波动模型）。然后，根据激光雷达实时扫描到的环境特征以及机器人的实际位姿（由其他传感器辅助确定）构建观测方程。利用扩展卡尔曼滤波的预测和更新步骤，不断根据新的观测数据（即实时采集的激光雷达和机器人相关数据）来调整对外参的估计。

在复杂地形场景下，比如机器人行驶在坑洼、斜坡或松软地面时，除了震动之外，还可能存在外力碰撞等影响传感器安装位置的因素。假设机器人在通过一个坑洼时，一侧的车轮受到较大冲击，导致车体产生一定程度的扭曲变形，相机的姿态相对后轮中心可能就发生了改变。针对这种情况，可以采用基于图优化的方法来进行适应性优化。把机器人在不同时刻、不同位置采集到的数据构建成一个图结构：节点表示不同时刻的传感器位姿以及机器人后轮中心位姿等；边表示它们之间的约束关系，例如，相邻时刻的位姿变化约束、传感器之间相对观测的约束等。当检测到可能存在外力碰撞等导致传感器外参变化的情况（如通过 IMU 测量到的异常大的加速度冲击等判断），就在图中添加相应的误差项，然后通过优化整个图结构（常用的方法有最小二乘优化等）来重新调整传感器到后轮中心的外参，使得整体的观测数据能够在新的外参下更好地符合实际环境情况。

5.3.4　应用案例分析

以 IMU 到车体后轮中心的外参标定为例，具体实现步骤如下：

步骤 01　数据采集：记录 IMU 的角速度、加速度数据，以及车体坐标系的位姿信息。

步骤 02　数据预处理：对 IMU 数据进行滤波，去除高频噪声。

步骤 03　构建优化问题：$\min\Sigma\left\|R*a_{\text{imu}}+t-a_{\text{body}}\right\|^2$。其中，$R$ 为旋转矩阵，t 为平移向量，a_{imu} 为 IMU 测量的加速度，a_{body} 为车体坐标系下的加速度。

步骤 04　求解优化问题：使用非线性最小二乘法（如 Levenberg-Marquardt 算法）求解 R 和 t。

步骤 05　验证与优化：通过交叉验证或留一法评估标定结果的准确性，必要时进行多次迭代优化。

具体的标定代码示例及其分析如下：

IMU 与后轮中心外参标定的主要代码：

```
# 创建用于标定的优化问题
calibration_problem = Problem()

# 添加优化变量：旋转和平移参数
```

```
    rotation_params = calibration_problem.AddParameterBlock(3)  # 旋转参数
(roll, pitch, yaw)
    translation_params = calibration_problem.AddParameterBlock(3)  # 平移参
数 (x, y, z)

    # 添加先验约束，使优化更稳定
    calibration_problem.AddPriorFactor(rotation_params, prior_rotation,
rotation_covariance)
    calibration_problem.AddPriorFactor(translation_params, prior_
translation, translation_covariance)

    # 遍历匹配的数据对，添加误差项
    for imu_data, odom_data in matched_data_pairs:
        # 添加误差因子，计算 IMU 测量值转换到车体坐标系后与里程计数据的差异
        calibration_problem.AddResidualBlock(
            IMUOdomCalibrationFactor(imu_data, odom_data),
            NULL,  # 不使用核函数
            rotation_params,
            translation_params
        )

    # 设置求解器选项
    options = SolverOptions()
    options.linear_solver_type = SPARSE_NORMAL_CHOLESKY
    options.minimizer_progress_to_stdout = True
    options.max_num_iterations = 100

    # 求解优化问题
    solver = SolverFactory.Create(options)
    solver_summary = Summary()
    solver.Solve(calibration_problem, solver_summary)

    # 输出优化结果
```

```
    optimized_rotation = calibration_problem.
GetParameterBlockValue(rotation_params)
    optimized_translation = calibration_problem.GetParameterBlockValue(tra
nslation_params)
    print(" 优化后的旋转参数 (roll, pitch, yaw):", optimized_rotation)
    print(" 优化后的平移参数 (x, y, z):", optimized_translation)
```

在进行联合矫正计算时，代码的核心部分会构建误差函数，将 IMU 位姿与 odom 位姿之间的差异作为误差衡量指标，然后通过优化算法进行求解。例如，采用非线性最小二乘法（可以借助 Python 中的 scipy.optimize 库等实现），代码大致如下：

```
# 误差函数定义的类实现
class IMUOdomCalibrationFactor:
    def __init__(self, imu_data, odom_data):
        self.imu_data = imu_data          # IMU 测量数据
        self.odom_data = odom_data        # 里程计数据


    def operator(self, rotation, translation):
        """
        计算误差项
        参数 :
            rotation: 旋转参数 (roll, pitch, yaw)
            translation: 平移参数 (x, y, z)
        返回 :
            residuals: 残差向量
        """
        # 将欧拉角转换为旋转矩阵
        R = EulerAnglesToRotationMatrix(rotation)

        # 将 IMU 测量的加速度转换到车体坐标系
        imu_accel = np.array(self.imu_data.linear_acceleration)
        body_accel_from_imu = np.dot(R, imu_accel) + translation

        # 依据里程计数据计算的车体加速度
        body_accel_from_odom = ComputeAccelerationFromOdom(self.odom_data)
```

```
        # 计算残差：两种方式得到的加速度之差
        residuals = body_accel_from_imu - body_accel_from_odom

        return residuals

    def ComputeAccelerationFromOdom(self, odom_data):
        """
        依据里程计数据计算加速度
        在实际应用中，这需要考虑时间差分、角速度影响等
        这里简化处理，实际应用请实现更复杂的计算
        """
        # 简化示例：假设已经从里程计数据中计算得到了加速度
        # 实际应用中，可能需要从位置、速度时间序列中计算加速度
        return odom_data.acceleration
```

通过上述代码示例，可以实现基于给定的运动数据进行 IMU 与后轮中心外参的标定计算。

为了验证标定结果的准确性，可以采用模拟数据或者实际实验数据进行对比分析。例如，在模拟环境中，可以设定已知的 IMU 与后轮中心的真实外参关系，然后按照上述运动轨迹生成模拟的 IMU 测量数据以及对应的车体坐标系 odom 数据，通过运行标定代码得到标定结果，并与真实参数进行对比，计算误差指标（如均方根误差等）来评估标定精度。在实际实验中，可通过高精度的测量工具（如全站仪等，在实验场地条件允许且需要更高精度验证的情况下）测量出机器人实际的位姿情况，与利用标定后的 IMU 数据推算出的位姿进行对比验证。

影响标定精度的因素有多种。一方面，IMU 本身的测量精度和噪声水平会对结果产生影响。如果 IMU 的传感器精度较低，存在较大的测量误差或者噪声干扰，那么采集到的数据质量会下降，进而导致标定结果出现偏差。解决办法可以是选择高精度的 IMU 传感器，或者通过增加数据采集的时长、多次重复试验取平均值等方式来降低噪声影响。另一方面，机器人的运动轨迹准确性也很关键。若在进行绕圈或直线行驶等运动时，机器人的实际运动轨迹与预期不符，例如存在打滑、偏离设定路径等情况，会使得基于运动模型建立的计算关系出现误差。对此，可以通过优化机器人的运动控制算法，确保其能够按照设定的轨迹准确运动，同时在数据处理阶段对可能存在的异常运动数据进行筛选和修正。此外，数据采集的频率也会影响标定精度，若采样频率过低，可能会丢失一些关键的运动细节信息，合适的做法是根

据机器人的运动速度、IMU 的响应特性等因素综合确定一个合适的数据采样频率。一般来说，较高的数据采样频率有助于更准确地捕捉运动过程中的姿态变化情况，但同时也会增加数据量和后续处理的计算负担，需要在实际应用中进行权衡优化。

5.4　场景感知

在具身智能的发展进程中，机器人的场景感知能力是其与环境进行有效互动的关键。如同人类在环境中依赖视觉、听觉等感知方式来构建对周围世界的认知地图一样，机器人也需通过各类传感器获取环境信息，并将其转换为可理解的场景知识，以支持导航、操作等任务。随着机器人应用场景的不断拓展，从家庭服务到工业生产，从物流配送到户外探索，其对复杂多变环境的精准感知与理解变得愈发重要。这不仅关系到机器人能否顺利完成既定任务，还影响着其在复杂环境中的适应性与安全性。例如，在家庭场景中，机器人需要准确识别各类家具和物品的位置与类别，以便在执行如清洁、物品搬运等任务时能够高效避障并精准操作；在工业生产线上，机器人必须精确感知工件的位置、形状和状态，以确保生产流程的顺畅与精确。因此，深入研究机器人的场景感知技术，对于提升机器人的智能化水平，拓展其应用领域具有重要的现实意义，是推动具身智能发展的关键环节之一。

RGB-D 相机在机器人的场景感知中发挥着基础且关键的作用，其独特的工作原理使其能够同时获取环境的深度和颜色信息，为机器人构建精确、丰富的环境模型提供有力支持。RGB-D 相机主要基于结构光法、飞行时间法或双目立体视觉法等先进技术来实现深度信息的测量。以结构光法为例，RGB-D 相机首先投射特定图案（如条纹、格雷码等）的红外光到环境中，然后利用红外摄像头捕捉物体表面反射回来的图案信息。由于不同位置的物体反射光的图案会发生变形，通过对这些变形图案进行分析和计算，就可以精确地得出物体与相机之间的距离信息，即深度数据。同时，RGB-D 相机部分负责捕捉环境的彩色图像，记录物体的颜色、纹理等外观特征。其工作原理类似于传统的彩色摄像头，通过镜头将光线聚焦到图像传感器上，传感器将光信号转换为电信号，再经过模数转换和图像处理，得到高分辨率的 RGB 图像。这种深度信息与颜色信息的融合，使得机器人能够更加全面、准确地感知环境中的物体形状、位置和空间关系。例如，在家庭环境中，RGB-D 相机可以清晰地识别出家具的三维形状和布局，以及地面的平整度和障碍物的分布情况，为机器人的导航和操作任务提供详细、精确的环境信息，极大地增强了机器人的场景感知能力和自主决策能力，使其能够在复杂的家庭环境中安全、高效地完成各种任务，如物品搬运、清洁打扫等，从而有效提升了机器人的实用性和智能化水平。

感知模块主要依赖 RGB-D 相机、惯性测量单元等先进传感器设备，实时采集环境中的丰富信息，包括高分辨率的 RGB 图像、精确的深度数据以及机器人自身的姿态信息等。在实际运行过程中，RGB-D 相机以每秒若干帧的速率捕捉环境的视觉图像，这些图像不仅记录了物体的颜色、纹理等外观特征，还通过深度传感器获取了物体与相机之间的距离信息，从而为构建三维场景模型提供了关键的基础数据。IMU 则持续监测机器人的加速度、角速度等运动状态信息，这些数据对于机器人在运动过程中的位姿估计和轨迹跟踪至关重要。通过对这些多模态数据的融合处理，感知模块能够初步识别环境中物体的轮廓、位置以及机器人自身的运动状态，为后续的决策和控制模块提供了详细且准确的环境信息描述，使得机器人能够对周围环境有一个初步的认知和理解，为进一步的场景感知和任务执行做好充分准备。场景感知示例如图 5-12 所示。

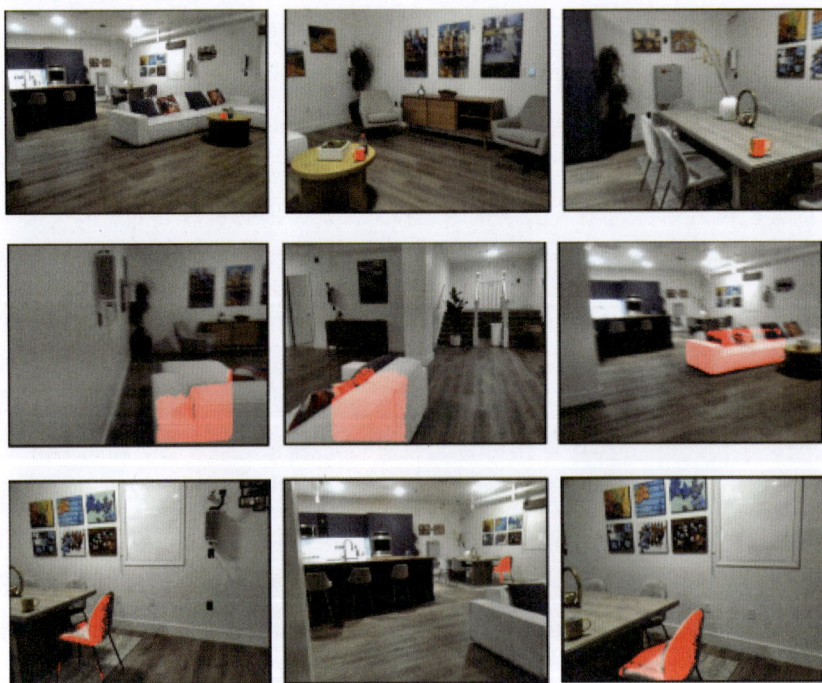

图 5-12 场景感知

5.4.1 多模态信息融合

多模态信息融合是场景感知的基础，它将来自不同传感器的数据整合，以获得对环境更全面、准确的理解。多模态信息融合流程如图 5-13 所示。

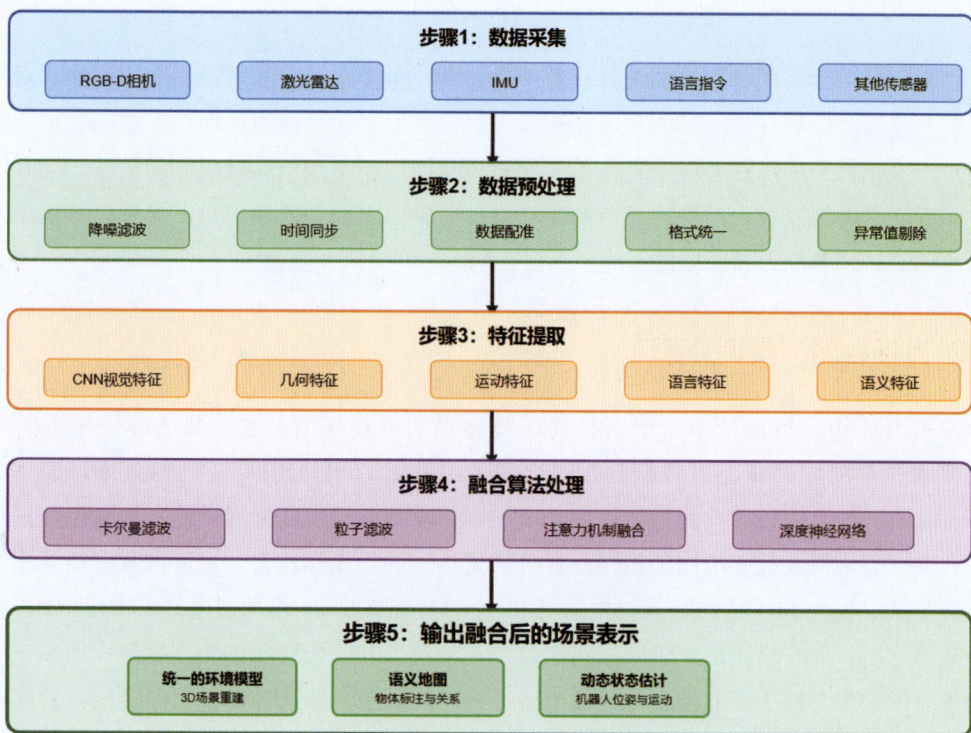

图 5-13　多模态信息融合流程

多模态信息融合包括 5 个步骤：

步骤 01　数据采集：从多种传感器获取原始数据，包括 RGB-D 相机、激光雷达、IMU、语言指令以及其他传感器等多源异构数据。

步骤 02　数据预处理：对原始数据进行全面的预处理操作，包括降噪滤波、时间同步、数据配准、格式统一和异常值剔除等，以提高数据质量并确保不同模态数据的时空一致性。

步骤 03　特征提取：从预处理后的数据中提取多类型特征，包括 CNN 视觉特征、几何特征、运动特征、语言特征和语义特征等，为后续融合处理提供丰富的特征表示。

步骤 04　融合算法处理：采用多种先进的融合算法对不同模态的特征进行处理，主要包括卡尔曼滤波、粒子滤波、注意力机制融合和深度神经网络等方法，根据任务需求选择最适合的融合策略。

步骤 05　输出融合后的场景表示：生成统一的、多维度的场景表示，包括统一的环境模型（3D 场景重建）、语义地图（物体标注与关系）以及动态状态估计（机器人位姿与运动），为后续的自主决策和规划提供基础。

在实际应用中，融合算法的选择取决于具体的任务需求和计算资源限制。例如，对于实时性要求较高的导航任务，可能会选择计算效率较高的卡尔曼滤波；而对于复杂环境下的精确感知，可能会采用注意力机制融合或深度神经网络等更复杂但精度更高的算法。同时，通过多模态信息的有效融合，系统能够构建出更加准确、完整的场景表示，显著提升机器人在复杂环境中的感知能力和适应性。

5.4.2 目标检测与实例分割

在机器人中，目标检测与识别是其环境感知的重要环节，这主要依赖于先进的深度学习算法和高精度的传感器数据融合。通过采用基于卷积神经网络（Convolutional Neural Networks，CNN）的目标检测模型，如 Mask R-CNN（该模型在大规模的室内图像数据集上进行训练），机器人能够准确地识别出各种常见物体的类别和位置信息。在家庭场景中，对于不同形状、颜色和尺寸的家具、电器等物体，Mask R-CNN 模型通过对 RGB 图像进行特征提取和分析，能够精确地定位它们在图像中的位置，并给出相应的类别标签。例如在对客厅场景的感知中，模型能够准确地检测出沙发、电视、茶几等物体的位置和类别，其准确率可达较高水平。

1. 模型原理基础

Mask R-CNN 模型构建于 ResNet50 骨干网络之上。ResNet50 以其独特的残差结构在图像特征提取领域展现出强大性能。它通过多层卷积层、池化层及残差连接的协同作用，能够从输入的 RGB 图像中逐步提取出多维度、多层次的丰富特征。这些特征既涵盖了图像的低层次纹理、边缘信息，又包含了高层次的语义信息，为后续的对象检测与实例分割奠定了坚实基础。例如，在处理包含家具的室内场景图像时，初期卷积层可捕捉到家具的轮廓线条等基本特征，随着网络层次的加深，逐渐识别出家具的类别特征，如椅子的靠背、座面形状特征以及桌子的平面结构特征等。基于 Mask R-CNN 的实例分割网络架构图如图 5-14 所示。

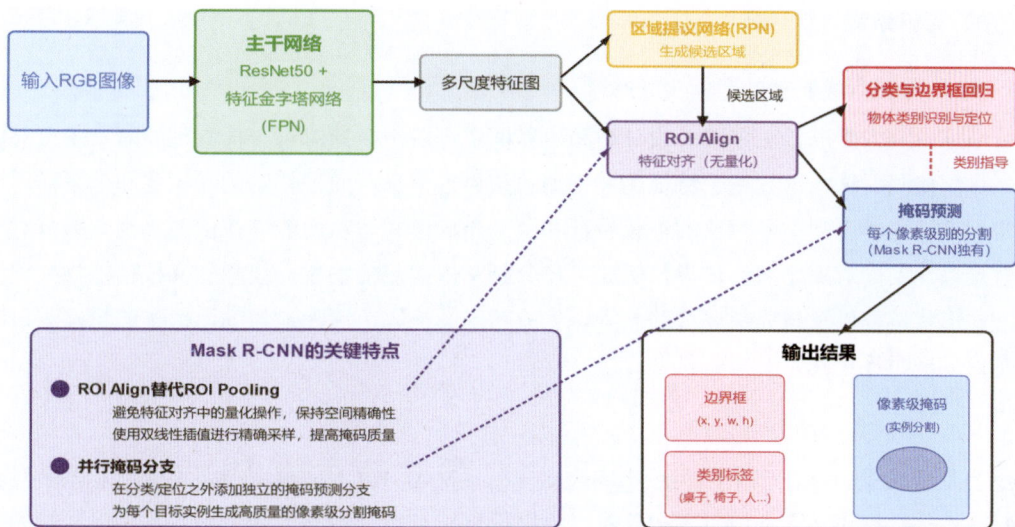

图 5-14 基于 Mask R-CNN 的实例分割网络架构图

2. 目标检测

1）区域提议生成

输入图像后，Mask R-CNN 模型首先借助其区域提议网络（Region ProposalNetwork，RPN）生成一系列可能包含对象的候选区域。RPN 基于图像的特征图，通过在不同尺度和纵横比上滑动预设的锚框，计算锚框与潜在对象的交并比（Intersection over Union，IoU）等指标，筛选出具有较高可能性包含对象的区域提议。以常见的家庭场景为例，对于小型的花瓶对象，RPN 能够通过精细的锚框设置，在图像中定位到花瓶所在的大致区域，尽管此时的定位不够精确，但为后续的精确识别提供了重要的初始范围。

2）分类与回归

针对每个区域提议，模型进一步进行分类和回归操作。在分类过程中，利用全连接层对提议区域的特征进行处理，与预训练过程中学习到的各类别特征模板进行匹配，从而确定该区域所属的对象类别，如判断为"椅子""桌子""植物"等。同时，回归操作会对区域提议的边界框进行微调，使其更紧密地贴合对象的真实边界。在检测大型沙发对象时，通过回归操作可以精确调整边界框的位置和大小，准确界定沙发在图像中的范围，避免因背景干扰或部分遮挡而导致误判。

3）实例分割

（1）掩码生成原理：

Mask R-CNN 模型在完成对象分类和边界框定位后，会针对每个检测到的对象生成对应的二进制掩码。这一过程基于特征图和预测的边界框信息，通过特定的卷积层和上采样层操作实现。模型学习到不同对象的形状特征和空间布局模式，从而能够在像素级别上区分对象与背景以及不同对象之间的边界。例如，在分割室内盆栽植物时，模型能够根据植物叶子的纹理、形状特征以及与周围环境的差异，生成精确的掩码，清晰地勾勒出植物的轮廓，将其与花盆、桌面等背景元素分离开来。

（2）多对象实例分割处理：

当复杂场景中存在多个同类或不同类对象时，Mask R-CNN 模型能够独立地对每个对象进行实例分割操作。它利用对象的位置、类别信息以及特征差异，为每个对象生成独特的掩码和边界框。例如，在家庭客厅场景中，可能存在多个椅子，模型可以准确地识别每个椅子的个体特征，为它们分别生成不同的掩码和边界框，确保在后续的导航和操作过程中，系统能够对每个椅子实例进行精准的定位和交互，避免混淆不同的对象实例。

5.4.3 场景深度感知

深度相机和激光雷达是机器人获取场景深度信息的主要传感器。深度相机通过结构光或飞行时间原理测量每个像素点的深度值，生成深度图像。激光雷达则通过扫描环境生成点云数据，点云中每个点包含三维坐标信息，其中一个维度就是深度。在处理深度信息时，需要对深度数据进行滤波和优化，以去除噪声和异常值，提高深度测量的准确性。例如，对于深度相机获取的深度图像，可以采用双边滤波等方法在保留边缘信息的同时平滑噪声；对于激光雷达点云，可以通过统计滤波或聚类方法去除离群点。

利用深度信息，机器人可以准确地定位目标物体在三维空间中的位置。目标定位的准确性对于机器人执行各种任务（如导航、抓取等）至关重要，准确的位置信息可以帮助机器人规划出合理的运动路径和操作策略。

虽然深度相机和激光雷达能够直接获取场景的深度信息，但它们也存在一些固有的缺陷，如成本过高、灵活性不足等。因此，可以将深度相机或激光雷达与单目相机等进行深度感知融合。以深度相机与单目相机的融合为例，机器人系统通过将单目相机获取的 RGB 图像中的物体位置与深度相机获取的深度图像中的距离信息相结合，能够更加准确地确定物体在三维空间中的位置，从而提高目标检测与识别的准确性和可靠性。这种基于深度学习的目标检测与识别方法，使得机器人能够在复杂的环境中快速、准确地识别出各种目标物体，为后续的导航和操作任务提供了重要的基础信息。

1. 深度感知融合的意义

1）环境适应性

深度相机在面对纹理特征不明显的区域（如纯色的墙壁或者大面积的空白区域）时，其深度测量精度会显著下降。这是因为深度相机多是基于结构光或飞行时间等原理工作，依据物体表面对光线的反射来计算距离。当缺乏纹理特征时，反射信号不稳定，导致测量误差增大。而单目相机可以通过对图像的语义理解和学习来估算深度。它能够利用图像中的几何线索、物体的相对大小和位置关系等信息，即使在纹理缺失的情况下，也能较为合理地推断出场景的深度信息，从而有效弥补深度相机在这类场景下的不足。

2）成本和便携性

在成本和便携性方面，深度相机通常价格较高，这限制了它在一些对成本敏感的领域的广泛应用。相比之下，单目相机成本低廉，且在各类设备中广泛存在，如手机、普通监控摄像头等。将单目相机与深度相机相结合，就可以在保证一定深度感知精度的前提下，减少深度相机的使用数量，降低系统成本。同时，单目相机的小巧轻便和广泛适用性，使得整个环境感知系统的部署更加灵活，可以应用于更多的场景，如可穿戴设备、小型移动机器人等。这些设备对体积和重量有严格限制，难以搭载大型的深度相机，而单目相机则能很好地适应这种需求。

3）互补性

从数据融合提升性能的角度出发，深度相机获取的深度数据和单目相机的图像数据包含了不同层面的信息。深度相机提供的是直接的距离信息，而单目相机图像中包含丰富的色彩、纹理和语义信息。将两者结合，通过数据融合算法，可以实现信息的互补和增强。例如，在复杂的室内场景中，深度相机能准确测量家具等物体的距离，单目相机则可以识别出这些物体是什么，通过融合两者数据，不仅能更准确地感知场景的三维结构，还能对场景中的物体进行分类和理解，为后续的决策提供更全面、准确的信息，从而极大地提升了整个环境感知系统的性能和智能水平。

2. 单目深度估计模型技术原理

基于单目图像的深度估计又称单目深度估计。单目深度估计模型主要基于图像中的视觉线索和深度学习算法来推断场景中物体的深度信息。以 MiDaS 单目深度估计模型为例，其核心技术原理涉及多尺度特征提取与深度预测网络的协同工作。

在多尺度特征提取方面，模型首先对输入的 RGB 图像进行多层卷积操作，这些卷积层具有不同的感受野大小，能够捕捉图像在不同尺度下的纹理、边缘和结构特征。例如，在处理包含家具的室内场景图像时，较小感受野的卷积层可以提取到家具表面的细微纹理特征，如椅子布料的纹理；而较大感受野的卷积层则能够获取到家具之间以及家具与房间整体布局的相对空间关系，像桌子与周围椅子的位置关系等。通过这种多尺度特征提取机制，模型能够综合不同层次的信息，为深度预测提供丰富的语义和几何线索。

深度预测网络则基于提取的多尺度特征，利用全连接层或卷积层进行深度值的预测。通常采用的方法是学习图像特征与深度值之间的映射关系，这种映射关系是在大量的训练数据上进行学习得到的。在训练过程中，模型会最小化预测深度值与真实深度标签之间的误差，例如使用均方误差损失函数。通过不断地迭代训练，模型逐渐优化自身的参数，以提高深度预测的准确性。对于具有明显几何结构的物体，如墙壁、地板等，模型可以根据它们在图像中的几何形状和纹理变化规律来预测深度；对于不规则物体，如室内摆放的植物，模型则依赖于它们与周围环境的相对位置关系和自身的纹理特征进行深度估计。

单目深度估计模型通常预测的是相对距离而非绝对距离。深度校准方法是确保单目深度估计模型输出的相对深度能够准确转换为符合实际场景绝对深度的关键步骤。深度校准的核心在于求解公式

$$\underset{A,b}{\mathrm{argmin}} \sum_i \| D_{t,i} - AX_{t,i} - b \|_2 \qquad (5\text{-}7)$$

这本质上是一个基于最小二乘法的优化问题。其中，$D_{t,i}$ 代表深度读数 D_t 中的第 i 个深度读数，它是通过传感器直接获取的相对准确的深度测量值；$X_{t,i}$ 则是单目深度估计模型预测的对应点的深度估计值。

在实际场景中，由于单目深度估计模型的固有特性，其预测的深度值仅具有相对意义，与真实世界的绝对深度存在一定的偏差。为了找到两者之间的准确转换关系，引入比例因子 A 和偏移量 b。通过最小化预测深度与实际深度在所有有深度读数的像素上的均方误差，来确定最优化 A 和 b。从数学角度看，这是在多维空间中寻找一个线性变换，使得经过变换后的预测深度尽可能接近真实深度。

例如，在室内环境中，对于靠近机器人的物体，如放置在桌子上的杯子，其实际深度较浅，传感器获取的深度估计值较小；而远处的墙壁对应的深度估计值较大。单目深度估计模型可能会因为视角、光照等因素对这些物体的深度产生不同程度的偏差。通过求解上述优化问题，可以对这些偏差进行校正，使模型预测的深度值与实际深度值在整体上达到最佳匹配。

5.5　记忆地图构建与智能导航

　　实例感知的语义记忆是机器人实现精准场景感知和智能导航的核心技术之一。它通过先进的算法和数据结构，对环境中的物体实例进行高效的识别、分类和长期存储，为机器人在复杂环境中的持续学习和自适应导航提供了坚实的基础。在实际运行过程中，当感知模块获取到环境中的物体信息后，实例感知的语义记忆模块会首先对这些物体进行特征提取和分析，利用深度学习模型（如卷积神经网络）识别出物体的类别和具体实例身份。例如，对于一幅包含多个椅子的图像，该模块不仅能够准确判断出这些物体属于"椅子"这一类别，还能通过对椅子的形状、颜色、纹理等特征的进一步分析，区分出不同的椅子实例，并为每个实例分配唯一的标识符。同时，该模块还会将物体实例的相关信息进行存储和管理，包括其在语义地图中的位置信息、不同视角下的视觉特征（如通过多次观测获取的不同角度的图像信息）以及与其他物体的空间关系等。随着机器人在环境中的不断探索和学习，实例感知的语义记忆模块会持续更新和扩充这些信息，形成一个不断完善的物体实例数据库。这样，当机器人再次遇到相同或相似的物体时，就能快速地从记忆中检索出相关信息，实现对物体的快速识别和定位，从而更加高效地规划导航路径，提高导航任务的成功率和效率。例如，在一个已经探索过的房间中，机器人能够根据记忆中的物体位置信息，直接找到目标物体，而无须重新进行全面的搜索和探索，极大地节省了时间和资源，充分体现了实例感知的语义记忆在提升机器人场景感知能力和智能决策能力方面的重要作用，使得机器人能够更好地适应复杂多变的环境，实现更加智能、灵活的自主导航。多模态语义实例动态建图感知框架图如图 5-15 所示。

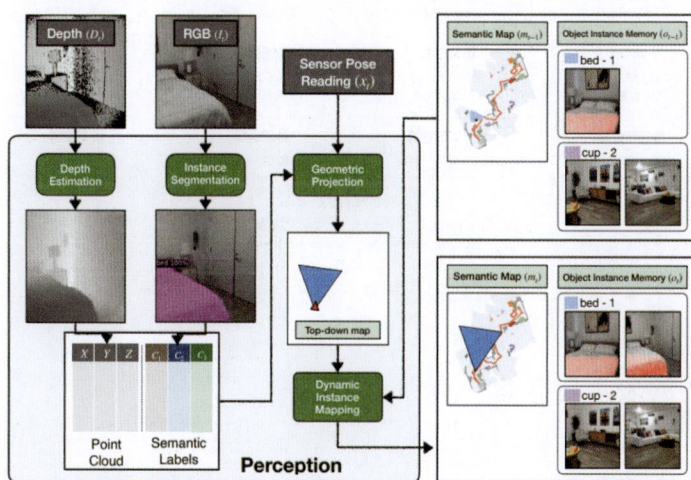

图 5-15　多模态语义实例动态建图感知框架图

5.5.1 记忆地图构建

记忆地图构建是机器人实现环境认知和导航的重要基础，它负责将机器人感知到的环境信息转换为结构化的地图表示，以便机器人进行路径规划和决策。记忆地图构建算法不仅能记录环境中的几何信息，还能融入丰富的语义信息，使得地图更加具有可读性和实用性。在构建记忆地图时，系统首先通过目标检测和语义分割技术识别出环境中的各种物体和区域，并将它们的类别、位置和形状等信息整合到地图中。例如，在一个家庭场景地图中，会明确标注出各个房间的位置、家具的摆放以及通道的信息等，每个物体都被赋予相应的语义标签，如"客厅沙发""卧室床"等。同时，记忆地图构建算法还会根据机器人的探索过程不断地更新和完善地图信息，当机器人发现新的区域或物体时，会将这些信息添加到地图中；对于之前存在不确定性的区域，也会通过新的感知数据进行修正和优化。通过这种记忆地图构建算法，机器人能够更加直观地理解环境的结构和语义信息，从而更加高效地规划导航路径，提高任务执行的成功率和效率，为机器人在复杂环境中的智能导航提供了有力的支持。记忆地图构建各模块组成技术路线图如图 5-16 所示。

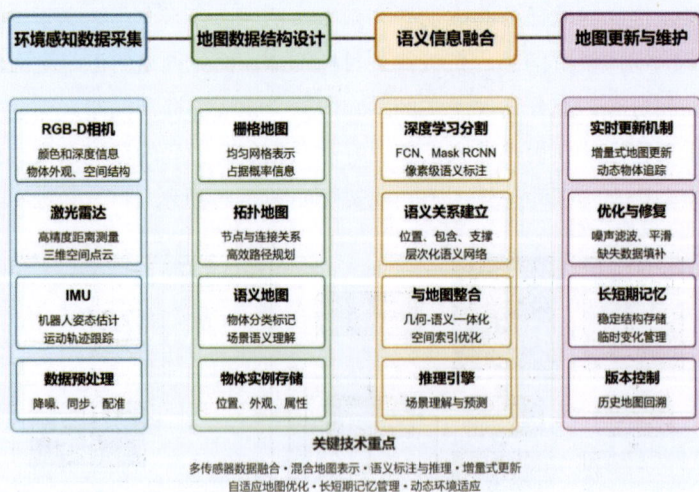

图 5-16 记忆地图构建各模块组成技术路线图

5.5.2 记忆地图的表示与存储

1. 地图数据结构选择

在机器人的场景感知与导航任务中，地图数据结构的选择至关重要，它直接影响着记忆地图的存储效率、查询速度以及空间表示能力。常见的地图数据结构包括栅格地图、拓扑地图和语义地图等，每种结构都有其独特的优势和适用场景。

1）栅格地图

栅格地图将环境划分为均匀的栅格单元，每个单元存储着相应的环境信息，如是否存在障碍物、地形特征等。这种地图结构简单、直观，易于实现和更新，在路径规划中能够快速判断可通行区域和障碍物位置。例如，在室内环境中，机器人可以通过激光雷达或视觉传感器对环境进行扫描，将扫描结果映射到栅格地图上，从而构建出环境的二维或三维栅格表示。然而，栅格地图的缺点也较为明显，随着环境规模的增大，其存储需求会迅速增加，导致内存占用较大。

2）拓扑地图

拓扑地图通过将环境中的关键位置和连接关系抽象为节点和边，构建出环境的拓扑结构。这种地图结构能够有效地表示环境的连通性和空间关系，对于大规模环境的导航具有较高的效率。例如，在城市街道导航中，拓扑地图可以将路口、建筑物入口等关键位置作为节点，将道路连接作为边，机器人只需关注这些关键节点和边的信息，就能快速规划出从起点到终点的路径。然而，拓扑地图对于环境细节的描述相对较弱，难以直接用于精确的操作任务，如机器人的抓取操作。

3）语义地图

语义地图在传统地图的基础上融入了丰富的语义信息，不仅包括物体的类别、位置，还涵盖了物体之间的语义关系和属性信息。例如，在家庭场景中，语义地图可以标注出家具的类型（如沙发、餐桌、床等）、位置以及它们之间的相对位置关系（如沙发在客厅，餐桌在餐厅且靠近厨房等），同时还可以记录物体的属性信息（如餐桌的颜色、形状等）。这种地图结构使得机器人能够更好地理解环境的语义，从而更加智能地执行任务，如根据语义信息找到特定的物体或执行与物体相关的操作任务。然而，语义地图的构建和维护相对复杂，需要强大的语义理解和推理能力，以及准确的物体识别和分类技术。

在实际应用中，机器人往往会根据具体的任务需求和环境特点，选择合适的地图数据结构或结合多种结构的优势，以实现高效、准确的场景感知和导航。例如，在复杂的室内环境中，可能会采用以语义地图为主，结合栅格地图进行局部精确导航的方式，充分发挥语义地图的语义理解优势和栅格地图的精确路径规划能力，从而使机器人能够在复杂环境中灵活、准确地完成各种任务，提高其智能化水平和适应性。

2. 物体实例信息存储

在机器人的记忆地图中，物体实例信息的存储是实现精准场景感知和智能导航的关键环节。对于每个物体实例，系统会详细存储其丰富的相关信息，包括位置、姿态信息，尺寸、形状、颜色、纹理等外观特征，以及物体的类别、语义标签等语义信息，同时还会记录物体的实例ID，以便在复杂环境中准确区分不同的物体实例。

1）位置和姿态信息

通过机器人的定位系统和传感器数据，可以精确获取物体在地图坐标系中的三维位置坐标（x,y,z）以及姿态信息（如欧拉角或四元数表示的旋转角度）。这些信息对于机器人在导航过程中准确判断与物体之间的距离和相对方向至关重要。例如，在执行抓取任务时，机器人需要精确知道目标物体的位置和姿态，以便调整机械臂的运动轨迹，实现精准抓取。

2）外观特征信息

利用视觉传感器可以获取物体的颜色、纹理等外观特征描述。例如，对于一个红色的杯子，系统会记录其颜色特征为红色，并通过图像特征提取算法获取杯子表面的纹理特征，这些特征信息可以帮助机器人在视觉上快速识别和区分不同的物体，即使在存在多个相似物体的情况下，也能准确找到目标物体。同时，形状信息也是物体实例存储的重要部分，通过对物体的三维形状进行建模或采用基于点云的表示方法，机器人能够更好地理解物体的几何结构，从而在操作任务中避免碰撞，并准确地与物体进行交互。

3）语义信息

赋予物体相应的类别和语义标签，可以使机器人能够理解物体的功能和用途，进而更好地执行任务。例如，将一个具有四条腿和靠背的物体标注为"椅子"，机器人在接收到"找到椅子并坐下"的指令时，就能根据语义标签快速定位到椅子，并根据其位置和姿态信息规划出合理的移动路径和动作序列。此外，语义信息还可以包括物体之间的关系信息，如"杯子在桌子上""书在书架里"等。这些关系信息有助于机器人在复杂环境中进行推理和决策，提高其任务执行的效率和准确性。

通过对物体实例信息的全面、详细的存储，记忆地图能够为机器人提供丰富、准确的环境信息，使其在面对各种复杂的场景和任务时，能够快速、准确地感知环境中的物体，理解物体之间的关系，并根据这些信息做出智能的决策和行动，从而实现高效、精准的导航和操作任务，进一步提升机器人的智能化水平和实际应用能力。

3. 语义信息融合

语义信息的融合是机器人记忆地图构建的核心环节之一，它能够显著增强地图的可理解性和实用性，使机器人更好地理解环境并执行复杂任务。在融合语义信息时，系统主要从以下几个方面入手：

1）基于深度学习的语义分割与标注

利用先进的深度学习模型，如全卷积网络（FCN）、MaskR-CNN 等，可以对环境中的物体进行精确的语义分割和标注。这些模型通过对大量的图像数据进行训练，能够自动识别出图像中的不同物体类别，并为每个像素分配相应的语义标签。例如，在一幅室内场景图像中，模型可以准确地将沙发、电视、茶几等物体分割出来，并标注为"家具"类别，将墙壁标注为"建筑结构"类别，将窗户标注为"建筑附属物"类别等。通过这种方式，机器人能够快速获取环境中物体的类别信息，为后续的任务规划和决策提供重要的基础。

2）语义关系的建立与推理

在识别出物体类别后，机器人会进一步建立物体之间的语义关系，如位置关系、包含关系、支撑关系等。例如，通过对环境的感知和分析，系统可以确定"杯子在桌子上""书在书架里""灯在天花板下"等关系。同时，利用语义推理规则和知识图谱，机器人能够从已知的语义关系中推导出新的信息。例如，当知道"客厅里有沙发和电视，且电视在沙发对面"以及"用户正在客厅看电视"时，机器人可以推理出用户可能坐在沙发上，从而在执行送茶任务时，能够准确地将茶送到沙发附近的茶几上，而不是其他位置。这种语义关系的建立和推理能力，使得机器人能够更好地理解环境的逻辑结构，提高其任务执行的智能性和准确性。

3）与地图数据的整合

将语义信息与地图的几何信息进行有机整合，不仅能使地图包含环境的空间布局，还能蕴含丰富的语义知识。例如，在构建语义地图时，将物体的位置、姿态等几何信息与语义标签相结合，机器人在查看地图时就能够直观地了解各个区域的功能和物体分布情况。比如，在一个办公室场景的语义地图中，不仅可以看到办公桌、椅子、文件柜等物体的位置信息，还能通过语义标注知道哪些区域是办公区、会议区、休息区等，从而使机器人能更好地规划自己的行动路径和任务执行顺序，提高工作效率。

通过以上语义信息融合的方法，记忆地图能够为机器人提供一个更加丰富、智能的环境表示，使机器人能够像人类一样理解环境的语义，从而更加灵活、高效地完成各种复杂的任务，如导航、搜索、操作等，进一步提升了机器人在实际应用中的性能和价值，推动了具身智能的发展。

5.5.3 记忆地图的更新与维护

1. 基于新感知信息的更新机制

在机器人的运行过程中，随着其不断探索环境，会源源不断地获取新的感知信息。这些信息对于记忆地图的更新至关重要，能够使地图始终保持与实际环境的一致性和准确性。机器人采用了一种高效的基于新感知信息的更新机制，确保记忆地图能够及时反映环境的变化。

1）实时数据融合与处理

当机器人通过传感器（如 RGB-D 相机、激光雷达等）获取到新的环境数据后，系统首先对这些数据进行实时融合和处理。例如，将 RGB 图像中的颜色和纹理信息与深度图像中的距离信息相结合，通过算法（如点云配准、特征匹配等）将新的感知数据与已有的地图数据进行对齐和融合。在室内环境中，当机器人移动到一个新的房间时，新获取的图像和深度数据会与之前构建的地图进行匹配和整合，以更新房间的布局信息、物体位置信息等，确保地图能够准确反映当前环境的实际情况。

2）物体实例的更新与识别

对于新感知到的物体实例，系统会进行详细的特征提取和分析，并与记忆地图中已有的物体实例进行对比和匹配。如果是新出现的物体，系统会为其创建一个新的物体实例记录，并将其位置、姿态、外观特征和语义信息等存储到记忆地图中。如果是已经存在的物体，但位置或姿态发生了变化，系统会根据新的感知数据对其在地图中的信息进行更新。例如，当一个椅子被移动到了新的位置，机器人通过视觉识别和定位技术检测到这一变化后，会及时更新记忆地图中该椅子的位置信息，以便在后续的导航和任务执行中能够准确地找到它，避免因地图信息过时而导致错误的决策和行动。

3）地图区域的扩展与修正

随着机器人的探索范围不断扩大，可能会发现新的区域或环境结构，此时系统会对记忆地图进行相应的扩展。例如，当机器人进入一个之前未探索过的房间时，会根据新获取的感知数据构建该房间的地图信息，并将其与已有的地图进行连接和整合，扩展整个记忆地图的范围。同时，对于一些由于传感器误差或环境变化导致的不准确的区域，系统会利用新的感知数据进行修正，提高地图的精度和可靠性。例如，在一个长期使用的仓库环境中，由于货物的堆放和搬运可能会导致一些区域的地形和障碍物分布发生变化，机器人通过定期的巡逻和感知，能够及时发现这些变化，并对记忆地图中的相应区域进行修正，确保导航路径的安全性和准确性。

通过这种基于新感知信息的更新机制，机器人能够在复杂多变的环境中始终保持对环境的准确认知，为其导航和任务执行提供可靠的地图支持，进一步提升了机器人的环境适应能力和智能水平。

2. 地图的优化与修复

在实际环境中，由于传感器的噪声、测量误差以及环境的动态变化等因素，记忆地图中可能会出现一些噪声、误差甚至缺失信息的情况，这些问题会影响机器人的导航精度和任务执行效果。因此，机器人采用了一系列有效的地图优化与修复方法，提高地图的质量和可靠性。

1）噪声滤波与平滑处理

针对传感器数据中的噪声问题，系统采用了多种滤波算法，如高斯滤波、中值滤波等，对地图数据进行平滑处理。例如，在激光雷达扫描得到的点云数据中，可能会存在一些由于反射干扰或传感器精度限制而导致的离群点，这些离群点会被视为噪声。通过高斯滤波算法，可以根据点云数据的分布特征，对每个点的坐标值进行加权平均处理，有效地去除噪声点，使点云数据更加平滑和准确，从而提高地图的精度。中值滤波可以在一定程度上保留数据的边缘特征，对于一些需要保持物体轮廓信息的场景，如室内家具的边缘检测，中值滤波能够在去除噪声的同时，避免对物体形状信息的过度模糊，确保地图能够准确反映环境的实际结构。

2）误差修正与校准

为了减少测量误差对地图的影响，机器人会定期对传感器进行校准，并利用一些已知的环境特征或地标信息进行误差修正。例如，在室内环境中，可以将墙壁的垂直和平行特性作为参考，通过检测机器人在移动过程中与墙壁的距离和角度的变化，对机器人的位姿估计误差进行修正。同时，对于地图中物体的位置和姿态信息，如果发现与实际情况存在偏差，系统就会根据多次观测的数据进行统计分析和优化，以提高物体信息的准确性。例如，对于一个经常被机器人观测到的桌子，系统会综合多次测量得到的桌子位置和姿态数据，通过最小二乘法等优化算法，计算出最准确的桌子位置和姿态估计值，并更新记忆地图中的相应信息，从而减少测量误差对地图的影响，提高地图的可靠性。

3）缺失信息的填补与重建

当遇到地图中某些区域缺失信息的情况时，系统会利用周边的环境信息和机器人的运动轨迹进行填补和重建。例如，在一些光线较暗或被遮挡的区域，传感器可能无法获取完整的信息，导致地图出现缺失部分。此时，系统可以根据相邻区域的物体分布和空间关系，通过插值算法或基于模型的重建方法，对缺失区域的信息进行推测和填补。如果已知相邻区域有一排书架，且机器人的运动轨迹显示其经过了一个可能存在书架的遮挡区域，系统可以根据书架的常见尺寸和排列规律，在缺失区域构建出书架的大致形状和位置信息，从而使地图更加完整和连续，避免因信息缺失而导致导航中断或决策错误，提高机器人在复杂环境中的导航能力和任务执行成功率。

通过以上地图优化与修复方法，机器人能够有效地提高记忆地图的质量，减少噪声、误差和缺失信息对机器人导航和任务执行的影响，使机器人能够更加准确、可靠地感知环境，实现更加高效、智能的自主运行，进一步提升了系统在复杂环境中的适应性和稳定性。

3. 长期记忆与短期记忆

在机器人的记忆地图构建中，区分长期记忆和短期记忆，并实现两者的有效平衡，是提高系统性能和资源利用效率的关键。长期记忆用于存储环境中的静态结构、重要地标和常用物体等相对稳定不变的信息，这些信息在机器人的多次运行中具有较高的复用价值；短期记忆则主要用于记录环境中的临时变化、动态物体的位置以及机器人当前任务相关的即时信息，这些信息通常具有较强的时效性和任务针对性。

1）长期记忆的构建与维护

对于长期记忆，系统会在机器人首次探索环境时，通过高精度的传感器数据采集和详细的地图构建算法，对环境中的关键信息进行精确记录和存储。例如，在室内环境中，房间的布局、门窗的位置、大型家具的摆放等信息会被存储到长期记忆中，并以一种稳定、持久的方式进行保存。在后续的运行中，系统会定期对这些长期记忆信息进行更新和验证，确保其准确性和可靠性。当检测到环境中的长期结构发生变化时，如进行了装修或家具布局调整，系统会根据新的感知数据对长期记忆进行相应的修改和更新，同时记录下这些变化的历史信息，以便在需要时进行回溯和分析，从而保证长期记忆始终能够反映环境的真实状态，为机器人的长期导航和任务规划提供可靠的基础。

2）短期记忆的管理与利用

短期记忆则侧重于记录机器人在当前任务执行过程中的实时信息。例如，当机器人执行一个搬运物品的任务时，它会将目标物品的当前位置、周围的临时障碍物以及与任务相关的路径信息等存储到短期记忆中。这些信息会随着任务的进展和环境的变化而不断更新和调整。一旦任务完成，相关的短期记忆信息可能会被部分或全部清除，以释放存储空间。在利用短期记忆时，系统会优先考虑其时效性和任务相关性，将短期记忆中的信息与长期记忆相结合，为当前任务提供更加准确、及时的环境信息支持。例如，在导航过程中，机器人会根据短期记忆中的临时障碍物信息，结合长期记忆中的地图结构，快速规划出避开障碍物的路径，同时利用长期记忆中的地标信息进行定位和导航修正，确保能够准确地到达目标位置，提高任务执行的效率和成功率。

3）平衡策略与资源优化

为了实现长期记忆和短期记忆的有效平衡，机器人采用了动态的资源分配和管理策略。根据任务的需求和环境的变化，系统会灵活地调整长期记忆和短期记忆的存储空间分配，确保在满足当前任务需求的同时，不过度占用资源。例如，在执行一个复杂的长期任务时，系统可能会适当增加短期记忆的容量，以记录更多与任务相关的细节信息；而在机器人处于相对稳定的环境且没有复杂任务执行时，更多的资源会被用于优化和维护长期记忆，提高其精度和完整性。同时，系统还会对长期记忆和短期记忆中的信息进行定期的清理，删除那些过时或不再有用的信息，进一步优化资源利用效率，使记忆地图始终能够保持高效、准确的状态，为机器人的各种任务提供有力的支持，提升系统的整体性能和适应性。

通过合理区分和平衡长期记忆与短期记忆，机器人能够在复杂多变的环境中，充分利用有限的资源，更加智能、高效地完成各种任务。这也进一步增强了系统的实用性和可靠性，推动了机器人在具身智能领域的应用和发展。

5.5.4　基于记忆地图的自主定位

在机器人中，定位与地图构建是紧密结合、相互促进的两个过程，通过有效的融合策略，能够提高机器人在复杂环境中的定位精度和地图构建的准确性。系统采用基于滤波器的融合方法，如扩展卡尔曼滤波和粒子滤波，将视觉定位信息与地图构建过程中的特征信息进行融合。在视觉 SLAM 系统的实际运行中，视觉定位系统提供的机器人位姿估计信息作为滤波器的输入之一，同时，地图构建过程中提取的环境特征信息也被纳入滤波器的状态向量中。例如，扩展卡尔曼滤波通过对机器人的运动模型和观测模型进行线性化处理，将视觉定位的测量值与地图中的特征点观测值进行融合，从而得到更加准确的机器人位姿估计和地图更新。

在一个室内场景中，机器人从初始位置开始移动，通过视觉 SLAM 技术不断地构建和完善环境地图，同时准确地确定自己在地图中的位置。随着机器人的移动，地图的精度和覆盖范围不断提高，机器人的定位也更加准确和稳定。这种基于视觉的定位方法使得机器人能够在没有外部定位信号的情况下，仅依靠记忆地图信息实现高精度的自主定位，为其在复杂环境中的导航任务提供可靠的位置信息保障。

当机器人在动态环境中运行时，如存在移动的物体或人员，融合策略便能够利用地图中的先验信息对视觉定位进行修正，同时通过视觉定位的实时信息更新地图中的动态物体信息，使得机器人能够更加准确地定位自己的位置，并及时更新地图，从而更好地适应环境的变化，确保导航任务的顺利进行。

5.6 场景理解与认知

场景理解与认知核心技术模块架构如图 5-17 所示。

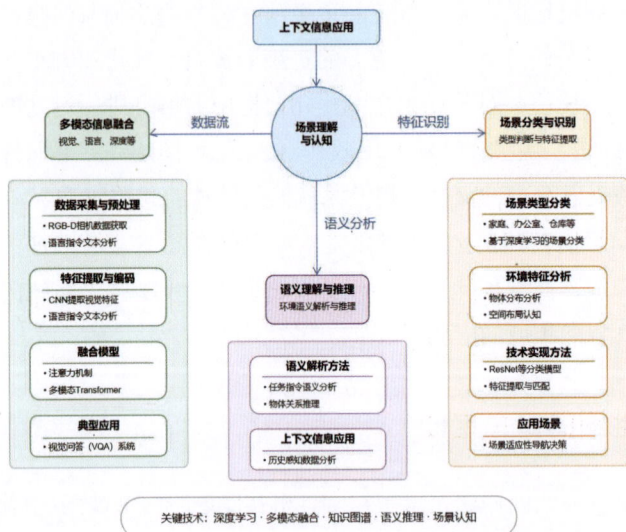

图 5-17 场景理解与认知核心技术模块架构图

1. 多模态信息融合技术

多模态信息融合技术是机器人提升场景感知能力的关键手段之一，它通过巧妙地整合视觉、语言、深度等多种模态的信息，使机器人能够更加全面、深入地理解环境，从而在复杂的场景中做出更加准确、智能的决策。在实际应用中，机器人利用先进的算法和模型，将来自不同传感器和数据源的信息进行融合处理。例如，对于视觉信息（RGB 图像和深度图像）和语言信息（目标描述或指令），系统首先对它们进行特征提取和编码。在视觉信息特征提取方面，利用卷积神经网络等技术提取图像中的物体形状、颜色、纹理等特征信息；在语言信息特征提取方面，则通过自然语言处理技术（如词向量表示、语义解析等）将文本指令转换为计算机能够理解的语义向量表示。然后，通过融合模型（如基于注意力机制的神经网络模型）将这些不同模态的特征向量进行融合，使得机器人能够在一个统一的语义空间中对环境信息进行综合分析和理解。例如，当机器人接收到"将红色杯子从餐桌上拿到厨房水槽旁"这样的指令时，系统能够将语言描述中的"红色杯子""餐桌""厨房水槽"等语义信息与视觉信息中识别出的相应物体进行关联和匹配，再结合深度信息确定物体的空间位置和姿态，从而准确地规划出从杯子当前位置到水槽位置的导航路径，并执行相应的操作任务。这种多模态信息融合技术有效地弥补了单一模态信息的局限性，增强了机器人对环境的理解能力和任务执行能力，使其能够更好地应对复杂、模糊和动态变化的环境，为实现更加智能、高效的机器人自主导航和交互提供了有力支持，显著提升了机器人在实际应用中的性能和可靠性。

2. 场景分类与识别

机器人具备强大的场景分类与识别能力，能够根据环境中的特征信息快速准确地判断所处的场景类型，如家庭、办公室、仓库等。这对于机器人制定合适的行为策略和导航路径具有重要意义。系统通过对环境中的物体分布、空间布局、光照条件等多种特征进行综合分析来实现场景分类。例如，在家庭场景中，通常会存在家具、家电等特定类型的物体，且空间布局相对紧凑和温馨；而在办公室场景中，则会有办公桌、办公椅、文件柜等办公用品，空间布局较为规整和开阔。机器人利用深度学习模型对这些特征进行学习和识别，通过在大量不同场景的图像数据上进行训练，能够学习到各种场景的典型特征模式，从而在实际应用中，当机器人进入一个新的环境时，能够快速地对场景进行分类和识别。例如，当机器人检测到周围环境中有沙发、电视、餐桌等家具，且空间相对较小、布局较为温馨时，便能够准确地判断出这是一个家庭场景，并相应地调整其行为策略，如降低运动速度，避免碰撞家具等，以更好地适应家庭环境的特点。这有效提高了机器人在不同场景下的适应性和智能性。

3. 语义理解与推理

语义理解与推理是机器人实现智能场景感知的关键环节，它能够使机器人从感知到的环境信息中提取出有意义的语义信息，并进行逻辑推理，从而更好地理解任务指令和环境状况，做出更加合理的决策。在实际应用中，当机器人接收到一个导航任务指令，如"将杯子从厨房桌子上拿到客厅茶几上"时，系统首先通过语义理解模块对指令进行解析，识别出"杯子""厨房桌子""客厅茶几"等关键语义元素，并结合环境感知信息确定它们在环境中的位置。然后，通过推理模块规划出从厨房桌子到客厅茶几的合理路径，同时考虑避开途中的障碍物和其他干扰因素。在这个过程中，系统会利用预先建立的环境知识图谱和语义规则进行推理，例如，知道杯子通常放在桌子上，客厅茶几是放置物品的地方，以及不同房间之间的连通关系等。这种语义理解与推理能力使得机器人能够更加灵活地应对各种复杂的任务指令和环境情况，提高其执行任务的准确性和效率，进一步增强了机器人的智能性和实用性，使其能够更好地与人类用户进行交互和协作。

4. 上下文信息应用

上下文信息在机器人的场景理解中起着重要的辅助作用，它能够帮助机器人更好地理解当前的环境状况和任务需求，从而做出更加准确和智能的决策。系统通过对历史感知数据、任务指令序列以及周围环境的动态变化等多种信息的综合分析来获取上下文信息，并将其有效地整合到场景感知和决策过程中。例如，在执行一系列连续的导航任务时，机器人会记住之前访问过的位置和完成的任务，当接收到新的任务指令时，能够利用这些历史信息更好地规划路径，避免重复探索已经熟悉的区域，提高任务执行效率。同时，系统还会将周围环境的动态变化作为上下文信息，如人员的走动、物体的移动等。当机器人检测到前方有人员走动时，会根据人员的运动方向和速度预测其可能的轨迹，并相应地调整自己的导航路径，以确保安全通行。这种对上下文信息的有效利用，使得机器人能够更加智能地适应复杂多变的环境，提高其在实际应用中的灵活性和可靠性，进一步提升了机器人的场景感知能力和智能决策水平，使其能够更好地应对各种实际场景中的挑战和任务需求。

5.7 本章小结

本章深入探讨了机器人感知与自主定位技术，详细阐述了感知与定位的紧密联系，以及它们在机器人技术中的协同作用，强调了其在具身智能领域的核心地位。

在具身智能领域，具身智能体与环境的有效交互成为衡量其核心能力的重要标准。本章详细介绍了多传感器感知融合技术，通过整合不同传感器的数据，克服了单一传感器的局限性，构建出全面、准确、稳定的环境感知模型；特别强调了相机、激光雷达、超声波传感器和 IMU 等传感器在智能体全方位感知中的关键作用，以及它们在不同环境下的应用。

自主定位技术是智能体确立自身位置的关键能力，本章探讨了其在动态环境中的重要性。通过全球导航卫星系统、惯性导航系统和激光雷达等传感器的融合，实现了高精度的自主定位，确保智能体在复杂环境中的有效导航。

本章还详细介绍了多传感器时间同步和外参标定技术，这些都是实现多传感器数据融合和准确环境感知的基础。通过硬件同步和软件同步方法，确保了传感器数据在时间上的一致性。外参标定部分则讨论了离线和在线外参标定方法，强调了它们在确保传感器数据空间一致性方面的重要性。本章还通过实验方案和应用案例分析，验证了所介绍技术的有效性。通过仿真环境的搭建与配置，以及多传感器融合感知的实践，展示了这些技术在实际应用中的潜力和效果。

在场景感知方面，本章探讨了 RGB-D 相机、IMU 等传感器在构建环境模型中的作用，以及目标检测与实例分割技术在机器人导航和操作任务中的应用。特别提到了 Mask R-CNN 模型在目标检测和实例分割中的应用，以及深度信息在目标定位中的重要性。

整体而言，本章为具身智能领域的研究和实践提供了宝贵的理论支持和实践指导。

第 6 章
视觉语言导航原理

在前述讨论中，我们已经认识到 SLAM 技术主要基于几何方法和形式化方法进行构建。传统上，这些方法为机器人在未知环境中的定位与地图构建提供了有效的解决方案。但是，随着机器人应用场景变得越来越复杂多样，SLAM 技术在当前机器人领域逐渐显现出泛化能力不足的问题。

SLAM 技术泛化能力的局限性，源于其依赖形式化公式推导的本质。这与传统控制方法下的机械臂在执行复杂任务时面临的困境相似，缺乏数据训练过程，导致移动智能体难以真正理解物理世界的内在规律。例如，在复杂多变的室内环境中，传统 SLAM 方法难以适应家具布局频繁变化、光照条件差异大等情况，无法灵活地为机器人规划出可靠的导航路径。因为它只是将人类对物理世界的理解，通过几何模型和状态估计方法赋予移动智能体，而未让智能体通过自身的数据学习去适应各种复杂场景，这就导致智能体在不同场景下的导航能力受到极大限制，无法实现广泛场景范围的高效导航。

鉴于此，本章将着重介绍视觉语言导航（Vision-Language Navigation，VLN）技术。与传统的形式化方法相比，视觉语言导航技术具有显著优势，最突出的是其泛化能力得到了大幅提升。该技术通过深度整合深度学习模型，将其应用于定位导航任务，具备独特的语言和视觉双重输入输出功能。这一创新性融合，使得 SLAM 技术实现了从 1.0 时代向 2.0 时代的重大飞跃。

视觉语言导航技术为导航领域带来了全新的活力，让机器人在导航定位方面展现出更高的智能和灵活性。该技术实现了两方面的突破：

一方面，它打破了传统定位导航技术仅依赖图像、IMU、轮速计等机械输入的局限，支持语义级别的交互。这意味着机器人能够理解和处理更为复杂的指令，比如"找到客厅里带有红色花纹的杯子并把它拿到厨房水槽边"，这种包含丰富语义信息的指令对于传统导航技术来说极具挑战，但视觉语言导航技术却能应对自如。

另一方面，视觉语言导航技术在动态适应性上有了质的提升，泛化能力显著增强。在实际应用中，机器人的移动指令不再单纯依赖人为预设的先验知识，而是通过大量数据训练，让模型自主学习和决策。例如，在一个从未进入过的环境中，机器人可以根据实时获取的视觉信息和语言指令，快速分析并规划出合理的行动路线，展现出强大的环境适应能力。接下来，将对视觉语言导航技术展开深入探讨。

6.1 概述

　　视觉语言导航是一个多学科交叉的研究领域，涉及自然语言处理、计算机视觉和机器人导航等多个方面。在这个领域中，研究人员致力于开发能够理解自然语言指令并在复杂环境中进行自主导航的机器人或具身智能体。

6.1.1 任务定义

　　视觉语言导航的英文为 Vision-Language Navigation，简称 VLN。其中 V 表示的是视觉信息，格式可以为单目视觉照片或者 360°照片（即图像）；L 表示自然语言指令，可以描述一条路径或一个目标，语言指令可以是精细的也可以是简洁（模糊）的；N 指的是机器人无法预先获取环境的空间或语义信息，需要在探索环境的过程中逐步理解该环境。

　　如图 6-1 所示，具身智能体结合指令信息和视觉信息，在模拟器中完成一系列的决策，最终到达目标位置。据此，我们可以给视觉语言导航下一个简单的定义：给定一个描述目标或路径的语言指令，机器人在一个陌生的环境里，根据环境中的视觉信息导航到目的位置。

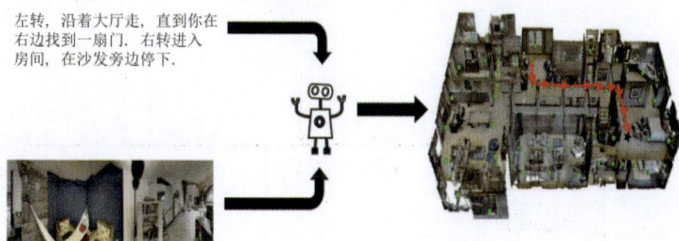

图 6-1　视觉语言导航示意图

6.1.2 任务介绍

　　视觉语言导航任务通常依赖具身智能体与环境模拟器（如 Matterport3D、Habitat 等）构建的交互式环境。模拟器为具身智能体提供数据交互接口，能够根据具身智能体的状态（如坐标和朝向）以及执行的操作生成动态的感知信息。

在离散环境中，模拟器由一个连通图 $G=\{V,E\}$ 表示，其中 V 表示可导航节点的集合，E 定义了这些节点之间的连接，表示两个节点是否可以通行。

具身智能体配备了 RGB 摄像头和 GPS 传感器，并接收自然语言指令。其任务是按照指令要求，在起始节点出发，在限定的步数内，到达指定的目标节点。

自然语言指令被表示为一个单词序列，记作 $W=\{w_l\}_{l=1}^{L}$，其中 L 是单词的总数。在每个时间步 t，具身智能体位于节点 V_t，并具有姿态信息 P_t。观察一组全景 RGB 图像 $R_t=\{r_{t,k}\}_{k=1}^{K}$，包括有 K 个单视图图像。这些图像包括可导航点，记作 $N(V_t)\subset R_t$，可供具身智能体进行选择。

视觉语言导航模型旨在构建导航决策模型 π，在 t 时刻，该模型能够根据指令 W、历史轨迹 $\Gamma=\{V_1,V_2,\cdots,V_{t-1}\}$ 和当前观察 $V_t=\{P_t,R_t,N(V_t)\}$ 来决定下一步动作 a_t：$\pi(a_t\,|\,W,V_t,\Gamma)\rightarrow a_t$。模拟器随后执行具身智能体的动作并更新环境与智能体的状态 $\Gamma(s_t,a_t)\rightarrow s_{t+1}$。

在每个时间步 t，具身智能体的动作空间 A_t 包括导航到局部相邻节点 $v_i\in N(V_t)$ 的选项、轨迹 Γ 中观察到的全局可导航节点，或者在其当前位置停止。在决定停止时，特别是在物体定位场景中，智能体还必须预测目标物体在全景视图中的空间位置。

6.1.3 发展历史

视觉语言导航的发展历程如图 6-2 所示。

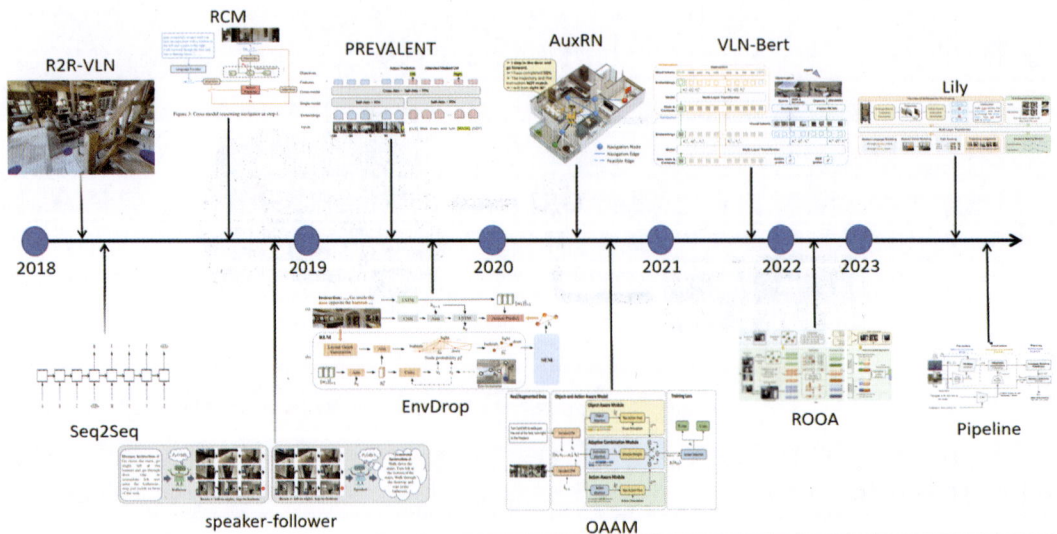

图 6-2 VLN 发展历史

视觉语言导航最早可追溯到 2018 年，Anderson 等人提出了 R2R-VLN 方法，这标志着 VLN 任务的起点。该方法采用序列到序列模型，结合注意力机制，为具身智能体提供基于自然语言指令的导航能力，奠定了后续许多算法的研究基础。

2019 年，研究者引入了强化交叉模态匹配（Reinforced Cross-Modal Matching，RCM）机制，通过强化学习提升模型在视觉和语言模态间的匹配能力。同时，提出了 speaker-follower 方法，该方法通过 speaker 模块生成指令，follower 模块执行导航，进一步提升了模型的泛化能力。

2020 年，PREVALENT 方法强调通过预训练和 VLN 任务的结合，增强模型在新环境中的泛化能力。EnvDrop 技术通过在训练过程中让模型接触更多样化的环境，进一步提升了其适应不同场景的能力。

2021 年，AuxEN 方法引入辅助导航模块，帮助模型更好地理解语言指令和视觉环境。OAAM 提出了目标注意力辅助模块，提升了模型对目标位置的关注和导航准确性。

2022 年，ROOA 方法通过引入多任务学习和辅助任务，提升了模型在复杂环境中的导航能力。VLN-BERT 将 BERT 模型应用于 VLN 任务，利用其强大的语言理解能力来提升导航指令的解析。

2023 年，Pipeline 强调通过模块化设计和流程优化，提升了 VLN 系统的整体效率和可扩展性。Lily 方法则提出新的导航架构，结合多模态融合和路径规划策略，提升了模型在真实世界环境中的导航性能。

VLN 任务的发展从基础的序列到序列模型开始，逐步引入了注意力机制、强化学习、预训练策略、多模态融合等多种技术，以应对越来越复杂的导航任务和环境。同时，数据集和基准的不断丰富也为模型的评估和改进提供了更多维度。未来，VLN 任务有望在具身智能、人机交互等领域发挥更大的作用，特别是在复杂环境中的自主导航和任务执行方面。

6.1.4　任务三要素

视觉语言导航任务具有三个要素：场景、任务和 Agent。

1. 场景

场景主要分为室内和室外两种。室内场景如家庭、办公室等，通常具有较为复杂的布局和丰富的家具设施；室外场景如街道、公园等，空间更为开阔，但也会面临更多的动态障碍物和复杂的光照条件。3D 场景数据集是构建导航环境的基础，它与模拟器的匹配至关重要。例如，Matterport3D 数据集常与 Matterport3D 模拟器搭配使用，以确保具身智能体能够在与真实环境高度相似的虚拟场景中进行训练和测试，从而提高导航策略的实用性和可移植性。

2. 任务

任务描述：明确的任务描述是导航的关键。例如，"帮我找一个玻璃杯"这样的指令，不仅要求具身智能体理解"玻璃杯"这一具体目标，还需要它能够通过视觉识别在环境中找到与之匹配的物体。

初始状态采样：初始状态采样需确保具身智能体从多样且真实的位置和姿态开始任务，以全面评估其导航能力。这可以通过在环境的可通行区域内随机选择起点，或依据实际应用场景的统计分布来设定初始位置。

成功与失败判定及表现评价：成功的判定依据任务类型可分为到达目标点和找到特定物体；失败则包括超出时间限制、碰撞次数过多等。评价机器人表现的指标包括成功率、路径长度、完成时间等，这些指标综合反映了具身智能体的导航效率和可靠性。

3. Agent

构型：机器人构型影响其运动方式和与环境的交互。四足机器人具有较好的越障能力，适用于复杂地形；人形机器人则在操作物体和模仿人类动作方面更具优势；轮式机器人结构相对简单，适合在平坦地面快速移动。

动作空间：动作空间可划分为离散和连续两类。在离散动作空间中，机器人执行预设的固定动作，如前进、后退、左转、右转等；连续动作空间则允许机器人在速度、方向上进行平滑控制，能实现更自然、灵活的运动，但对控制精度和算法复杂度要求更高。

传感器：RGB 传感器提供丰富的视觉信息，用于物体识别和场景理解；Depth 传感器用于测量距离和深度，帮助机器人感知障碍物和环境的三维结构；Lidar 通过激光扫描获取高精度的环境轮廓和距离数据，适用于大范围环境的快速建图和定位。

6.1.5 VLN 系统的构成

VLN 系统架构图如图 6-3 所示，展示了视觉语言导航系统的运作流程：自然语言指令与视觉感知数据作为初始信息，一同进入输入层；随后，数据分别流向多模态表征学习模块和环境建模模块，前者融合自然语言与视觉信息以提取综合特征，后者利用视觉数据构建环境模型；接着，这两个模块的处理结果汇聚至导航决策模块，由它进行分析并做出导航决策；最后，决策信息传输到输出层，转换为可执行指令，引导机器人完成导航动作。各模块协同配合，实现基于视觉和语言信息的导航任务。

```
         ┌──────────┐        ┌──────────┐
         │ 自然语言指令 │        │ 视觉感知数据 │
         └────┬─────┘        └─────┬────┘
              └──────────┬─────────┘
                    ┌────┴────┐
                    │  输入层  │
                    └────┬────┘
          ┌──────────────┼──────────────┐
    ┌─────┴─────┐                  ┌─────┴────┐
    │ 多模态表征  │                  │ 环境建模  │
    │   学习    │                  └─────┬────┘
    └─────┬─────┘                        │
          └──────────────┬──────────────┘
                    ┌────┴────┐
                    │ 导航决策 │
                    └────┬────┘
                    ┌────┴────┐
                    │  输出层  │
                    └─────────┘
```

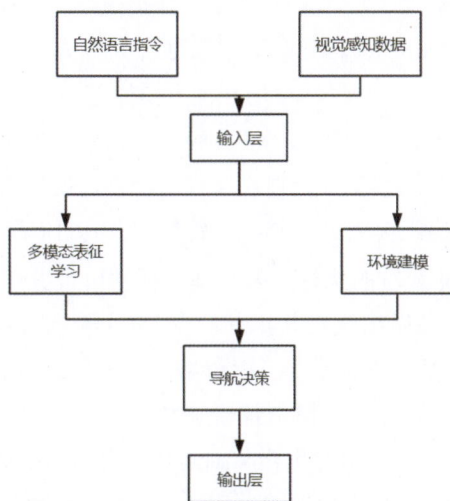

图 6-3　VLN 系统架构图

在 VLN 系统中,视觉语言编码器是信息处理的首要环节,起着至关重要的感知融合作用。机器人从环境中获取语言指令和视觉观测信息后,视觉语言编码器开始发挥作用,其核心任务是将这些不同模态的信息转换为统一的语义空间表示。当前,主流做法是运用 CLIP、ViLBERT 等预训练模型搭建跨模态对齐框架,而其中双塔架构和单塔架构的对比研究备受关注。2024 年,IEEE 国际计算机视觉与模式识别会议(IEEE Conference on Computer Vision and Pattern Recognition,CVPR)最佳论文提出的动态投影机制,借助可学习门控网络实现特征空间的弹性适配,在 Matterport3D 数据集上大幅提升了跨模态检索的准确率。在指令解构上,像 CoWAL-2023 这类最新研究,创新性地借助大语言模型(LLM)强大的语义解析能力,利用 GPT-4V 将复杂指令分解为原子动作链,在 Room-to-Room 数据集上取得了高达 92.3% 的指令解析准确率。此外,Transformer-XL 架构通过分段循环机制和可变形卷积,在时空特征建模方面表现卓越,能有效处理长视频序列,精准捕捉视觉依赖关系和多尺度空间特征。这一系列技术的发展,不断推动着视觉语言编码器朝着更高效、更智能的方向演进,为后续的决策和行动提供了坚实的信息基础。

经过视觉语言编码器处理后的信息,接下来将进入环境历史表征系统。该系统负责整合机器人在导航过程中积累的时空信息,其技术发展呈现出从隐式到显式的双轨趋势。在隐式表征体系中,曾经基于 GRU/LSTM 的经典方法逐渐被 Memory Transformer 取代。例如,2025 年 IEEE 国际机器人与自动化协会(IEEE International Conference on Robotics and Automation,ICRA)会议展示的 HIM 分层记忆网络,通过可微分神经字典存储历史观测,并利用层次化注意力机制，实现了 93% 的长期依赖捕捉效率。而在显式环境建模方面，多个创新技术接连涌现：BEV-LayoutNet 构建鸟瞰语义地图并集成开放词汇检测器，实现了动态物体的实时标注；NeRF-SLAM 将神经辐射场与视觉惯性里程计相结合，在 HM3D 数据集上达到厘米级建图精度；符号化拓扑图谱利用图神经网络构建结构化表示，支持概率推理。这些技术共同推动了环境表征从连续空间向语义符号的跨越，使机器人能够更精准地理解和记忆所处环境，为后续的动作决策提供更全面、更具参考价值的信息。

动作策略网络作为 VLN 系统的执行引擎，基于视觉语言编码器处理的信息以及环境历史表征系统提供的参考，负责做出决策并执行动作。其面临的核心挑战是在决策时平衡鲁棒性与灵活性。当前，混合训练范式整合了模仿学习、强化学习和 LLM 蒸馏技术。例如，基于人机协作数据集 CVDN 的行为克隆能提供初始策略；近端策略优化（Proximal Policy Optimization，PPO）算法结合课程学习优化奖励函数，引入语义一致性指标；而 LLM 蒸馏借助思维链提示让 GPT-4 生成大量合成轨迹，配合对比学习构建策略先验。在决策架构上，分层决策通过宏观规划层与微观执行层的协同，在 VLN-CE 数据集上实现了 78.2% 的长距离导航成功率。此外，贝叶斯神经网络用于量化导航置信度，当置信度低时触发人工干预，从而降低真实机器人部署的碰撞率。如今，该领域正朝着"大模型即导航引擎"的方向发展，Google 的 PaLM-E 模型已实现端到端多任务导航，MIT 团队（即美国麻省理工学院的科研和学术团队）探索的基于世界模型的想象式预训练范式，通过虚拟环境中的不断试错来提升决策智能。这些进展为 VLN 系统在复杂环境下的高效、可靠运行提供了有力保障。

6.2 导航任务的划分

Wu 等人首次提出了视觉语言导航的系统分类框架，将视觉语言导航任务分为 4 类：指令导向任务（Instruction-Following）、目标导向任务（Goal-Oriented）、需求导向任务（Demand-Driven）以及对话导向任务（Dialogue）。这些任务共同要求具身智能体能够融合自然语言指令和动态视觉观察，从而实现实时决策与导航。

6.2.1 指令导向任务

指令导向的视觉语言导航任务侧重于具身智能体严格遵循给定的语言指令进行导航。这种任务要求智能体能够理解复杂的自然语言指令，并将其转换为导航动作。

指令导向任务的数据样例如图 6-4 所示：给出一个指令"上楼，经过一架钢琴。拱门就在正前方。在走廊的尽头，挂有照片和放有桌子处右转。在挂在墙上的驼鹿角旁等着"，具身智能体需要理解并执行这些动作，以到达指定位置。

Instruction: Head upstairs and walk past the piano through an archway directly in front. Turn right when the hallway ends at pictures and table. Wait by the moose antlers hanging on the wall.

图 6-4　指令导向任务数据样例

在实现指令导向的视觉语言导航任务时，最典型的代表方法是 Seq2Seq。这是早期的基于序列到序列模型的方法，直接将语言指令映射到动作序列，在 6.5 节"Baseline 方法"中有详细介绍。

该类方法的典型代表还有 Speaker-Follower。Speaker-Follower 算法是视觉语言导航领域的关键创新成果，通过构建"演讲者－跟随者"的闭环学习框架，利用双模型协同训练机制有效解决了导航任务中的指令－环境对齐难题。具体而言，演讲者模型（Speaker）依据视觉观测生成如"左转进入走廊，经过第三个门后右转"这类描述性语言指令；跟随者模型（Follower）则借助强化学习逆向还原导航路径，实现跨模态表征的相互增强。该算法的效果主要得益于以下 3 方面的技术突破：

（1）动态课程学习方面：采用渐进式训练策略，首先让演讲者生成简单指令，如"直行 5 米"；随着训练推进，逐步增加复杂空间关系描述，如"绕过圆形茶几后走向靠窗的沙发"，帮助跟随者模型分阶段掌握环境推理能力。

（2）对抗式数据增强：引入判别器网络评估生成指令的真实性。

（3）多粒度注意力机制：允许跟随者模型采用层次化 Transformer 架构，底层专注于处理局部视觉特征，如门把手形状；高层负责融合全局语义信息，如楼层平面图；同时配合时间注意力模块追踪历史动作轨迹。

6.2.2 目标导向任务

目标导向的视觉语言导航任务是视觉语言导航领域的关键任务之一，对具身智能体提出了较高的能力要求。在这类任务场景中，具身智能体被赋予特定的目标信息，需要依据此信息在复杂的环境中完成自主导航。这一过程涉及对目标语义的精准理解、对环境中相关物体或区域的有效探索与识别，以及合理规划路径等多个关键环节。

目标导向任务的数据示例如图 6-5 所示。当具身智能体接收到指令"把一楼楼梯顶部旁边的最下面的照片给我"时，面临的挑战是多方面的。首先，具身智能体需要对指令中的语义进行深度剖析，理解"一楼""楼梯顶部旁边""最下面的照片"等关键信息所代表的含义。这要求具身智能体具备强大的自然语言理解能力，能够准确把握复杂语义中的空间关系、位置描述以及目标物体的特征。在理解指令后，具身智能体需要在视觉感知中迅速且准确地识别出符合描述的照片的具体位置。这并非易事，因为实际环境中可能存在多个干扰因素，如不同楼层相似的布局、其他类似的物品等，具身智能体需要从大量的视觉信息中筛选出与目标相关的特征，以确定照片的准确位置。完成目标识别后，具身智能体还需根据自身所处的位置和环境情况，规划出一条能够顺利到达目标位置的路径，这需要考虑路径的可行性、安全性以及效率等因素。

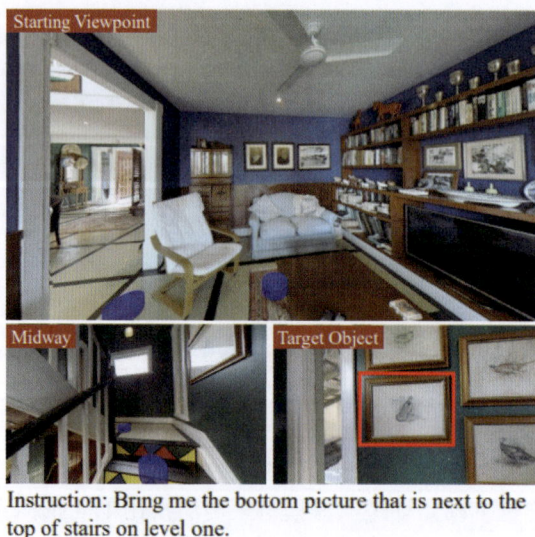

Instruction: Bring me the bottom picture that is next to the top of stairs on level one.

图 6-5 目标导向任务数据示例

在实现目标导向的视觉语言导航任务时，M6 和 Nav-LLM 是典型代表。

M6 作为一个大规模的视觉语言模型，在处理目标导向任务时展现出独特的优势。它通过多模态学习的方式，将视觉信息和目标语言描述紧密结合。在多模态联合表征学习方面，M6 采用类似 BLIP-2 的 Q-Former 跨模态交互架构，利用可学习的查询向量巧妙地桥接视觉编码器（如 ViT-H/14）与语言模型。在预训练阶段，M6 通过 3 个重要目标进行优化：

- 图像 - 文本对比学习（Image-Text Contrastive Learning，ITC）：使得视觉特征与文本描述能够精准对齐，从而让模型更好地理解图像和文本之间的内在联系。
- 基于图像的文本生成（Image-Text Generating，ITG）：训练模型根据图像内容生成连贯且准确的文本，进一步强化对图像语义的理解和表达能力。
- 图像 - 文本匹配（Image-Text Matching，ITM）：判断文本描述与图像语义的一致性，提升模型对图像和文本语义匹配的判断准确性。

通过这些训练方式，M6 能够在面对目标描述时，将语言信息与视觉感知到的环境信息深度融合，准确识别目标物体，并规划出合理的导航路径。例如，在一个包含多个房间和不同物品的室内环境中，当接收到指令“找到客厅沙发上的红色笔记本”时，M6 可以利用其强大的多模态学习能力，从视觉信息中快速识别出客厅、沙发以及红色笔记本的位置，并规划出从当前位置到目标位置的最优路径。此外，在部署阶段，M6 引入混合适配器（Hybrid Adapter），将全局图像特征通过多层感知机投射到 LLM 嵌入空间，同时采用文本引导的局部特征选择机制，动态筛选与当前导航指令相关的图像块（如门牌、楼梯标识等关键地标）。这种设计使得 M6 在复杂环境中的长程导航成功率得到了显著提升，在 HM3D 数据集上，其长程导航成功率相比传统方法提升了 23%。

Nav-LLM（Navigation with Large Language Models）同样在目标导向任务中表现出色，它充分利用大型语言模型强大的语言理解能力，并与视觉输入紧密结合，指导具身智能体朝着既定目标进行导航。Nav-LLM 受 NavGPT 启发，采用“指令分解→地标识别→路径规划”的三级推理框架。

- 指令分解层：利用 GPT-4 强大的语言理解和生成能力，将复杂的导航指令，如“前往三楼会议室”，分解为“电梯间→防火门→302 室”等一系列原子动作，使得导航任务变得更加具体和可操作。
- 地标识别层：通过 CLIP 计算视觉观测与文本地标的相似度矩阵，在拓扑地图中精确定位关键节点，从而帮助具身智能体在复杂环境中快速找到与目标相关的地标。例如，当具身智能体在一个大型办公楼中导航时，它可以通过 CLIP 技术快速识别出电梯间、防火门等地标，确定自己的位置和前进方向。
- 路径规划层：基于 Transformer-XL 构建历史动作记忆库，当检测到智能体偏离预期轨迹时，触发贝叶斯网络重规划路径，确保智能体能够根据实时环境变化及时调整导航策略，顺利到达目标位置。

Nav-LLM 还具备突出的零样本泛化能力。它借鉴 LM-Nav 的实践经验，集成 OWL-ViT 模型，能够识别未见过的物体类别，如新型消防器材等。这使得具身智能体在面对从未经历过的环境和目标时，依然能够凭借其强大的识别能力进行导航。同时，Nav-LLM 在遇到"前方施工"等突发状况时，能够调用 LLM 内置的物理常识库生成绕行方案，展现出良好的常识推理能力。此外，它采用神经符号存储（Neuro-Symbolic Memory）同步记录视觉特征与语义描述，进一步提升了对复杂环境信息的处理和记忆能力。在安全与隐私保障方面，Nav-LLM 通过 GLOV 框架的提示优化技术，将安全约束（如"避开监控区域"）编码为 LLM 可理解的规则模板，使导航路径的隐私敏感区域规避率提升至 98.6%。同时，采用 MRP-LLM 的偏好蒸馏机制，从用户交互日志中提取个性化导航策略（如优先选择无障碍通道），为用户提供更加安全、个性化的导航服务。

6.2.3 需求导向任务

需求导向的视觉语言导航任务是一种更高级的任务形式，旨在让具身智能体根据用户提出的抽象需求实现导航。与指令导向和目标导向任务不同，需求导向任务通常不直接提供具体的目标或物体，而是需要智能体从语言描述中推断用户的意图，并找到能够满足需求的物体或区域。

需求导向任务的示例如图 6-6 所示。当用户说"我渴了"时，具身智能体需要理解这一需求并推理可能的解决方案，如导航至厨房或找到饮料。这类任务不仅要求具身智能体具备强大的语言理解和视觉感知能力，还需在推理与情境适配方面展现出较高的智能水平。实现需求导向任务的方法可以参考论文 *Find What You Want: Learning Demand-conditioned Object Attribute Space for Demand-driven Navigation*（寻找所需：基于需求条件的对象属性空间学习与需求驱动导航）。

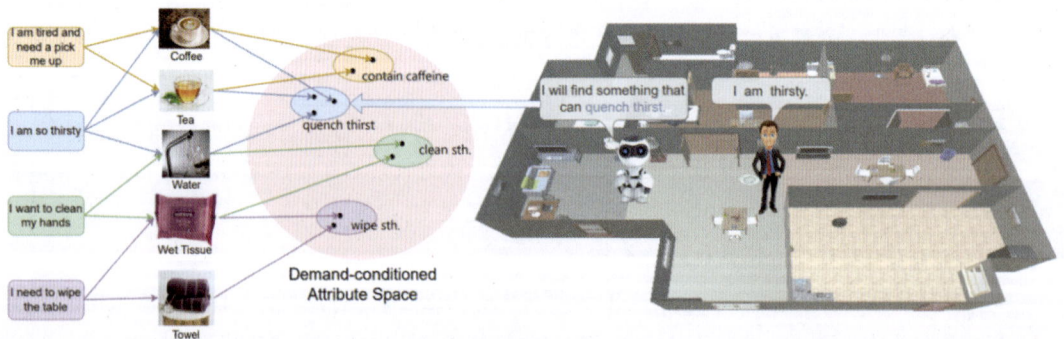

图 6-6 需求导向任务示例

　　该方法通过 LLM 和 CLIP 的协同作用，构建了需求条件属性空间，解决了传统视觉对象导航（Visual Object Navigation，VON）任务的严格限制，为需求驱动的导航提供了更灵活、智能的解决方案。具体来说，首先通过 LG mappings——利用 GPT-3 生成 2600+ 需求与物体的映射关系（如 " 我渴了 " 对应 { 水、茶、果汁 }），作为常识知识的来源。这种映射关系通过提示词工程（Prompt Engineering）构建，结合人工筛选确保准确性。同时采用对比学习优化属性空间，在 1536 维特征空间（BERT+CLIP）中实现正负样本分离，将满足同一需求的物体的文本属性特征映射到共享语义空间。采用 InfoNCE 损失函数拉近正样本（同需求物体）、推远负样本（异需求物体），提升特征区分度，使同需求物体的余弦相似度提升 42%。基于文本属性特征的学习如图 6-7 所示。

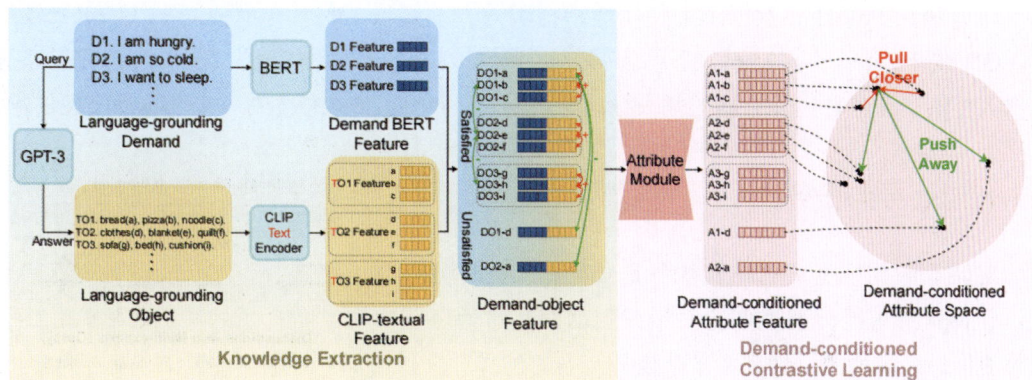

图 6-7　基于文本属性特征的学习

　　其次，构建 CLIP-DETR 协同对齐模块，通过 DETR 分割物体 patch（k=16），CLIP-image encoder 生成 512 维视觉特征，与 CLIP-text encoder 生成的物体名称特征在语义空间对齐；开发需求条件属性模块，采用 6 层 Transformer 编码器（每层 8 头注意力）处理 1536 维输入，输出 512 维需求条件属性特征，实现文本常识与视觉特征的深度融合。

　　最后，采用时空特征融合网络，将需求条件属性特征（512 维）、全局视觉特征（ViT 提取的 1024 维）及动作嵌入（16 维）输入 Transformer-LSTM 混合架构，通过 27,000 条 A* 专家轨迹（平均长度 27.16 步）进行模仿学习，得到最终策略。基于视觉属性特征的策略学习如图 6-8 所示。

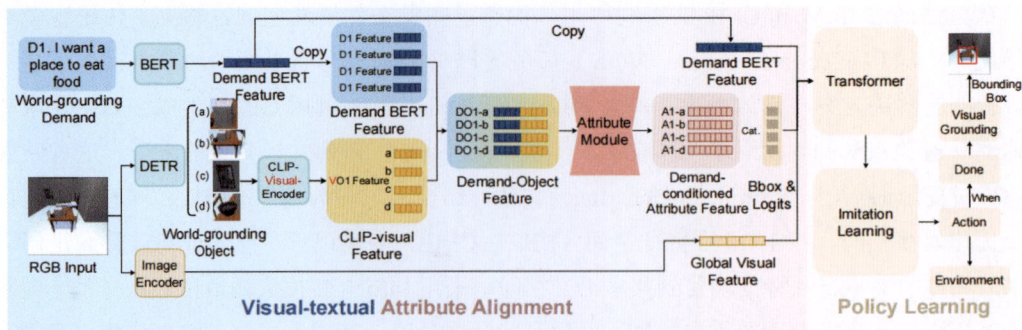

图 6-8 基于视觉属性特征的策略学习

该方法在 ProcThor 数据集上使属性特征类内方差降低 38%，导航成功率（NSR）较传统 VON 提升 219%（从 15.6% 提升至 49.8%），平均路径长度缩短至 22.3 步，为智能家居机器人提供了无需环境元数据的需求导向导航能力，突破了传统任务对目标名称的刚性依赖。

6.2.4 对话导向任务

对话导向的视觉语言导航任务是一种新兴的任务形式，强调具身智能体通过多轮对话或主动发起对话以获取补充信息，从而更好地完成复杂任务。

对话导向任务示例如图 6-9 所示，该示例是单轮自思考与对话导向模型的比较。单轮自思考模型被动地将所有可访问的导航信息作为输入，并且必须在一次执行中做出预测；而对话导向模型无须一次性完成复杂的推理，可以通过多专家讨论主动获取所需的信息。与传统任务不同，对话导向任务允许智能体在任务过程中提出问题，以消除指令中的歧义或弥补感知中的信息不足。任务的核心挑战在于，具身智能体需能够判断何时提问以及提出什么样的问题，以最大限度地提高任务执行的效率和准确性。

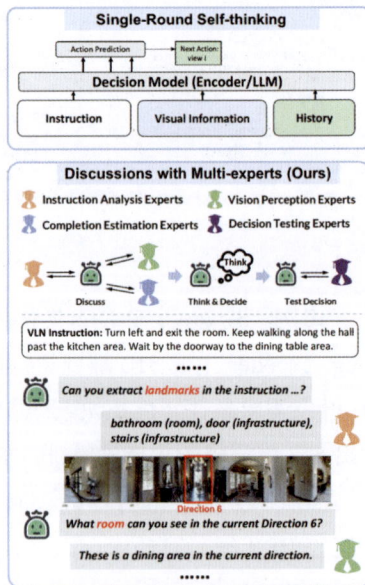

图 6-9 对话导向任务示例

例如，在"左转并离开房间。笔直走过大厅中的厨房区域。在餐桌区的门口等着"的任务中，当具身智能体对目标位置不明确时，可以询问用户指令中的地标，用户的回答（如"浴室""门""楼梯"）将帮助智能体定位目标并完成相应的操作。通过整合用户的回答，具身智能体能够动态调整其行动计划，克服由于信息不完整或环境复杂性导致的任务困难。该类方法可以参考论文 *DialFRED: Dialogue-Enabled Agents for Embodied Instruction Following*（DialFRED：具有对话功能的具身指令执行智能体）。

DialFRED 提出了一种对话增强的具身指令执行框架，通过构建 Questioner-Performer 架构实现具身智能体与人类的动态交互，如图 6-10 所示。

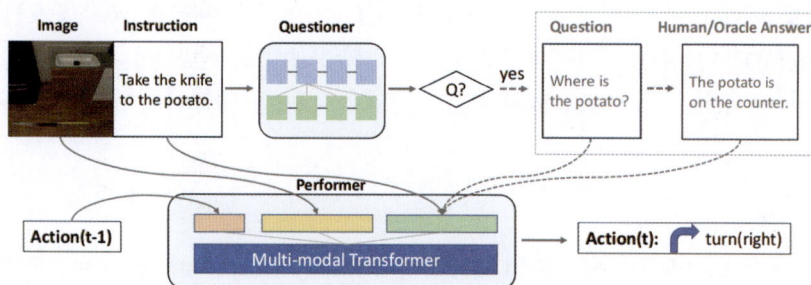

图 6-10　Questioner-Performer 框架

Questioner 基于长短期记忆网络（Long Short-Term Memory，LSTM）编码器－解码器架构，使用人类注释数据学习生成问题（位置、外观、方向），并通过强化学习优化提问策略（奖励函数包含任务成功率 +1.0、步数惩罚 −0.01/step、问题数量 −0.05/question 等），Performer 利用 Episodic Transformer 整合视觉特征、语言指令和对话历史，预测生成动作序列。该方法通过混合数据收集（5.3 万人类注释 +Oracle 生成答案）和任务增强（25 种复合子目标），突破传统 ALFRED 的固定模式限制，在未见场景中实现 33.6% 的任务成功率，较无对话模型的成功率提升 83%。其创新点包括动态对话机制（基于模型混淆熵值触发提问）、结构化 Oracle 答案生成（利用场景元数据）和强化学习优化的提问策略。该方法已支持 25 种复合任务，平均答案包含 6.73 词的高语言复杂度数据集，具有在复杂环境中通过提问消除歧义（如询问物体颜色 / 材质）的能力，为智能家居机器人等场景提供了更自然的交互范式。

6.3　数据集基准与仿真器

本节将介绍视觉语言导航任务的数据集基准范式与仿真器，包括数据集基准范式、常见数据集和仿真环境，为模型训练和评估提供基础。

6.3.1 数据集基准范式

视觉语言导航任务的基准一般由场景数据集、仿真环境和任务数据集组成。

1. 场景数据集

场景数据集主要分为两类。一类是通过扫描后重建得到的数据集，这类数据集通过扫描真实环境并进行三维重建得到，具有高度的真实感和细节；代表性数据集有MATTERPORT3D 和 HM3D。另一类就是采取一种特定的方式生成的数据集，代表性数据集有 HSSD 和 ProcTHOR。该类型数据通常先生成整个房间的平面图，然后进行分区并添加家具等元素。

2. 仿真环境

仿真环境是 VLN 任务中用于模拟具身智能体在虚拟环境中导航的平台，它提供了与真实世界相似的视觉和物理交互体验。

3. 任务数据集

任务数据集是 VLN 任务中用于训练和评估具身智能体性能的具体任务集合，通常包含导航路径和对应的自然语言指令。

6.3.2 常见数据集介绍

本小节将介绍视觉语言导航任务中常见的几个数据集。

1. R2R

Room-to-Room（R2R）数据集是一个专门为视觉语言导航任务设计的基准数据集，旨在评估具身智能体在真实环境中理解自然语言指令并完成导航任务的能力。该数据集基于 Matterport3D 数据集构建，包含 90 个真实建筑内的高分辨率 3D 全景场景，如住宅、公寓、酒店和办公室等，具有丰富的视觉多样性。R2R 数据集包括 7,189 条导航路径，以及由众包生成的 21,567 条自然语言导航指令，这些指令平均长度为 29 个词，清晰描述了导航路径的起点、途径点和目标位置。R2R 数据集的显著特点是具身智能体需在未见过的真实环境中完成导航任务，强调了具身智能体在动态、开放式环境中的语义理解和实时决策能力。此外，R2R 数据集中提供的指令语言多样化且具备开放词汇，进一步增加了任务的挑战性。作为基准，R2R 数据集为研究具身智能体的多模态感知、推理与导航能力提供了重要的实验平台，同时推动了视觉语言导航任务在现实场景中的实际应用研究。R2R 数据样例如图 6-11 所示。

Instruction: Head upstairs and walk past the piano through an archway directly in front. Turn right when the hallway ends at pictures and table. Wait by the moose antlers hanging on the wall.

图 6-11　R2R 数据样例

2. RxR

Room-Across-Room（RxR）是一个多语言视觉语言导航数据集，专注于推动智能体在真实照片级 3D 环境中的多模态感知、语义理解和导航能力。与 R2R 数据集相比，RxR 数据集规模更大（约为 R2R 的 10 倍），支持英语、印地语和泰卢固语，每条导航指令均由母语者从头撰写，非翻译版本，从而可以捕捉不同语言在空间和时间表达上的独特特性；其路径更长且变化更多，并包含精细的视觉基础，将每个单词与环境中的像素 / 表面关联。RxR 数据集包含 16,500 条导航路径，以及超过 126,000 条自然语言导航指令，与路径的时空轨迹进行了密集对齐。通过记录路径创建者和验证者的虚拟位置和操作，RxR 提供了语言指令与视觉环境之间的细粒度时空对应，极大地加深了研究的深度，增强了细致性。在路径设计方面，RxR 在长度、复杂性和视觉多样性上远超以往数据集，覆盖更多地标和对象，减少了路径偏差问题。此外，RxR 数据集中包含的创建者和验证者的路径示范，为具身智能体的监督学习提供了丰富的训练信号。RxR 以其多语言、多样化和高精度的特性，为视觉语言导航领域的研究提供了新的机遇和方向。

3. REVERIE

REVERIE（Remote Embodied Visual referring Expression in Real Indoor Environments）数据集是一个专注于目标导向任务的视觉语言导航基准数据集，旨在评估智能体根据自然语言指令在复杂真实室内环境中完成导航和目标识别的能力。REVERIE 基于 Matterport3D 模拟器构建，包含 90 个真实建筑场景，覆盖 21,702 条高度抽象的自然语言指令和 4,140 个目标对象。具身智能体需根据指令推理目标物体的位置，导航到目标附近，并最终输出目标对象的边界框。与传统的 VLN 任务相比，REVERIE 更加强调目标对象的语义识别和精确定位，而不仅仅是完成导航路径规划。其高保真场景和复杂任务设置为研究多模态理解、视觉感知和目标导向推理提供了一个重要的平台。REVERIE 数据集样例如图 6-12 所示。

Figure 2. Object bounding boxes (BBox) in our simulator. The BBox size and aspect ratio of the same object may change after the agent moves to another viewpoint or changes its camera view.

图 6-12 REVERIE 数据集样例

4. DDN

DDN 数据集是为了支持需求驱动导航任务而创建的。这个任务要求智能体根据自然语言描述的需求指令，在给定环境中找到能够满足这些需求的物体。该数据集包含约 2600 个世界锚定映射（World-Grounding Mappings），覆盖 109 类物体，涉及 200 个训练场景和 300 个测试场景，基于 ProcThor 数据集生成。DNN 数据集通过 GPT-3 生成初始映射，并经人工筛选和补充完成。DDN 数据集的创建过程结合了语言模型的知识提取和场景锚定信息，以模拟真实环境中的需求与物体的多对多映射关系。其应用领域主要集中在需求驱动的视觉导航任务，旨在解决传统视觉对象导航任务中对物体名称的严格依赖问题，使机器人能够在未知环境中更灵活地满足人类需求。

DDN 数据样例如图 6-13 所示，如果需求是"我想吃早餐"，那么能够满足这一需求的物体可能包括"食物""餐桌""盘子""筷子"和"椅子"。这些映射关系不仅包括单一物体，还可能包括多个能够满足同一需求的不同物体。数据集中的每个指令平均可以由 2.3 个物体满足，而每个物体平均能够满足 51.3 个不同的指令。这种设计反映了现实世界中的灵活性，即同一需求可以通过多种方式得到满足。DDN 数据集的统计特性显示，平均每个需求指令包含 7.5 个单词，而且大约 60% 的映射关系涉及两个或更多的物体。这种数据集的设计旨在模拟真实世界中的复杂性，其中用户的需求可能以多种方式得到满足，而智能体必须能够理解和推理这些需求与环境中物体之间的关系。

Observations
I want something to eat for breakfast.
MoveAhead
Agent

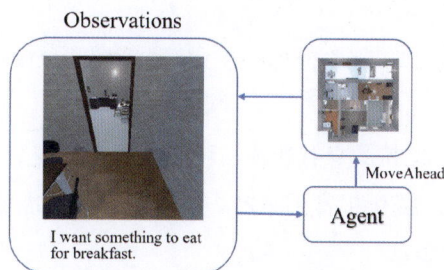

图 6-13　DDN 数据样例

5. DialFRED

DialFRED 是一个具有对话功能的具身指令执行基准，基于 ALFRED 基准测试扩展而来。DialFRED 允许具身智能体在执行任务时主动向人类用户提问，并利用用户回答中的额外信息更好地完成任务。这个数据集包含了 5.3 万个与任务相关的人工标注问题和答案，以及一个能够回答问题的预言系统（oracle）。DialFRED 数据集的特点在于它不仅包含了任务的指令，还包含了执行任务时可能需要的对话信息。这些信息可以帮助具身智能体更好地理解和执行任务，尤其当自然语言指令中存在歧义或者信息不足时。数据集中的问题和答案覆盖了多种家庭任务，如清洁、移动物体、开关电器等。

DialFRED 数据样例如图 6-14 所示。任务指令是“把刀拿到厨房桌子上”，而环境中有两把刀，具身智能体可能会问：“哪把刀是目标？”人类用户可能会回答：“目标刀是黄色的。”通过这样的对话，具身智能体能够获得额外的信息来解决歧义，并正确执行任务。DialFRED 数据集通过亚马逊机械土耳其（Amazon Mechanical Turk）收集人类标注的问题和答案，每个实例包括问题类型、询问的对象以及人类的回答。这个数据集为研究者提供了一个资源，用于模拟人类如何提出和回答任务导向的问题，并且可以用于训练和评估具有对话功能的具身智能体。

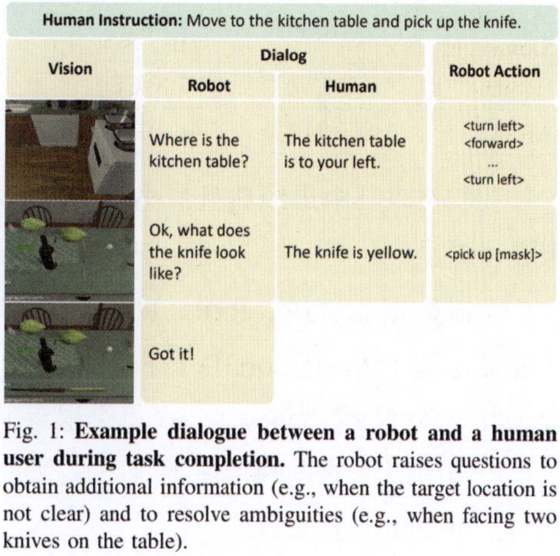

Human Instruction: Move to the kitchen table and pick up the knife.
Vision
Dialog
Robot
Human
Robot Action
Where is the kitchen table?
The kitchen table is to your left.
<turn left>
<forward>
...
<turn left>
Ok, what does the knife look like?
The knife is yellow.
<pick up [mask]>
Got it!
Fig. 1: Example dialogue between a robot and a human user during task completion. The robot raises questions to obtain additional information (e.g., when the target location is not clear) and to resolve ambiguities (e.g., when facing two knives on the table).

图 6-14　DialFRED 数据样例

6.3.3 仿真环境

一个优秀的仿真环境需要具备以下特点：

（1）真实的场景数据：基于真实世界的 3D 场景数据，以确保具身智能体能够在逼真的环境中进行训练和测试。

（2）高效的物理引擎：支持具身智能体与环境之间的物理交互，如碰撞检测、移动等。

（3）灵活的 API 接口：提供丰富的 API，以便研究人员能够方便地定制任务、调整环境参数和获取具身智能体状态。

（4）跨平台兼容性：能够在不同的操作系统和硬件平台上运行，以适应不同的研究和开发需求。

目前，业界已经封装构建了诸多仿真环境，如表 6-1 所示。

表6-1 仿真环境

模拟器	环境观察	对应数据集	链接
VizDooma	卡通	-	https://vizdoom.cs.put.edu.pl/
House3D	三维渲染	SUNCG	https://github.com/facebookresearch/House3D
AI2THOR	三维渲染	-	http://ai2thor.allenai.org
Gibson	真实光景	2D-3D-S	http://gibsonenv.stanford.edu/
iGibson	真实光景	iGibson	http://gibsonenv.stanford.edu/
Matterport3D Simulator	真实光景	R2R、R4R、REVE、RIE、SOON	https://github.com/peteanderson80/Matterport3DSimulator
Habitat	真实光景	VLN-CE	https://aihabitat.org/
AirSim	三维渲染	AerialVLN	https://github.com/microsoft/AirSim

我们将以其中最经典且最早的仿真环境——Matterport3D Simulator（简称 MatterSim）为例进行讲解。

主流数据集 R2R、RxR、REVERIE 都是基于 Matterport3D Simulator 构建的，而该仿真环境又是基于 Matterport3D 数据集构建的，该数据集共有 90 个场景，每个场景按一定的间距选取一系列视点（view），在每个视点上拍摄一组全景图，作为当前视点的观测。如图 6-15 所示，图中绿色的点为当前场景下选取的视点，每个视点之间的间距为 2.25m，整个数据集共包括 10800 幅全景图。

图 6-15 Matterport3D 仿真环境示例图

将所有的视点连起来，就可以得到当前场景下的导航图（Navigation Graph），如图 6-16 所示。其中每条蓝线表示一个可通行的路径，而 VLN 任务就是要在语言指令的提示下，找出一条以指定视图为起点的路径。关于该环境的部署配置，将在第 7 章中介绍，此处不展开讲解。

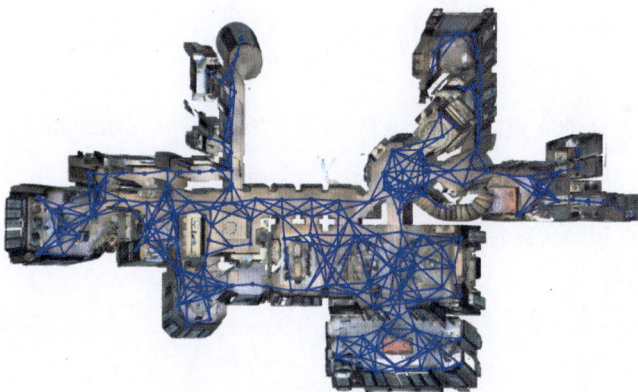

图 6-16 Matterport3D 导航图

6.4 评估指标

在讨论算法时，评估指标是不可或缺的，它们是衡量算法效能的关键。评估指标不仅帮助我们了解算法的优势所在，而且在评估模型的性能时，也发挥着至关重要的作用。这些指标为模型的精确度和适应性提供了深刻的见解，包括但不限于导航的准确性、效率以及模型对指令的遵循程度。本书中用 $\hat{p}$ 表示模型的预测路径，用 P_{ref} 表示参考路径。下面介绍常用的视觉语言导航模型的评估指标。

1. 路径长度（Path Length，PL）

路径长度是从起始位置（S_{start}）到终止位置（S_{end}）的导航轨迹长度，表示为路径上所有相邻节点之间距离的总和。

公式如下：

$$PL = \sum_{i=1}^{n-1} d\left(v_i, v_{i+1}\right) \tag{6-1}$$

其中，v_i 是路径上的节点，$d(v_i, v_{i+1})$ 表示节点 v_i 与 v_{i+1} 之间的距离，n 是路径上的节点数。

2. 导航误差（Navigation Error，NE）

导航误差用于预测路径终点和参考路径终点之间的距离。

公式如下：

$$NE = d\left(\hat{s}_{\text{end}}, s_{\text{ref,end}}\right) \tag{6-2}$$

其中 $\hat{s}_{\text{end}}$ 是预测路径的终点，$s_{\text{ref,end}}$ 是参考路径的终点，d 表示距离函数。

3. 导航成功率（Navigation Success Rate，NSR）

当预测路径终点和参考路径终点之间的距离不大于 3 米时，认为导航成功。

公式如下：

$$NSR = \begin{cases} 1, & \text{if } d(\hat{s}_{\text{end}}, s_{\text{ref,end}}) \leqslant 3 \\ 0, & \text{otherwise} \end{cases} \tag{6-3}$$

4. Oracle Success Rate（OSR）

OSR 用于衡量导航路径上任意点到目标点的距离是否在预定义的阈值范围内。如果路径中任意点到目标点的最小距离小于或等于阈值，则返回 1；否则返回 0。

公式如下：

$$OSR = \begin{cases} 1, & \text{if } \min_{v \in \hat{p}} d\left(v, s_{\text{target}}\right) \leqslant \text{threshold} \\ 0, & \text{otherwise} \end{cases} \tag{6-4}$$

其中 v 是预测路径 $\hat{P}$ 上的节点，S_{target} 是目标点，threshold 是预定义的阈值。

5. 基于路径加权的成功率（Success weighted by Path Length，SPL）

SPL 同时考虑了成功率（SR）和路径长度（PL），并对过长的（即效率低）路径进行惩罚。
公式如下：

$$\text{SPL} = SR \times \frac{\min\left(PL_{\text{ref}}, PL_{\hat{P}}\right)}{PL_{\hat{P}}} \tag{6-5}$$

其中 PL_{ref} 是参考路径的长度，$PL_{\hat{P}}$ 是预测路径的长度，SR 是导航成功率。

6. 长度加权的覆盖分数（Length-Weighted Coverage Score，LWCS）

LWCS 用于评估生成路径和参考路径的一致性问题，包括两个部分：路径覆盖率（Path coverage，PC）和路径长度分数（Length score，LS）。

路径覆盖率计算公式为：

$$PC = \sum_{v_{\text{ref}} \in P_{\text{ref}}} \exp\left(-\alpha \times \min_{v \in \hat{P}} d\left(v, v_{\text{ref}}\right)\right) \tag{6-6}$$

公式中，$d(v, v_{\text{ref}})$ 是指路径 $\hat{P}$ 到参考路径节点 v_{ref} 的最近距离，对于每个节点，其贡献是距离的指数衰减函数（其中 a 是衰减常数）。

路径长度分数计算公式为：

$$LS = \exp\left(-\beta \times \left|\frac{PL_{\hat{P}}}{PL_{\text{ref}}} - 1\right|\right) \tag{6-7}$$

公式中，PL 代表路径长度，当生成路径长度比预期路径长度更长或更短时，都将受到惩罚。

最终，长度加权的覆盖分数计算公式为：

$$\text{LWCS} = PC \times LS \tag{6-8}$$

7. 基于动态时间规整加权成功率（Dynamic Time Warping Weighted Success Rate，DTW-WSR）

DTW-WSR 通过动态时间弯曲（Dynamic Time Warping，DTW）评估由成功率加权的预测路径和参考路径的时空相似性，对偏离参考路径的行为进行软性惩罚，并考虑路径节点的顺序。

给定两个序列$\hat{P}$和P_{ref}，找到一条路径γ，使其元素间距离和最小：

$$\gamma^* = \text{argmin}_{\gamma \in \Gamma} \Sigma_{(i,j) \in \gamma} d\left(\hat{P}_i, P_{\text{ref},j}\right) \tag{6-9}$$

其中，Γ是所有可能的 warping 路径集合，d是距离函数，例如欧氏距离。最优路径通过动态规划找到，确保序列间对应元素的距离之和最小。

归一化动态时间规整（normalized Dynamic Time Warping，nDTW）通过归一化处理，使得最终得分在 0~1：

$$nDTW = \exp\left(-\frac{\Sigma_{(i,j) \in \gamma^*} d\left(\hat{P}_i, P_{\text{ref},j}\right)}{N_{\text{ref}} \times \text{success\_threshold}}\right) \tag{6-10}$$

其中，N_{ref}是参考路径中的节点数，success_threshold 是一个预设的成功距离阈值。该公式首先计算两个序列之间的距离，然后将这个距离通过路径长度和阈值进行归一化处理，最后通过负指数转换，使得最终得分在 0~1，分数越高表示相似度越大。

8. 远程定位成功率（Remote Grounding Success Rate，RGSR）

在目标导向的导航任务中，当具身智能体定位到与目标语义标签相对应的实例时，才视为成功。这用 RGSR 来衡量。

公式如下：

$$RGSR = \begin{cases} 1, & \text{if found corresponding instance} \\ 0, & \text{otherwise} \end{cases} \tag{6-11}$$

9. 长度加权的远程定位成功率（Length-Weighted Remote Grounding Success Rate，LW-RGSR）

LW-RGSR 综合考虑远程定位成功的效率与经历的路径长度。

公式如下：

$$LW - RGSR = RGSR \times \frac{\min\left(PL_{\text{ref}}, PL_{\hat{P}}\right)}{PL_{\hat{P}}} \tag{6-12}$$

其中，PL_{ref}是参考路径的长度，$PL_{\hat{P}}$是预测路径的长度，RGSR 是远程定位成功率。

6.5　Baseline 方法

本节将以一篇在视觉语言导航领域具有里程碑意义的论文所提出的算法——Baseline 方法为例进行详细讲解。该算法因其开创性而为后续研究奠定了基础。我们将从动作空间的划分、图像输入处理、算法流程、损失函数以及实验结果这五个方面对算法进行介绍。

6.5.1　动作空间划分

动作空间定义了具身智能体在仿真环境中可执行的动作集合，这些动作决定了具身智能体如何在环境中移动和交互。在 VLN 任务中，动作空间被划分为以下 6 种基本动作：

（1）左转（Left）：具身智能体以 30°为单位向左旋转，调整其朝向角度，以便面向新的方向。这一动作允许具身智能体在当前视点处改变水平朝向，探索周围的环境。

（2）右转（Right）：具身智能体以 30°为单位向右旋转，改变其朝向角度。

（3）抬头（Look Up）：具身智能体以 30°为单位，向上调整其仰视角度，从而查看上方的区域。该动作使具身智能体能够观察到更高处的环境信息，如天花板、高处的物体等。

（4）低头（Look Down）：具身智能体以 30°为单位，向下调整其俯视角度，查看下方的区域。通过低头动作，具身智能体可以查看地面、低处的物体等信息。

（5）前进（Forward）：具身智能体根据当前朝向，移动到最接近视野中心的候选点。该动作使具身智能体在环境中向前移动，逐步接近目标位置，每次移动的距离约为 2.25m。

（6）停止（Stop）：具身智能体在当前位置停止移动，结束导航任务。当具身智能体认为已经到达目标位置或满足停止条件时，执行该动作以完成导航。

每预测一个动作，模型都需要进行一次 6 分类任务，从上述 6 种动作中选择最合适的一种来执行。对于旋转动作（左转、右转、抬头、低头），均以 30°为一个单位进行转向，确保动作的离散性和一致性。前进动作被定义为移动到最接近具身智能体视野中心的候选点，例如在仿真环境中，前进动作对应于移动到视野中心方向上的相邻视点。

6.5.2　图像的输入处理

图像输入处理是 VLN 算法中的关键步骤，它涉及如何从具身智能体的视角获取环境信息，并将其转换为模型可以处理的特征表示。在仿真环境中，具身智能体在每个视点处获取的是一幅 360°全景图，需要对其进行划分和特征提取，以获取不同视角下的环境信息。

（1）图像划分：将 360°全景图以 30°为单位进行划分，横向可以划分为 12 个格子，纵向可以划分为 3 个格子，总共得到 36 个区域的视图。每个视图对应具身智能体在该视点处的一个特定视角，涵盖了具身智能体周围环境的各个方向，如图 6-17 所示。

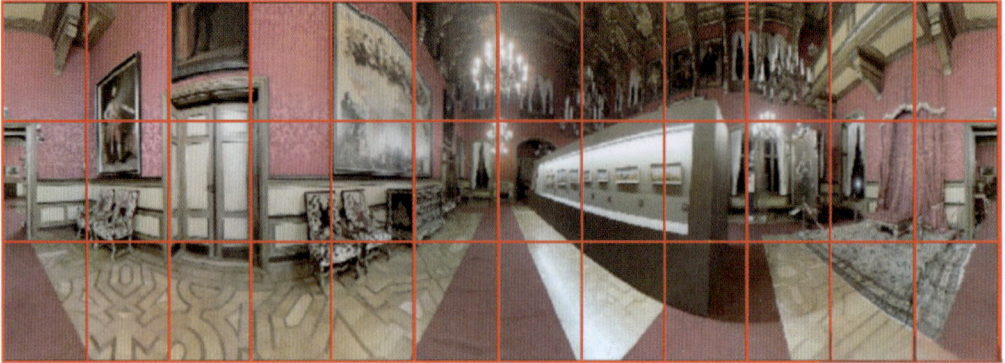

图 6-17 全景图图像划分示例

（2）特征提取：对于每个划分后的视图，使用 ResNet-152 卷积神经网络提取图像特征。ResNet 网络在 ImageNet 数据集上进行预训练，能够有效捕捉图像中的高级语义信息。提取的图像特征经过全局平均池化，得到每个视图的特征向量，其维度为 512。

（3）角度特征编码：除了图像特征外，还要考虑视角的角度信息，包括朝向角度（Heading Angle）和俯仰角度（Elevation Angle）。将这两个角度分别编码为它们的正弦和余弦值，形成四维的角度特征向量。例如，对于朝向角度 θ 和俯仰角度 φ，角度特征编码为 [$\cos\theta$, $\sin\theta$, $\cos\varphi$, $\sin\varphi$]。

（4）特征融合：将提取的图像特征和角度特征进行融合，形成综合特征向量。具体来说，将图像特征和角度特征在特征维度上进行拼接，得到维度为 512+4 的特征向量。如果使用其他特征提取方法，图像特征的维度可能不同，融合后的特征维度也会相应调整。

通过上述处理，智能体在每个视点处的 36 个视角特征被转换为一组融合了图像信息和角度信息的特征向量，为后续的导航决策提供了丰富的环境上下文信息。

6.5.3 算法流程

Baseline 提出的算法流程主要基于序列到序列（seq-to-seq）模型，结合了循环神经网络和注意力机制，用于处理语言指令和图像输入，预测具身智能体的导航动作。算法流程图如图 6-18 所示。

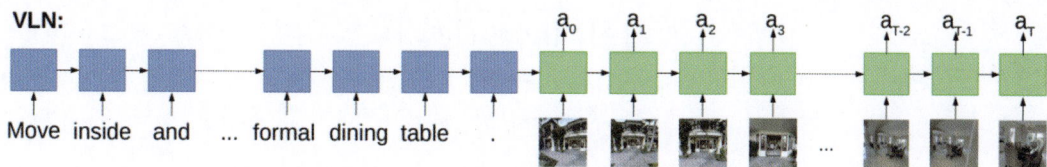

图 6-18　算法流程

以下是算法流程的详细描述：

（1）文本编码：使用双向长短期记忆网络（b-LSTM）对输入的自然语言指令进行编码，得到指令的语义特征表示 u：

$$u = b - \text{LSTM}(\text{input instruction}) \qquad (6\text{-}13)$$

其中，输入指令被嵌入为单词向量序列，依次输入 b-LSTM 中，b-LSTM 同时考虑正向和反向的上下文信息，最终得到的隐藏状态作为指令编码特征。

（2）图像特征处理：在每个时间步 t，获取具身智能体当前视点处的 36 个视角特征 $f_{t,i}$，每个视角特征包括图像特征和角度特征。这些特征被整理为一个特征矩阵 F_t：

$$F_t = \{f_{t,1}, f_{t,2}, \ldots, f_{t,36}\} \qquad (6\text{-}14)$$

其中，$f_{t,i}$ 是一个融合了图像特征和角度特征的向量。

（3）交叉注意力机制：将上一时间步的文本感知状态 $\hat{h}_{t-1}$ 与当前时间步的视角特征 F_t 进行软注意力操作，得到加权后的视角特征表示 $\hat{f}_t$：

$$\hat{f}_t = \text{SoftAttn}(\hat{h}_{t-1}, F_t) \qquad (6\text{-}15)$$

具体来说，计算文本特征和视角特征之间的相关性，得到加权后的视角特征表示。这一步骤使得模型能够根据语言指令的关注点，动态地选择与当前导航任务最相关的视角信息。

（4）状态特征计算：将加权后的视角特征 $\hat{f}_t$ 与上一时间步的动作特征 a_{t-1} 拼接，作为当前时间步的输入，输入 LSTM 解码器中。同时，使用 Soft Attention 机制将文本编码特征 u 与当前的隐藏状态 h_{t-1} 相结合，得到文本感知的隐藏状态 u_t。最后，通过一个全连接层（Tanh 激活函数）将隐藏状态和文本感知状态融合，得到当前时间步的状态特征 $\hat{h}_t$：

$$h_t = \text{LSTM}\left(\left[\hat{f}_t; a_{t-1}\right], h_{t-1}\right) \tag{6-16}$$

$$u_t = \text{SoftAttn}\left(\hat{h}_{t-1}, u\right) \tag{6-17}$$

$$\hat{h}_t = \text{Tanh}\left(W_h\left[u_t; h_t\right]\right) \tag{6-18}$$

其中，W_h 是权重矩阵，$[u_t; h_t]$ 表示将 u_t 和 h_t 拼接在一起。

（5）动作预测：将当前时间步的状态特征 $\hat{h}_t$ 输入一个线性映射层，得到预测的动作概率分布 P_t：

$$P_t = \text{Linear}\left(\hat{h}_t\right) \tag{6-19}$$

根据该概率分布，选择概率最高的动作 a_t 作为具身智能体的下一步动作。

（6）循环执行：重复上述步骤，直到具身智能体执行停止动作或达到最大导航步数限制。在每个时间步，具身智能体根据预测的动作更新其在仿真环境中的位置和姿态，逐步向目标位置导航。

通过上述流程，VLN 算法能够综合考虑语言指令和环境图像信息，动态地调整导航策略，实现从起始位置到目标位置的路径规划和执行。

6.5.4 损失函数

为了优化 VLN 模型的参数，使其能够准确地根据语言指令在环境中导航，采用了模仿学习（Imitation Learning）策略，并使用分类损失函数来衡量模型预测动作与最优动作之间的差异。以下是详细说明：

（1）模仿学习：在训练过程中，对于每个导航任务，利用传统的路径规划算法计算从起始位置到目标位置的最短路径，得到每一步的最优动作。模型的目标是学习预测这些最优动作，从而在导航过程中尽可能地接近最短路径。

（2）分类损失：由于动作空间被划分为 6 种离散的动作，因此可将动作预测视为一个 6 分类问题。对于每个时间步，计算模型预测的动作概率分布与真实标签（最优动作）之间的交叉熵损失。具体公式为：

$$L_i = \sum_{t=0}^{T} a_t^g \log\left(P_t\right) \qquad (6\text{-}20)$$

其中，a_t^g 表示时间步 t 的最优动作标签（one-hot 编码），P_t 表示模型预测的动作概率分布。通过最小化该损失函数，模型能够逐步调整参数，提高预测动作的准确性。

在训练过程中，根据不同的训练策略（如 Teacher-forcing 和 Student-forcing），损失函数的计算和优化方式会有所不同。Teacher-forcing 策略在每一步使用真实的最优动作来更新模型参数；而 Student-forcing 策略则使用模型自身预测的动作来更新参数，增加了训练的探索性。

6.5.5　实验结果

Baseline 在 R2R 数据集上进行了广泛的实验，并采用了多种评测指标来衡量模型的性能。实验结果如图 6-19 所示。

	Trajectory Length (m)	Navigation Error (m)	Success (%)	Oracle Success (%)
Val Seen:				
SHORTEST	10.19	0.00	100	100
RANDOM	9.58	9.45	15.9	21.4
Teacher-forcing	10.95	8.01	27.1	36.7
Student-forcing	11.33	6.01	38.6	52.9
Val Unseen:				
SHORTEST	9.48	0.00	100	100
RANDOM	9.77	9.23	16.3	22.0
Teacher-forcing	10.67	8.61	19.6	29.1
Student-forcing	8.39	7.81	21.8	28.4
Test (unseen):				
SHORTEST	9.93	0.00	100	100
RANDOM	9.93	9.77	13.2	18.3
Human	11.90	1.61	86.4	90.2
Student-forcing	8.13	7.85	20.4	26.6

图 6-19　Baseline 方法实验结果

以下是实验结果的总结：

（1）Teacher-forcing 与 Student-forcing：在已见场景（Val Seen）中，Teacher-forcing 策略由于直接使用最优动作指导，模型性能较好，成功率达到 27.1%；而 Student-forcing 策略由于增加了探索性，成功率为 38.6%。在未见场景（Val Unseen）中，Student-forcing 策略表现出更好的泛化能力，成功率达到 21.8%，而 Teacher-forcing 策略的成功率下降到 19.6%。

（2）与随机策略对比：随机策略（RANDOM）在测试集上的成功率为 13.2%，远低于 VLN 模型的 20.4%，表明 VLN 模型能够有效利用语言指令和环境信息进行导航。

（3）与人类表现对比：人类在测试集上的成功率达到 86.4%，显示出人类在理解和执行导航指令方面的优势。模型的表现与人类相比仍有较大差距，说明 VLN 任务仍具挑战性，以及模型具有较大的改进空间。

（4）Oracle 成功率：在允许选择最优停止点的情况下，模型的 Oracle 成功率有所提升，例如，Student-forcing 策略在测试集上的 Oracle 成功率为 26.6%，高于实际成功率 20.4%。这表明模型在路径规划过程中能够接近目标位置，但在准确停止方面仍有待提高。

总体而言，VLN 算法在已见场景中表现出较好的性能，但在未见场景中的泛化能力仍有待加强。实验结果突显了视觉语言导航任务的复杂性，以及进一步研究和改进模型泛化能力与导航精度的必要性。

6.6 本章小结

视觉语言导航是多学科交叉领域，致力于让机器人理解自然语言指令并在复杂环境中自主导航。本章明确了其任务定义，介绍了其发展历程，分析了场景、任务和 Agent 三个关键要素及 VLN 系统构成。本章还将导航任务分为指令导向、目标导向、需求导向和对话导向四类，介绍了常见数据集基准与仿真器，以及评估模型性能的多种指标。本章最后讲解了 Baseline 方法，涵盖动作空间划分、图像输入处理、算法流程、损失函数和实验结果，展示了视觉语言导航技术的实际应用和研究方向。

第 7 章
VLA 实战

在前面的内容中，我们已经系统地探讨了视觉－语言－动作（VLA）的理论知识，对其基本概念、关键技术以及潜在优势有了较为深入的理解。然而，理论的价值最终体现在实际应用之中。本章将聚焦于 VLA 技术如何具体应用在实体机械臂上，为这一前沿理论找到落地的实践路径。

行动学习（Action Learning，ACT）和扩散策略（Diffusion Policy，DP）作为 VLA 领域中模仿学习的两项基础性工作，犹如开启 VLA 全部流程大门的钥匙。深入探究它们，对于快速入门 VLA 技术体系具有至关重要的意义。ACT 的核心机制是让智能体通过对人类示范动作的细致观察与精准模仿，学会在特定环境中执行有效的行动序列，进而完成各类复杂任务。例如，在一个工业生产场景中，智能体通过观察工人操作机械臂进行零部件组装的动作，学习如何在不同的零部件摆放位置、不同的组装要求下，精准地控制机械臂完成抓取、定位、安装等一系列动作。DP 基于创新的扩散模型来生成连续、多模态的动作序列。其独特之处在于采用噪声扩散与去噪机制，为动作生成提供了一种全新的、富有创造力的思路。在实际应用中，这种机制能够让模型在复杂多变的环境中，根据不同的任务需求和环境反馈，生成更为灵活、合理的动作序列。

通过围绕 ACT 和 DP 展开实验，我们能够循序渐进地了解 VLA 的全部流程。在 VLA 流程的起始阶段，多模态数据的采集与预处理是关键的一步。以视觉数据采集为例，需要精心部署摄像头，确保其能够全方位、多角度地采集不同场景下的图像信息。在一个智能家居实验场景中，摄像头要能够清晰捕捉到房间内各种家具的位置、物品的摆放状态以及机器人可能面临的各种环境变化。对于语言数据，广泛收集与任务相关的指令描述是基础工作。这些指令可能来自用户的日常语言表达，如"帮我把客厅沙发上的书整理到书架上"。随后，借助自然语言处理技术，将这些自然语言转换为计算机能够理解的语义表示，为后续的模型训练提供准确的语言输入。在动作数据采集方面，利用高精度的传感器来记录示范动作的关键参数，如关节角度、力度等。在机械臂操作过程中，传感器实时监测机械臂各个关节的转动角度，以及在抓取、搬运物体时所施加的力度大小。采集完成后，对这些动作数据进行标准化处理，统一数据的格式和量纲，以便用于后续的分析和模型训练。

接下来进入模型训练环节。对于 ACT，构建模仿学习模型是核心任务。将经过预处理的视觉、语言和动作数据有序地输入该模型中，模型内部通过一系列复杂的算法和优化策略，不断调整自身参数，以学习视觉场景、语言指令与动作之间深层次的映射关系。当模型接收到"在车间找到红色零件并将其放置到指定模具中"这样的语言指令，同时获取到车间内的视觉图像数据时，它能够依据之前学习到的映射关系，输出对应的合理动作，如控制机械臂移动到红色零件所在位置，调整抓取角度和力度，将零件准确地放置到模具中。而 Diffusion Policy 模型在训练时，运用前向扩散对专家演示的干净动作序列添加高斯噪声，模拟真实环境中可能存在的干扰和不确定性。然后，通过反向学习训练神经网络，使其具备从噪声中恢复原始动作序列的能力。在这个过程中，模型充分结合多模态感知编码得到的全局条件向量，包括状态向量、视觉关键点特征等信息进行训练。在一个机器人在复杂地形中行走的场景中，状态向量能够反映机器人当前的位置、姿态等信息，视觉关键点特征则帮助模型识别地形中的关键特征，如障碍物的位置、可通行路径的标识等。通过综合利用这些信息，Diffusion Policy 模型不断提升自身的动作生成能力，以便能够在复杂环境下生成更为稳定、可靠的动作序列。

在模型训练完成后，便进入模型评估与优化阶段。对于 ACT 和 DP 模型，均需在多样化的测试场景下进行全面评估，观察模型生成的动作是否与预期相符，是否能够准确无误地完成给定任务。在模拟的家居环境测试中，给定"将桌子上的杯子拿到厨房"这样的语言指令，仔细观察模型控制的机器人是否能够凭借视觉识别准确锁定杯子和桌子的位置，然后通过合理的动作规划，顺利地完成拿取杯子、避开障碍物、移动到厨房并放置杯子的一系列任务。若模型在某些测试场景下表现欠佳，未能达到预期效果，就需要深入分析背后的原因。这可能涉及多个方面，如数据量不足，导致模型学习的样本不够丰富，无法应对复杂多变的环境；模型结构不合理，不能有效地提取和处理多模态数据之间的关系；训练参数设置不当，影响了模型的收敛速度和最终性能。针对这些问题，进行有针对性的优化。如果是数据量问题，就进一步收集更多的相关数据进行扩充；如果是模型结构不合理，就对模型进行重新设计和调整；对于训练参数，通过多次试验和优化算法，找到最优的参数组合。

通过围绕 ACT 和 DP 展开的一系列实验，从数据处理的基础工作，到模型训练的核心环节，再到评估优化的完善过程，我们能够逐步掌握 VLA 从数据处理、模型训练到评估优化的全部流程。这不仅为我们进一步深入研究 VLA 技术提供了坚实的基础，也为将 VLA 技术广泛应用于实际场景，如工业生产、智能家居、医疗护理等，提供了有力的技术支撑和实践经验。

本章将重点介绍 ACT 算法和 Diffusion policy 算法的原理，包括算法的核心思想、数学模型以及工作流程。同时，还将深入探讨如何在虚拟仿真环境中复现这些算法，利用虚拟环境的灵活性和可控性，对算法进行初步验证和调试。最后，介绍在真实环境中复现操作的关键步骤和注意事项，实现从理论到实践的跨越，让读者全面掌握这两项重要算法在实际应用中的操作方法和技巧。

7.1 ACT 算法实践

本节将深入剖析 ACT 算法原理，介绍其在移动 aloha 项目中的实现过程，包括模型构建、输入输出、训练评估代码，以及在虚拟仿真和真实环境中的复现步骤。

7.1.1 ACT 算法原理

ACT 算法是一种基于 Transformer 的动作分块（Action Chunking）算法，旨在将复杂的动作序列分解成更简单的动作单元，从而提高机器人的执行效率和准确性。这种分解过程类似于将烹饪过程分解为加热、翻炒和调味等步骤，每个步骤都是一个独立的动作块。

在 ACT 算法中，这些动作块是通过 Transformer 模型进行预测的。Transformer 模型能够处理序列数据，并生成一系列的动作预测。通过将这些预测的动作组合在一起，机器人可以完成复杂的任务。下面我们对其进行详细的探讨。

1. 基于时间集合的动作分块

在具身智能的研究领域中，如何实现动作学习与执行的高效性和准确性，一直是科研人员关注的核心问题。模仿学习作为其中一种重要的学习模式，致力于让具身智能体通过观察人类的示范动作，掌握完成复杂任务的技巧。然而，在实际应用过程中，模仿学习面临着诸多挑战，比如复合错误的累积，以及如何精准模拟人类复杂行为模式等难题。

动作分块这一概念源自神经科学，其核心原理是将独立的动作组合成一个单元进行执行，从而提升动作存储和执行的效率。以图 7-1 展示的动作分块示意图为例，当我们把块大小设

定为 k 时，系统每 k 步接收一次环境观察，并据此生成接下来的 k 个动作，然后按顺序执行这些动作。

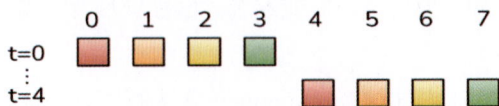

图 7-1 动作分块示意图

从人类日常行为模式中，我们可以清晰地看到动作分块的影子。例如，在煎牛排时，整个过程可细分为加热平底锅、放入牛排、翻面、调味等多个相互关联的动作阶段，每个阶段都有着明确的目标和作用，共同构成了煎牛排这一复杂任务。这种将复杂动作拆解为相对独立又具连贯性动作单元的方式，正是动作分块理念的现实体现。

在具身智能体的动作学习场景里，动作分块同样意义非凡。从数据存储角度来看，高频收集的长轨迹数据量庞大且结构复杂，对存储和处理能力提出了极高要求。动作分块就像将长篇文章拆分成多个段落，把长轨迹划分为多个较短的动作块进行处理，这样具身智能体在存储动作数据时，就能更高效地组织和调用信息，从而大大减少数据冗余，降低存储压力。

从减少模仿学习复合错误的角度分析，复杂任务的动作序列往往较长，如果具身智能体在学习过程中对每个动作的理解和执行都出现细微偏差，随着动作的逐步推进，这些偏差会不断累积，最终可能导致任务执行出现严重错误。而动作分块能够将长序列动作拆分开来，通过降低每个动作块内的复杂性，使具身智能体在学习和执行每个动作块时，更容易集中精力，实现精准控制，进而有效减少复合错误的发生。

此外，动作分块还有助于模拟人类演示中的非马尔可夫行为。马尔可夫行为指的是某一时刻的行为仅取决于当前状态，与过去状态无关。但在现实生活中，人类的许多行为决策并非如此。例如，司机在驾驶汽车时，如果之前遇到过道路施工导致的交通堵塞，那么后续再遇到类似的施工标志时，很可能会提前改变路线，而不仅仅依据当前的路况信息来做出决策。在具身智能体动作学习过程中，当混杂因素存在于一个动作块内时，动作分块能够避免引入历史条件策略的因果混淆问题。这意味着动作分块可以相对独立地处理不同的动作块，即使存在干扰决策的混杂因素，也能防止因对历史条件策略的错误解读而造成因果关系混乱，从而更好地模拟人类的非马尔可夫行为，显著提升具身智能体在复杂环境下的决策能力和任务执行能力。

不过，纯粹的动作分块方式存在一定的局限性。由于每 k 步会突然合并一个新的环境观察，这可能会导致机器人运动不稳定。为了提高机器人运动的平滑性，避免在执行和观察之间出现离散切换，研究人员引入了时间集合的概念。在时间集合机制下，具身智能体在每一个时

间步骤都对下 k 个动作进行预测。如图 7-2 所示，在 $t=0$ 时刻，具身智能体生成 $t=0,1,2,3$ 四个动作步骤；在 $t=1$ 时，又生成 $t=1,2,3,4$ 四个动作步骤；当 $t=3$ 时，最终采用的动作是通过对 $t=0$、$t=1$、$t=2$、$t=3$ 这四个时间段所生成动作进行指数加权平均得到的。指数加权权重系数基于动作的时间衰减特性设定，例如近期动作（$t=3$）权重为 0.5，历史动作（$t=0$）权重为 0.1，权重总和为 1，公式为 $a_{final} = \sum_{k=0}^{3} w_k \cdot a_{t=k}$，其中 $w=[0.1,0.2,0.3,0.5]$ 这种方式有效缓解了动作分块带来的不稳定性问题，进一步优化了具身智能体的动作执行效果。

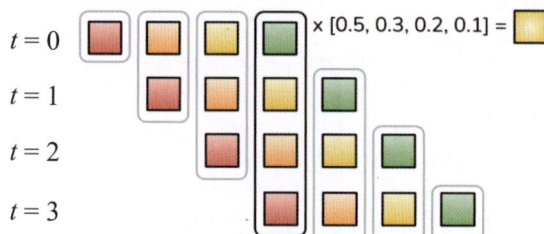

图 7-2　动作分块 + 时间集合示意图

2. 数据建模

ACT 算法采用生成式模型建模数据，将动作建模为条件变分自编码器（Conditional Variational Autoencoder，CVAE），以当前观察结果为条件，生成一个动作序列，具体结构如图 7-3 所示。其中左边为 CVAE 编码器，右边为 CVAE 解码器，CVAE 编码器只用于训练 CVAE 解码器，在测试时被丢弃。CVAE 的编码器将动作序列和联合观测压缩成风格变量 z，CVAE 解码器基于 z 和当前观测值（图像 + 关节位置）的条件来预测动作序列。

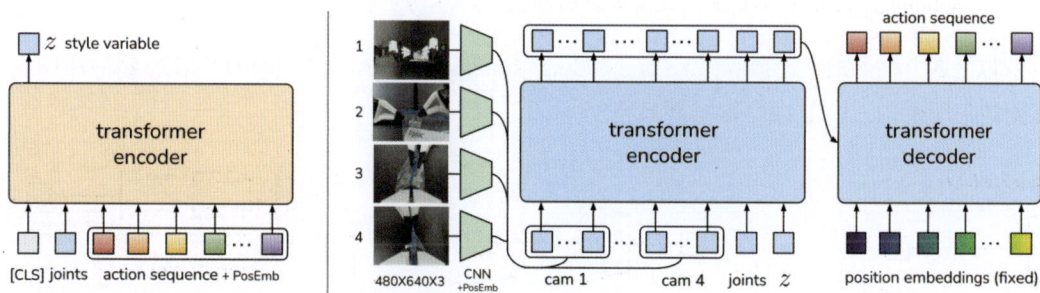

图 7-3　ACT 模型结构

下面我们深入了解一下 ACT 的实现步骤：

1）采样数据

采样数据流程图如图 7-4 所示。

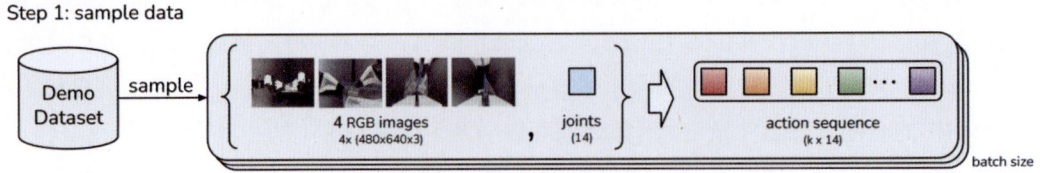

图 7-4 采样数据流程图

根据采样数据流程图可以看出：

输入：包括 4 幅 RGB 图像，每幅图像的分辨率为 480×640×3，以及两个机器人手臂的关节位置（总共 7+7=14 DoF）。

输出：动作空间是两个机器人的绝对关节位置，一个十四维向量。

因此，通过动作分块策略，在给定当前观测的情况下输出一个 $k×14$ 张量（每个动作都被定义为一个十四维的向量，所以 k 个动作自然便是一个 $k×14$ 张量）。

2）推断 z，获得 CVAE 解码器输入中的风格变量 z

经过采样数据后，可知 CVAE 编码器的输入目前包括了：

- [CLS]token，由随机初始化的学习权值组成。
- 嵌入关节位置（embedded joints）：通过一个线性层 linear layer2，把 joints 投影到嵌入维度的关节位置（14 维到 512 维），得到 embedded joints。
- 嵌入动作序列 embedded action sequence：通过另一个线性层 linear layer1，把 $k×14$ 的 action sequence 投影到嵌入维度的动作序列（$k×14$ 维到 $k×512$ 维）。

以上 3 个输入最终形成 $(k+2)×embedding\_dimension$ 的序列，即 $(k+2)×512$。然后用图 7-5 右侧黄色所示的 CVAE 编码器推断风格变量 z。

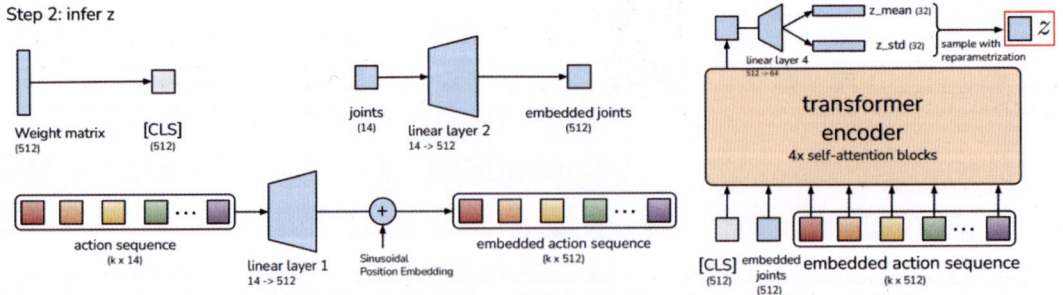

图 7-5 推断 z 原理

最后，只取第一个输出。它对应于 [CLS] 标记，并使用另一个线性网络来预测 z 分布的均值和方差，将其参数化为对角高斯分布，且使用重新参数化获得 z 的样本。这是一种允许在采样过程中反向传播的标准方法，以便编码器和解码器可以联合优化。

3）CVAE 解码器预测动作序列

CVAE 解码器预测动作序列的原理如图 7-6 所示。

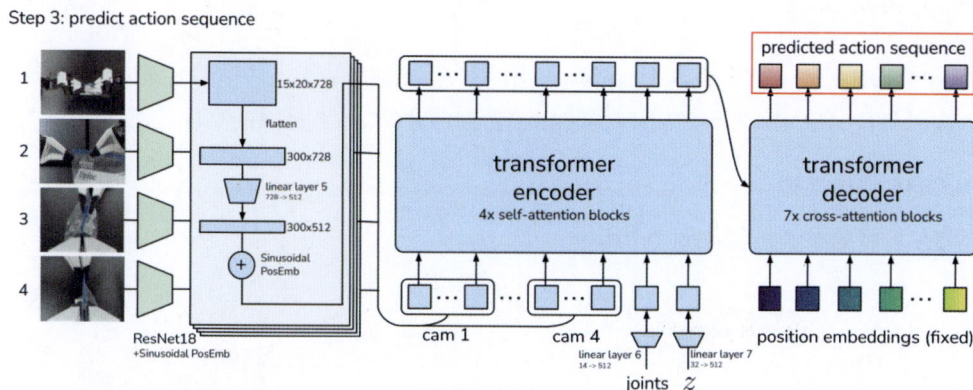

图 7-6　CVAE 解码器预测动作序列原理

首先，对于每一个图像观察，皆被 ResNet16 处理，以获得一幅特征图（将 480×640×3 分辨率的 RGB 图像转换为 15×20×728 分辨率的特征图），然后 flatten（扁平）化以获得一个特征序列（300×728 维度），这些特征用线性层 linear layer5 投影到嵌入维度（300×512）。为了保留空间信息，再添加一个 2D 正弦位置嵌入（即 Sinusoidal PosEmb），相当于把位置信息添加到特征序列中。

其次，对 4 幅 RGB 图像重复此操作，得到一个 4×300×512（即 1200×512）维度的特征序列。

接着，将来自每个摄像机的特征序列连接起来，用作 CVAE 解码器中 transformer encoder 的输入之一。对于另外两个输入：当前的关节位置 joints 和风格变量 z，它们分别通过线性层 linear layer6 和 linear layer7 从各自的原始维度（14、32）都统一投影到 512 维度。

最终，transformer 编码器的输入是 1202×512 维度（4 幅图像的特征维度 1200×512，关节位置 joins 的特征维度 1×512，风格变量 z 的特征维度 1×512）。

CVAE 解码器中 transformer 解码器的输入有两个方面：

其一，transformer 解码器的"query"是第一层固定的正弦位置嵌入，如图 7-6 右下角所示的 position embeddings(fixed)，其维度为 $k \times 512$。

其二，transformer 解码器的交叉注意力 (cross-attention) 层中的 keys 和 values 来自上述 transformer 编码器的输出。

从而，transformer 解码器在给定编码器输出的情况下预测动作序列。

7.1.2 ACT 算法实现

Mobile ALOHA 是一款由谷歌 DeepMind 团队和斯坦福大学华人团队合作研发的通用机器人。本次以复现 ALOHA 的动作序列预测算法为例，介绍 ACT 算法的实现。

1. ALOHA 整体架构

ALOHA 项目的核心结构如图 7-7 所示。

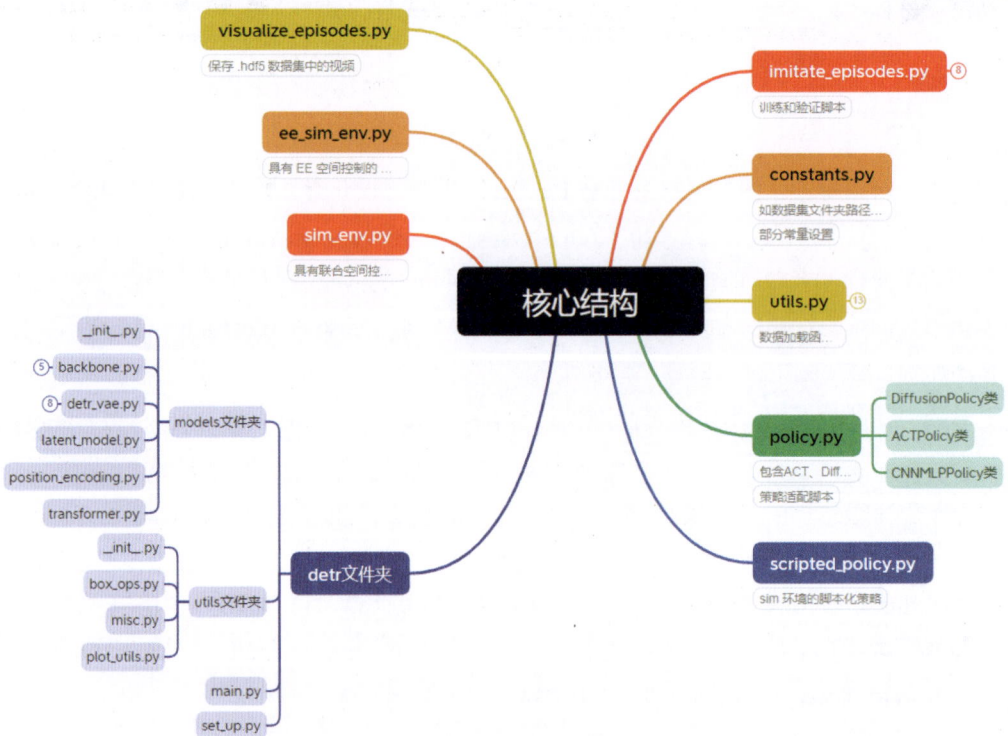

图 7-7 ALOHA 项目核心结构

接下来，我们将对 ALOHA 项目的核心结构进行说明：

- imitate_episodes.py：用于训练和评估 ACT。
- policy.py：ACT 策略的适配器。
- detr：ACT 的模型定义，修改自 DETR。
- sim_env.py：具有联合空间控制的 Mujoco+DM_Control 环境。
- ee_sim_env.py：具有 EE 空间控制的 Mujoco+DM_Control 环境。
- scripted_policy.py：系统集成与维护（System Integration and Maintenance，SIM）环境的脚本化策略。
- constants.py：在文件之间共享的常量。
- utils.py：数据加载函数和辅助函数等。
- visualize_episodes.py：保存 .hdf5 数据集中的视频。

2. ACT 代码详解

ACT 算法的实现代码位于 detr/models/detr_vae.py 文件的 build 函数中，具体实现如下：

```
def build(args):
    state_dim = 14 # TODO hardcode

    # From state
    # backbone = None # 根据当前状态，暂时无须使用卷积网络
    # From image
    backbones = []
    # 对于 args.camera_names 中的每个元素（可能是相机名称）
    # 调用 build_backbone(args) 函数构建一个 backbone，并将其添加到 backbones 列表中
    for _ in args.camera_names:
        backbone = build_backbone(args) # 调用 models/backbone.py 中的
build_backbone 函数
        backbones.append(backbone)

    transformer = build_transformer(args)    # 调用 models/transformer.py
中的 build_transformer 函数

    # 根据 args.no_encoder 的值决定是否创建 encoder
    # 如果 args.no_encoder 为 True，将 encoder 设为 None，表示不使用编码器
    if args.no_encoder:
        encoder = None
```

> # 否则，调用 build_encoder(args) 函数构建一个 encoder，用于对输入数据进行编码，build_encoder 函数的具体实现未给出，但可能会根据 args 对输入进行某种编码操作
>
> ```
>     else:
>         # encoder = build_transformer(args)
>         encoder = build_encoder(args)
> ```
>
> # 创建一个 DETRVAE 模型的实例 model，将之前构建的 backbones、transformer、encoder 作为参数传递给 DETRVAE 构造函数
>
> ```
>     model = DETRVAE(
>         backbones,
>         transformer,
>         encoder,
>         state_dim=state_dim,
>         num_queries=args.num_queries,
>         camera_names=args.camera_names,
>         vq=args.vq,
>         vq_class=args.vq_class,
>         vq_dim=args.vq_dim,
>         action_dim=args.action_dim,
>     )
> ```
>
> # 计算 model 中需要梯度的参数的总数，并将其存储在 n_parameters 中
>
> ```
>     n_parameters = sum(p.numel() for p in model.parameters() if
> p.requires_grad)
> ```
> # 打印出需要梯度的参数数量，以百万为单位，方便查看模型的复杂度
> ```
>     print("number of parameters: %.2fM" % (n_parameters/1e6,))
> ```
>
> ```
>     return model
> ```

该函数通过整合来自不同模块（backbone、transformer、encoder）的网络结构，根据不同的条件和参数配置，构建出 DETRVAE 模型，进而成为 ACT 算法的核心。

1）编码器

build_encoder 函数负责创建编码器。编码器输出一个隐变量，是一个 32 维的高斯分布：

> ```
> # 构建 Transformer 编码器
> # 根据 args 创建 TransformerEncoderLayer，可设置 d_model、dropout 等参数
> # 可以添加 encoder_norm 进行归一化
> ```

```
def build_encoder(args):
    d_model = args.hidden_dim # 256
    dropout = args.dropout # 0.1
    nhead = args.nheads # 6
    dim_feedforward = args.dim_feedforward # 2046
    num_encoder_layers = args.enc_layers # 4 #  TODO：与 VAE 解码器共享
    normalize_before = args.pre_norm # False
    activation ="relu"

    encoder_layer = TransformerEncoderLayer(d_model, nhead, dim_
eedforward,
                                            dropout, activation,
normalize_before)
    encoder_norm = nn.LayerNorm(d_model) if normalize_before else None
    encoder = TransformerEncoder(encoder_layer, num_encoder_layers,
encoder_norm)

    return encoder
```

实现编码逻辑的代码位于 detr/models/detr_vae.py 的 DETRVAE 类的 encode 函数中，代码如下：

```
# 实现编码逻辑
def encode(self, qpos, actions=None, is_pad=None, vq_sample=None):
    bs, _ = qpos.shape
    if self.encoder is None:
        latent_sample = torch.zeros([bs, self.latent_dim], dtype=torch.
float32).to(qpos.device)
        latent_input = self.latent_out_proj(latent_sample)
        probs = binaries = mu = logvar = None
    else:
        # CVAE 编码器
        is_training = actions is not None # train or val
        ### 从动作序列中提取潜在变量 z
        if is_training:
            # 将动作序列映射到嵌入空间，并与 CLS 标记进行拼接
            action_embed = self.encoder_action_proj(actions) # (bs,
seq, hidden_dim)
            qpos_embed = self.encoder_joint_proj(qpos)  # (bs, hidden_
```

```
dim)
            qpos_embed = torch.unsqueeze(qpos_embed, axis=1)  # (bs, 1,
hidden_dim)
            cls_embed = self.cls_embed.weight # (1, hidden_dim)
            cls_embed = torch.unsqueeze(cls_embed, axis=0).repeat(bs,
1, 1) # (bs, 1, hidden_dim)
            ### 编码器的输入
            encoder_input = torch.cat([cls_embed, qpos_embed, action_
embed], axis=1) # (bs, seq+1, hidden_dim)
            encoder_input = encoder_input.permute(1, 0, 2) # (seq+1,
bs, hidden_dim)
            # 请勿遮蔽 CLS 标记
            cls_joint_is_pad = torch.full((bs, 2), False).to(qpos.
device) # False: not a padding
            # (bs, seq+1)
            is_pad = torch.cat([cls_joint_is_pad, is_pad], axis=1)
            # 获取位置嵌入
            pos_embed = self.pos_table.clone().detach()
            pos_embed = pos_embed.permute(1, 0, 2)  # (seq+1, 1,
hidden_dim)
            # query 模型
            ### 基于 transformer 的表征
            encoder_output = self.encoder(encoder_input, pos=pos_embed,
src_key_padding_mask=is_pad)
            encoder_output = encoder_output[0] # take cls output only
            ### 输出结果
            latent_info = self.latent_proj(encoder_output)

            if self.vq:
                logits = latent_info.reshape([*latent_info.shape[:-1],
self.vq_class, self.vq_dim])
                probs = torch.softmax(logits, dim=-1)
                binaries = F.one_hot(torch.multinomial(probs.view(-1,
self.vq_dim), 1).squeeze(-1), self.vq_dim).view(-1, self.vq_class, self.
vq_dim).float()
                binaries_flat = binaries.view(-1, self.vq_class * self.
vq_dim)
                probs_flat = probs.view(-1, self.vq_class * self.vq_
```

```
dim)
                    straigt_through = binaries_flat - probs_flat.detach() +
probs_flat
                    latent_input = self.latent_out_proj(straigt_through)
                    mu = logvar = None
                else:
                    probs = binaries = None
                    mu = latent_info[:, :self.latent_dim]
                    logvar = latent_info[:, self.latent_dim:]
                    latent_sample = reparametrize(mu, logvar)
                    latent_input = self.latent_out_proj(latent_sample)

        else:
            mu = logvar = binaries = probs = None
            if self.vq:
                latent_input = self.latent_out_proj(vq_sample.view(-1,
self.vq_class * self.vq_dim))
            else:
                latent_sample = torch.zeros([bs, self.latent_dim],
dtype=torch.float32).to(qpos.device)
                latent_input = self.latent_out_proj(latent_sample)

        return latent_input, probs, binaries, mu, logvar
```

2）解码器

在训练阶段，解码器的输入包括当前关节信息、来自编码器的隐变量 z 以及多个相机的 RGB 信息。通过 transformer 编码器和解码器，输出下一步预测的动作序列。实现代码如下：

```
# 执行前向传播
def forward(self, qpos, image, env_state, actions=None, is_pad=None,
vq_sample=None):
    """
    qpos: batch, qpos_dim
    image: batch, num_cam, channel, height, width
    env_state: None
    actions: batch, seq, action_dim
    """
    latent_input, probs, binaries, mu, logvar = self.encode(qpos,
```

```
actions, is_pad, vq_sample)

        # CVAE 解码器
        if self.backbones is not None:
            # 图像观测特征与位置嵌入
            all_cam_features = []
            all_cam_pos = []
            for cam_id, cam_name in enumerate(self.camera_names):
                features, pos = self.backbones[cam_id](image[:, cam_id])
                features = features[0] # 获取最后一层特征
                pos = pos[0]
                all_cam_features.append(self.input_proj(features))
                all_cam_pos.append(pos)
            # 本体感知特征
            proprio_input = self.input_proj_robot_state(qpos)
            # 将相机维度合并到宽度维度
            src = torch.cat(all_cam_features, axis=3)
            pos = torch.cat(all_cam_pos, axis=3)
            hs = self.transformer(src, None, self.query_embed.weight, pos,
latent_input, proprio_input, self.additional_pos_embed.weight)[0]
        else:
            qpos = self.input_proj_robot_state(qpos)
            env_state = self.input_proj_env_state(env_state)
            transformer_input = torch.cat([qpos, env_state], axis=1) # seq
length = 2
            hs = self.transformer(transformer_input, None, self.query_
embed.weight, self.pos.weight)[0]
        a_hat = self.action_head(hs)
        is_pad_hat = self.is_pad_head(hs)
        return a_hat, is_pad_hat, [mu, logvar], probs, binaries
```

3. ACT 模型的输入与输出形状

1）输入形状

首先，我们通过 load_data 函数加载训练集和验证集，并创建数据集的数据加载器。

然后，使用 next 函数从相应的数据加载器中加载一个数据，并赋值给 data。这个 data 是一个列表，包含 4 个元素，分别是图像数据 image_data、关节角度数据 qpos_data、机械臂移动数据 action_data 和填充标记 is_pad，其形状（shape）如下：

```
image_data: torch.Size([6, 1, 3, 460, 640])
qpos_data: torch.Size([6, 14])
action_data: torch.Size([6, 100, 16])
is_pad: torch.Size([6, 100])
```

接着，我们将这些数据作为模型的输入，传入模型。此时模型已经赋值给 policy 变量，使用下列代码进行调用：

```
policy(qpos_data, image_data, action_data, is_pad)
```

这时就会调用策略脚本 policy.py 中 ACTPolicy 类的实例调用函数 __call__()，首先对图像进行归一化，然后对机械臂移动数据和填充标记数据进行切片，只保留前 self.model.num_queries 个元素（这里是 100），接着将这些参数传入模型中，使用：

```
self.model(qpos, image, env_state, actions, is_pad, vq_sample)
```

其中：

- qpos：关节角度数据；其形状为 torch.Size([6, 14])。
- image：图像数据；其形状为 torch.Size([6, 1, 3, 460, 640])。
- env_state：机械臂环境；默认值为 None。
- actions：机械臂移动动作数据；其形状为 torch.Size([6, 100, 16])。
- is_pad：标记序列中的填充元素；其形状为 torch.Size([6, 100])。
- vq_sample: 矢量量化的样本；默认值为 None。

2）输出形状

调用模型前向传播得到 6 个参数（代码位于 policy.py 中 ACTPolicy 类的实例调用函数 __call__() 中）：

```
a_hat, is_pad_hat, (mu, logvar), probs, binaries = self.model(qpos,
image, env_state, actions, is_pad, vq_sample)
```

其中：

- a_hat：动作预测；其形状为 torch.Size([6, 100, 16])。
- is_pad_hat：填充预测；其形状为 torch.Size([6, 100, 1])。
- mu：潜在变量的均值；其形状为 torch.Size([6, 32])。
- logvar：对数方差；其形状为 torch.Size([6, 32])。
- probs：概率；默认值为 None。

- binaries：二进制编码；默认值为 None。

在推理时，我们只需要得到 a_hat 的值即可。

4. 训练与评估代码讲解

接下来，我们对训练和评估脚本 imitate_episodes.py 进行详细剖析。

1）main 函数

（1）模型训练与评估的配置，以及模型任务、模型参数的设置。

首先从命令行参数中获取模型训练和评估的相关配置：

```python
def main(args):
    set_seed(1)    # 设置随机种子以保证结果可重现
    # 解析命令行参数
    is_eval = args["eval"]                              # 是否为评估模式的布尔标志
    ckpt_dir = args["ckpt_dir"]                         # 保存 / 加载 checkpoint 的目录
    policy_class = args["policy_class"]                 # 使用的策略类
    onscreen_render = args["onscreen_render"]           # 是否进行屏幕渲染的标志
    task_name = args["task_name"]                       # 任务名称
    batch_size_train = args["batch_size"]               # 训练批大小
    batch_size_val = args["batch_size"]                 # 验证批大小
    num_epochs = args["num_epochs"]                     # 训练的总轮次数
    use_waypoint = args["use_waypoint"]                 # 是否使用航点
    constant_waypoint = args["constant_waypoint"]       # 持续航点的设置

    # 根据是否使用航点打印相应信息
    if use_waypoint:
        print("Using waypoint")                         # 使用航点
    if constant_waypoint is not None:
        print(f"Constant waypoint: {constant_waypoint}")    # 持续航点
```

然后根据任务名称和配置获取任务参数（如数据集目录、任务类型等）。例如，如果是模拟任务，则从 constants 模块中导入 SIM_TASK_CONFIGS：

```python
# 获取任务参数
is_sim = True  # 硬编码为 True，以避免从 ALOHA 中查找常量
# 如果是模拟任务，则从 constants 导入 SIM_TASK_CONFIGS
if is_sim:
from constants import SIM_TASK_CONFIGS
```

```
        task_config = SIM_TASK_CONFIGS[task_name]
    else:
        from aloha_scripts.constants import TASK_CONFIGS
        task_config = TASK_CONFIGS[task_name]

    # 从任务配置中获取相关参数
    dataset_dir = task_config["dataset_dir"]
    num_episodes = task_config["num_episodes"]
    episode_len = task_config["episode_len"]
    camera_names = task_config["camera_names"]
```

最后定义模型的架构和超参数，包括学习率、网络结构、层数等：

```
    # 固定参数
    state_dim = 14          # 状态维度
    lr_backbone = 1e-5      # 主干网络的学习率
    backbone = "resnet16"   # 使用的主干网络类型
```

（2）创建训练策略及其对应的配置。

首先根据 policy_class 的值来设置策略配置，这些配置将在后续的代码中用于创建和训练策略。例如，如果 policy_class 的值为 'ACT'，它会设置：

- enc_layers（编码层）为 4。
- dec_layers（解码层）为 7。
- nheads（头数）为 6。

然后，创建一个名为 policy_config 的字典，它包含了一些策略配置，如学习率、查询数、KL 权重、隐藏维度、前馈维度、backbone 学习率、backbone、编码层、解码层、头数和相机名称。

```
    # 根据策略类别设置策略配置
    if policy_class == "ACT":
        # ACT 策略的特定参数
        enc_layers = 4
        dec_layers = 7
        nheads = 6
        policy_config = {
            "lr": args["lr"],
            "num_queries": args["chunk_size"],
```

```
                "kl_weight": args["kl_weight"],
                "hidden_dim": args["hidden_dim"],
                "dim_feedforward": args["dim_feedforward"],
                "lr_backbone": lr_backbone,
                "backbone": backbone,
                "enc_layers": enc_layers,
                "dec_layers": dec_layers,
                "nheads": nheads,
                "camera_names": camera_names,
            }
    elif policy_class == "CNNMLP":
        # CNNMLP 策略的特定参数
        policy_config = {
            "lr": args["lr"],
            "lr_backbone": lr_backbone,
            "backbone": backbone,
            "num_queries": 1,
            "camera_names": camera_names,
        }
    else:
        raise NotImplementedError
```

最后配置训练参数：

```
    # 配置训练参数
    config = {
        "num_epochs": num_epochs,
        "ckpt_dir": ckpt_dir,
        "episode_len": episode_len,
        "state_dim": state_dim,
        "lr": args["lr"],
        "policy_class": policy_class,
        "onscreen_render": onscreen_render,
        "policy_config": policy_config,
        "task_name": task_name,
        "seed": args["seed"],
        "temporal_agg": args["temporal_agg"],
        "camera_names": camera_names,
        "real_robot": not is_sim,
```

```
}
```

（3）模型的具体评估（成功率与平均回报）与模型的保存。

如果模型设置为评估模式，则加载保存的模型权重并在验证集上评估模型性能，计算成功率和平均回报：

如果 is_eval 为 True，那么代码将进入评估模式。在这种模式下，将加载名为 policy_best.ckpt 的模型检查点，并使用 eval_bc 函数对模型进行评估。eval_bc 函数的返回值是成功率和平均回报，这些值将被存储在 results 列表中；然后代码将遍历 results 列表，并打印每个检查点的名称、成功率和平均回报。

如果 is_eval 为 False，那么代码将进入训练模式。在这种模式下，将调用 load_data 函数来加载训练和验证数据。load_data 函数的返回值是训练数据加载器、验证数据加载器、统计数据和一个布尔值，该布尔值表示是否为模拟任务。

```
# 如果为评估模式，则执行评估流程
if is_eval:
    ckpt_names = [f"policy_best.ckpt"]
    results = []
    for ckpt_name in ckpt_names:
        success_rate, avg_return = eval_bc(config, ckpt_name, save_
episode=True)
        # eval_bc 函数的主要任务是加载策略、统计数据和环境，然后在环境中执行
策略，并收集回报。这个函数还处理了一些特殊情况，例如真实机器人和模拟环境的差异，以及是否
在屏幕上渲染环境
        results.append([ckpt_name, success_rate, avg_return])

    for ckpt_name, success_rate, avg_return in results:
        print(f"{ckpt_name}: {success_rate=} {avg_return=}")
    print()
    exit()


# 否则执行训练模式，先加载数据
# load_data 函数的主要任务是加载数据集，并将其分为训练集和验证集。它还计算了状
态和动作的归一化统计数据，并使用这些统计数据创建了数据加载器
train_dataloader, val_dataloader, stats, _ = load_data(
    dataset_dir,
    num_episodes,
    camera_names,
```

```
        batch_size_train,
        batch_size_val,
        use_waypoint,
        constant_waypoint,
)
```

最后分别执行 3 个任务：保存数据集统计信息、训练模型以及保存最佳模型检查点。

```
    # 保存数据集统计信息
    if not os.path.isdir(ckpt_dir):
        os.makedirs(ckpt_dir)
    stats_path = os.path.join(ckpt_dir, f"dataset_stats.pkl")
    with open(stats_path, "wb") as f:
        pickle.dump(stats, f)


    # 训练并获取最佳检查点信息
    best_ckpt_info = train_bc(train_dataloader, val_dataloader, config)
    best_epoch, min_val_loss, best_state_dict = best_ckpt_info


    # 保存最佳检查点
    ckpt_path = os.path.join(ckpt_dir, f"policy_best.ckpt")
    torch.save(best_state_dict, ckpt_path)
print(f"Best ckpt, val loss {min_val_loss:.6f} @ epoch{best_epoch}")
```

2）train_bc 函数

该函数用于训练行为克隆（Behavior Cloning）模型。它接收以下参数：

- train_dataloader：训练数据的加载器，用于从训练集中获取批次的数据。
- val_dataloader：验证数据的加载器，用于从验证集中获取批次的数据。
- config：包含训练配置信息的字典。

（1）初始化训练过程所需的各种参数和配置，创建 BC 模型，定义优化器：

```
def train_bc(train_dataloader, val_dataloader, config):
    num_epochs = config["num_epochs"]           # 训练的轮次
    ckpt_dir = config["ckpt_dir"]               # 检查点保存的目录
    seed = config["seed"]                       # 随机种子
    policy_class = config["policy_class"]       # 策略类别
    policy_config = config["policy_config"]     # 策略配置
```

（2）进行训练循环，每个循环迭代一个轮次（epoch），包括以下步骤：

步骤 01　验证：在验证集上计算模型的性能，并记录验证结果。

如果当前模型的验证性能优于历史最佳模型，则保存当前模型的权重：

```python
train_history = []
validation_history = []
min_val_loss = np.inf
best_ckpt_info = None
for epoch in tqdm(range(latest_idx, num_epochs)):
    print(f"\nEpoch {epoch}")

    # 首先进行验证。将模型设置为评估模式，并遍历验证数据集
    # 对于每一批数据，都会进行一次前向传播，并将结果添加到 epoch_dicts 列表中
    with torch.inference_mode():
        policy.eval()
        epoch_dicts = []
        for batch_idx, data in enumerate(val_dataloader):
            forward_dict = forward_pass(data, policy)
            epoch_dicts.append(forward_dict)

        # 然后，计算这个列表的平均值，并将其添加到 validation_history 中
        epoch_summary = compute_dict_mean(epoch_dicts)
        validation_history.append(epoch_summary)

        # 如果这个轮次的验证损失小于之前的最小验证损失，就更新最小验证损失，并
保存当前的模型状态
        epoch_val_loss = epoch_summary["loss"]
        if epoch_val_loss < min_val_loss:
            min_val_loss = epoch_val_loss
            best_ckpt_info = (epoch, min_val_loss, deepcopy(policy.
state_dict()))

    print(f"Val loss:   {epoch_val_loss:.5f}")
    summary_string = ""
    for k, v in epoch_summary.items():
        summary_string += f"{k}: {v.item():.3f} "
    print(summary_string)
```

具身智能：从理论到实践

步骤 02　训练：在训练集上进行模型的训练，计算损失并执行后向传播来更新模型的权重。

将模型设置为训练模式，并遍历训练数据集。对于每一批数据，都会前向传播一次，然后后向传播，并使用优化器更新模型的参数：

```
# 训练
policy.train()
optimizer.zero_grad()
for batch_idx, data in enumerate(train_dataloader):
    forward_dict = forward_pass(data, policy)
    # 后向传播
    loss = forward_dict["loss"]
    loss.backward()
    optimizer.step()
    optimizer.zero_grad()
    train_history.append(detach_dict(forward_dict))
e = epoch - latest_idx
epoch_summary = compute_dict_mean(
    train_history[(batch_idx + 1) * e : (batch_idx + 1) * (epoch + 1)]
)
epoch_train_loss = epoch_summary["loss"]
print(f"Train loss: {epoch_train_loss:.5f}")
summary_string = ""
for k, v in epoch_summary.items():
    summary_string += f"{k}: {v.item():.3f} "
print(summary_string)
```

步骤 03　每隔一定周期，保存当前模型的权重。

在每个轮次结束时，如果轮次数是 100 的倍数，就保存一次模型的状态。在所有轮次结束后，保存最后一次的模型状态，以及验证损失最小时的模型状态：

```
if epoch % 100 == 0:
    ckpt_path = os.path.join(ckpt_dir, f"policy_epoch_{epoch}_
seed_{seed}.ckpt")
    torch.save(policy.state_dict(), ckpt_path)
    plot_history(train_history, validation_history, epoch,
ckpt_dir, seed)
```

```
        ckpt_path = os.path.join(ckpt_dir, f"policy_last.ckpt")
    torch.save(policy.state_dict(), ckpt_path)
```

步骤 **04**　保存最佳模型的权重和绘制训练曲线图。

```
        best_epoch, min_val_loss, best_state_dict = best_ckpt_info
        ckpt_path = os.path.join(ckpt_dir, f"policy_epoch_{best_epoch}_
seed_{seed}.ckpt")
        torch.save(best_state_dict, ckpt_path)
        print(
            f"Training finished:\nSeed {seed}, val loss {min_val_loss:.6f}
at epoch {best_epoch}"
        )

        # 保存训练曲线
        plot_history(train_history, validation_history, num_epochs, ckpt_
dir, seed)

    return best_ckpt_info
```

3）forward_pass 函数

该函数用于执行前向传播操作，以生成模型的输出。它接收以下参数：

- **data**：包含输入数据的元组，其中包括图像数据、关节位置数据、动作数据以及填充标志。
- **policy**：行为克隆模型。

该函数的代码如下：

```
def forward_pass(data, policy):
    image_data, qpos_data, action_data, is_pad = data
    image_data, qpos_data, action_data, is_pad = (
        image_data.cuda(),
        qpos_data.cuda(),
        action_data.cuda(),
        is_pad.cuda(),
    )
    return policy(qpos_data, image_data, action_data, is_pad)
```

函数功能：

- 将输入数据转移到 GPU 上，以便在 GPU 上进行计算。

- 调用行为克隆模型的前向传播方法（policy），将关节位置数据、图像数据、动作数据和填充标志传递给模型。
- 返回模型的输出，这可能是模型对动作数据的预测结果。

4）make_policy 函数

该函数根据指定的 policy_class（策略类别，目前支持 3 种类型："ACT"、"CNNMLP" 以及 "Diffusion") 和 policy_config（策略配置）一起创建一个策略模型对象。该函数的代码如下：

```
def make_policy(policy_class, policy_config):
    if policy_class == 'ACT':
        policy = ACTPolicy(policy_config)    # 如果策略类是 ACT，则创建 ACTPolicy
    elif policy_class == 'CNNMLP':
        policy = CNNMLPPolicy(policy_config)    # 如果策略类是 CNNMLP，则创建
CNNMLPPolicy
    elif policy_class == 'Diffusion':
        policy = DiffusionPolicy(policy_config)    # 如果策略类是 Diffusion,
则创建 DiffusionPolicy
    else:
        raise NotImplementedError    # 如果不是以上 3 种类型，则抛出未实现错误
    return policy    # 返回创建的策略对象
```

5）make_optimizer 函数

该函数用于创建策略模型的优化器（optimizer），并返回创建的优化器对象。优化器的作用是根据策略模型的损失函数来更新模型的参数，以尽量减小损失函数。该函数的代码如下：

```
def make_optimizer(policy_class, policy):
    if policy_class == 'ACT':
        optimizer = policy.configure_optimizers()    # 如果策略类是 ACT，则
配置优化器
    elif policy_class == 'CNNMLP':
        optimizer = policy.configure_optimizers()    # 如果策略类是 CNNMLP,
则配置优化器
    else:
        raise NotImplementedError    # 如果不是以上两种类型，则抛出未实现错误
    return optimizer    # 返回配置的优化器
```

6）get_image 函数

该函数的作用是获取某个时间步的图像数据，它接收两个参数：ts 和 camera_names。

- ts 是一个时间步对象，包含当前时间步的观察结果。
- camera_names 是一个列表，包含需要获取图像的摄像头名称。

get_image 函数的代码如下：

```
def get_image(ts, camera_names):
curr_images = []
    for cam_name in camera_names:
        curr_image = rearrange(ts.observation['images'][cam_name], 'h
w c -> c h w')  # 重排图像数组
        curr_images.append(curr_image)  # 将处理后的图像添加到列表中
curr_image = np.stack(curr_images, axis=0)  # 将图像列表堆叠成数组
curr_image = torch.from_numpy(curr_image / 255.0).float().cuda().
unsqueeze(0)  # 将数组转换为 torch 张量
    return curr_image  # 返回处理后的图像张量
```

该函数首先创建一个空列表 curr_images，用于存储从每个摄像头获取的图像；然后，遍历 camera_names 列表，对于每个摄像头名称，它从 ts.observation['images'] 中获取对应的图像，并使用 rearrange 函数将图像的维度从“高度 宽度 通道数”重新排列为“通道数 高度 宽度”；再将重新排列后的图像添加到 curr_images 列表中；接着，它使用 np.stack 函数将 curr_images 列表中的所有图像堆叠在一起，形成一个新的 numpy 数组 curr_image；接下来，它将 curr_image 数组的数据类型转换为 torch 张量，并将其值归一化到 0 和 1 之间，并将其转移到 GPU 上，增加一个新的维度；最后，函数返回处理后的图像张量 curr_image。

7）eval_bc 函数

该函数用于评估一个行为克隆模型。它接收两个参数：config 和 ckpt_name。

- config 是一个字典，包含评估过程中需要的各种配置信息，如策略类名称、摄像头名称、任务名称等。
- ckpt_name 是一个字符串，表示要加载的策略的检查点文件的名称。

（1）配置信息：

eval_bc 函数从 config 中提取出各种配置信息，并设置随机种子以确保结果的可复现性。

```
    # 从配置中获取参数
```

```
        ckpt_dir = config['ckpt_dir']
        state_dim = config['state_dim']
        real_robot = config['real_robot']
        policy_class = config['policy_class']
        onscreen_render = config['onscreen_render']
        policy_config = config['policy_config']
        camera_names = config['camera_names']
        max_timesteps = config['episode_len']
        task_name = config['task_name']
        temporal_agg = config['temporal_agg']
    onscreen_cam = 'angle'
```

（2）加载检查点和环境（真实环境或模拟环境）。

首先，eval_bc 函数加载策略的检查点文件，将策略模型转移到 GPU 上，并将其设置为评估模式。

```
        # 加载策略和统计信息
        ckpt_path = os.path.join(ckpt_dir, ckpt_name)
        policy = make_policy(policy_class, policy_config)
        loading_status = policy.load_state_dict(torch.load(ckpt_path))
        print(loading_status)
        policy.cuda()
        policy.eval()
        print(f'Loaded: {ckpt_path}')
        stats_path = os.path.join(ckpt_dir, f'dataset_stats.pkl')
        with open(stats_path, 'rb') as f:
            stats = pickle.load(f)


        # 定义预处理和后处理函数
        pre_process = lambda s_qpos: (s_qpos - stats['qpos_mean']) /
stats['qpos_std']
    post_process = lambda a: a * stats['action_std'] + stats['action_mean']
```

接着，eval_bc 函数加载环境。如果 real_robot 为 True，则加载真实机器人的环境；否则，加载模拟环境。

```
        # 加载环境
        if real_robot:
            from aloha_scripts.robot_utils import move_grippers   # 从
aloha_scripts.robot_utils 导入 move_grippers
```

```
        from aloha_scripts.real_env import make_real_env  # 从 aloha_
scripts.real_env 导入 make_real_env
        env = make_real_env(init_node=True)  # 创建真实机器人环境
        env_max_reward = 0
    else:
        from sim_env import make_sim_env  # 从 sim_env 导入 make_sim_env
        env = make_sim_env(task_name)  # 创建模拟环境
        env_max_reward = env.task.max_reward

    # 设置查询频率和时间聚合参数
    query_frequency = policy_config['num_queries']
    if temporal_agg:
        query_frequency = 1
        num_queries = policy_config['num_queries']

    # 设置最大时间步数
    max_timesteps = int(max_timesteps * 1)  # 可以根据实际任务调整最大时间步数
```

（3）开始进行评估，评估过程包括两个循环：外层循环为 50 回合，每个回合包含多个时间步长。

对于每个回合，首先重置环境，比如一个模拟环境的回放次数（num_rollouts）为 50，并初始化两个空列表：episode_returns 和 highest_rewards，用于存储每个回合的回报和最高奖励。

```
    # 设置回放次数和初始化结果列表
    num_rollouts = 50
    episode_returns = []
highest_rewards = []
    # 回放循环，学 50 回合
    for rollout_id in range(num_rollouts):
        rollout_id += 0
        # 设置任务
        if 'sim_transfer_cube' in task_name:
            BOX_POSE[0] = sample_box_pose()  # 在模拟重置中使用的 BOX_POSE
        elif 'sim_insertion' in task_name:
            # 在模拟重置中使用的 BOX_POSE
            BOX_POSE[0] = np.concatenate(sample_insertion_pose())

        ts = env.reset()  # 重置环境
```

接下来，代码检查 onscreen_render 是否为 True，如果为 True，那么它将创建一个 matplotlib 的子图，并在子图上显示模拟环境的渲染结果。

```
### onscreen render
if onscreen_render:
    ax = plt.subplot()
    plt_img = ax.imshow(env._physics.render(height=460,
width=640, camera_id=onscreen_cam))
    plt.ion()
```

检查 temporal_agg 是否为 True，如果为 True，那么它将创建一个全零的 torch 张量 all_time_actions，用于存储所有时间步的动作。

```
# 评估循环
if temporal_agg:
    all_time_actions = torch.zeros([max_timesteps, max_
timesteps+num_queries, state_dim]).cuda()
```

接着创建一个全零的 torch 张量 qpos_history，用于存储每个时间步的机器人关节位置（qpos），这个张量的形状为 (1, max_timesteps, state_dim)，并创建 4 个空列表：image_list、qpos_list、target_qpos_list 和 rewards。

```
# 创建了一个全零的 torch 张量 qpos_history，存储每个时间步的机器人关节位
置（qpos）
    qpos_history = torch.zeros((1, max_timesteps, state_dim)).
cuda()
    image_list = []          # 用于可视化的图像列表，存储每个时间步的图像
    qpos_list = []           # 存储每个时间步的机器人关节位置
    target_qpos_list = []    # 存储每个时间步的目标机器人关节位置
    rewards = []             # 存储每个时间步的奖励
```

对于内层循环，对于每个时间步，它先获取当前的观察结果：

```
# 在不计算梯度的模式下执行
with torch.inference_mode():
    for t in range(max_timesteps):
        # 更新屏幕渲染和等待时间
        if onscreen_render:
            image = env._physics.render(height=460, width=640,
camera_id=onscreen_cam)
            plt_img.set_data(image)
```

```
        plt.pause(DT)
        # 处理上一时间步的观测值以获取 qpos 和图像列表
        obs = ts.observation
        if 'images' in obs:
            image_list.append(obs['images'])
        else:
            image_list.append({'main': obs['image']})
        # 从 obs 中获取机器人的关节位置 qpos，并将其转换为 numpy 数组
        qpos_numpy = np.array(obs['qpos'])
        # 使用之前定义的 pre_process 函数对 qpos 进行预处理
        qpos = pre_process(qpos_numpy)
        # 将标准化后的 qpos 转换为 torch 张量，并将其转移到 GPU 上
        qpos = torch.from_numpy(qpos).float().cuda().unsqueeze(0)

        qpos_history[:, t] = qpos
        curr_image = get_image(ts, camera_names)
```

然后查询策略以获取动作：

```
        # 查询策略
        if config['policy_class'] == "ACT":
            if t % query_frequency == 0:
                all_actions = policy(qpos, curr_image)
            if temporal_agg:
                all_time_actions[[t], t:t+num_queries] = all_actions
                actions_for_curr_step = all_time_actions[:, t]
                actions_populated = torch.all(actions_for_
curr_step != 0, axis=1)
                actions_for_curr_step = actions_for_curr_
step[actions_populated]
                K = 0.01
                exp_weights = np.exp(-k *
np.arange(len(actions_for_curr_step)))
                exp_weights = exp_weights / exp_weights.sum()
                exp_weights = torch.from_numpy(exp_weights).
cuda().unsqueeze(dim=1)
                raw_action = (actions_for_curr_step * exp_
weights).sum(dim=0, keepdim=True)
```

```
            else:
                raw_action = all_actions[:, t % query_frequency]
        elif config['policy_class'] == "CNNMLP":
            raw_action = policy(qpos, curr_image)
        else:
            raise NotImplementedError
```

接着执行动作，进行进一步处理：

```
# 后处理动作
raw_action = raw_action.squeeze(0).cpu().numpy()
action = post_process(raw_action)
target_qpos = action

# 步进环境
ts = env.step(target_qpos)

# 用于可视化的列表
qpos_list.append(qpos_numpy)
target_qpos_list.append(target_qpos)
rewards.append(ts.reward)


    plt.close()    # 关闭绘图窗口
if real_robot:
    move_grippers([env.puppet_bot_left, env.puppet_bot_right],
[PUPPET_GRIPPER_JOINT_OPEN] * 2, move_time=0.5)    # 打开夹持器
        pass
```

最后获取奖励，并将奖励添加到 rewards 列表中：

```
# 计算回报和奖励
rewards = np.array(rewards)
episode_return = np.sum(rewards[rewards != None])
episode_returns.append(episode_return)
episode_highest_reward = np.max(rewards)
highest_rewards.append(episode_highest_reward)
print(f'Rollout {rollout_id}\n{episode_return=}, {episode_highest_
reward=}, {env_max_reward=}, Success: {episode_highest_reward == env_max_reward}')
```

（4）所有 50 个回合结束后，计算成功率与平均回报。

在所有回合都结束后，eval_bc 函数计算成功率和平均回报，并将这些信息保存到文本
文件中：

```python
# 计算成功率，即最高奖励的次数与环境最大奖励相等的比率
success_rate = np.mean(np.array(highest_rewards) == env_max_reward)

# 计算平均回报
avg_return = np.mean(episode_returns)

# 创建一个包含成功率和平均回报的摘要字符串
summary_str = f'\n 成功率：{success_rate}\n 平均回报：{avg_return}\n\n'

# 遍历奖励范围，计算每个奖励范围内的成功率
for r in range(env_max_reward + 1):
    # 统计最高奖励大于或等于 r 的次数
    more_or_equal_r = (np.array(highest_rewards) >= r).sum()

    # 计算成功率
    more_or_equal_r_rate = more_or_equal_r / num_rollouts

    # 将结果添加到摘要字符串中
    summary_str += f' 奖励 >= {r}: {more_or_equal_r}/{num_rollouts} = {more_or_equal_r_rate*100}%\n'

# 打印摘要字符串
print(summary_str)

# 将成功率保存到文本文件
result_file_name = 'result_' + ckpt_name.split('.')[0] + '.txt'
with open(os.path.join(ckpt_dir, result_file_name), 'w') as f:
    f.write(summary_str)                    # 写入摘要字符串
    f.write(repr(episode_returns))          # 写入回报数据
    f.write('\n\n')
    f.write(repr(highest_rewards))          # 写入最高奖励数据

# 返回成功率和平均回报
return success_rate, avg_return
```

总的来说，eval_bc 函数的作用是评估给定的策略在指定任务上的性能。

7.1.3 ACT 算法复现

本小节将介绍如何在虚拟仿真环境和现实环境中复现 ACT 算法。

1. 仿真环境复现

本复现基于 Ubuntu20.04 和 cuda-11.3 进行，读者可先安装好相应版本再进行后续流程。

1）配置虚拟环境

操作步骤如下：

步骤 01 创建 Python 虚拟环境，ACT 算法基于 Python3.8.10 进行复现，相关创建命令如下：

```
conda create -n aloha python=3.8.10
```

步骤 02 激活虚拟环境：

```
conda activate aloha
```

步骤 03 安装适配 CUDA 的 torch：

```
pip install torch==1.11.0+cu113 torchvision==0.12.0+cu113
torchaudio==0.11.0 --extra-index-url https://download.pytorch.org/whl/cu113
```

鉴于官网下载速度较慢，可以切换到阿里云镜像进行下载：

```
pip install torch==1.11.0 torchvision==0.12.0 torchaudio==0.11.0 -f
https://mirrors.aliyun.com/pytorch-wheels/cu113
```

步骤 04 安装 DETR（Detection Transformer）。

从 GitHub 上获取 ACT 源码：

```
git clone https://github.com/agilexrobotics/act-plus-plus.git
```

进入项目中：

```
cd act-plus-plus
```

安装相关依赖：

```
pip install -r requirements.txt
```

安装 DETR 及其相关配置：

```
cd detr && pip install -v -e .
```

步骤 05　安装 Robomimic。

Robomimic 是斯坦福大学开发的一个用于机器人演示学习的框架，提供了在机器人操作领域收集的广泛演示数据集，以及从这些数据集学习的学习算法。

我们通过离线安装 diffusion-policy-mg 分支来安装 Robomimic：

```
git clone https://github.com/ARISE-Initiative/robomimic.git -b diffusion-policy-mg
cd robomimic && pip install -v -e .
```

步骤 06　安装 wandb（可选）。

wandb 是 Weights & Biases 的缩写，这款工具能够跟踪我们的机器学习项目。它能够自动记录模型训练过程中的超参数和输出指标，然后进行可视化和比较结果，有助于我们快速与同事共享结果。

安装命令如下：

```
pip install wandb
```

如果没有注册过 wandb，可以先在官网注册，然后使用下列命令登录：

```
wandb login
```

我们的训练代码（imitate_episodes.py）会用到该工具。如果不想使用该工具，可以将该代码文件中的第 146 和 147 行注释掉；如果要使用该工具，需要对第 146 行进行如下修改：

```
wandb.init(project="ACT-Train", reinit=True, entity="2505669946-wuhan-
university-of-technology", name=expr_name)
```

以下是各个参数的说明：

- project：本次实验所属项目的名称，可在官网上自行创建。
- reinit：是否重新初始化 wandb 会话，布尔值（bool）。
- entity：用户或团队名称，通常在新项目左上角可见。
- name：本次训练的名称。

2）下载虚拟仿真数据集

虚拟仿真数据集的链接如下：

```
https://drive.google.com/drive/folders/1gPR03v05S1xiInoVJn7G7VJ9pDCnxq9O
```

步骤 01　下载虚拟仿真数据集，数据集结构如图 7-8 所示。

```
(aloha) yxw@dev:~/code/act-plus-plus/data$ tree
.
├── sim_insertion_human
│   ├── sim_insertion_human-20250113T022726Z-001.zip
│   ├── sim_insertion_human-20250113T022726Z-002.zip
│   ├── sim_insertion_human-20250113T022726Z-003.zip
│   ├── sim_insertion_human-20250113T022726Z-004.zip
│   ├── sim_insertion_human-20250113T022726Z-005.zip
│   ├── sim_insertion_human-20250113T022726Z-006.zip
│   ├── sim_insertion_human-20250113T022726Z-007.zip
│   ├── sim_insertion_human-20250113T022726Z-008.zip
│   ├── sim_insertion_human-20250113T022726Z-009.zip
│   ├── sim_insertion_human-20250113T022726Z-010.zip
│   ├── sim_insertion_human-20250113T022726Z-011.zip
│   └── sim_insertion_human-20250113T022726Z-012.zip
├── sim_insertion_scripted
│   ├── sim_insertion_scripted-20250113T023031Z-001.zip
│   ├── sim_insertion_scripted-20250113T023031Z-002.zip
│   ├── sim_insertion_scripted-20250113T023031Z-003.zip
│   ├── sim_insertion_scripted-20250113T023031Z-004.zip
│   ├── sim_insertion_scripted-20250113T023031Z-005.zip
│   ├── sim_insertion_scripted-20250113T023031Z-006.zip
│   ├── sim_insertion_scripted-20250113T023031Z-007.zip
│   ├── sim_insertion_scripted-20250113T023031Z-008.zip
│   └── sim_insertion_scripted-20250113T023031Z-009.zip
├── sim_transfer_cube_human
│   ├── sim_transfer_cube_human-20250113T023409Z-001.zip
│   ├── sim_transfer_cube_human-20250113T023409Z-002.zip
│   ├── sim_transfer_cube_human-20250113T023409Z-003.zip
│   ├── sim_transfer_cube_human-20250113T023409Z-004.zip
│   ├── sim_transfer_cube_human-20250113T023409Z-005.zip
│   ├── sim_transfer_cube_human-20250113T023409Z-006.zip
│   ├── sim_transfer_cube_human-20250113T023409Z-007.zip
│   ├── sim_transfer_cube_human-20250113T023409Z-008.zip
│   └── sim_transfer_cube_human-20250113T023409Z-009.zip
└── sim_transfer_cube_scripted
    ├── sim_transfer_cube_scripted-20250113T025054Z-001.zip
    ├── sim_transfer_cube_scripted-20250113T025054Z-002.zip
    ├── sim_transfer_cube_scripted-20250113T025054Z-003.zip
    ├── sim_transfer_cube_scripted-20250113T025054Z-004.zip
    ├── sim_transfer_cube_scripted-20250113T025054Z-005.zip
    ├── sim_transfer_cube_scripted-20250113T025054Z-006.zip
    ├── sim_transfer_cube_scripted-20250113T025054Z-007.zip
    ├── sim_transfer_cube_scripted-20250113T025054Z-008.zip
    ├── sim_transfer_cube_scripted-20250113T025054Z-009.zip
    └── sim_transfer_cube_scripted-20250113T025054Z-010.zip

4 directories, 40 files
```

图 7-8 虚拟仿真数据集结构

步骤 02 对虚拟仿真数据集进行解压，解压后的结果如图 7-9 所示。

```
(aloha) yxw@dev:~/code/act-plus-plus/data/sim_transfer_cube_scripted$ tree
.
├── sim_transfer_cube_scripted-20250113T025054Z-001
│   └── sim_transfer_cube_scripted
│       ├── episode_0_qpos.png
│       ├── episode_0_video.mp4
│       ├── episode_34.hdf5
│       ├── episode_41.hdf5
│       ├── episode_45.hdf5
│       ├── episode_47.hdf5
│       └── episode_49.hdf5
├── sim_transfer_cube_scripted-20250113T025054Z-002
│   └── sim_transfer_cube_scripted
│       ├── episode_19.hdf5
│       ├── episode_25.hdf5
│       ├── episode_38.hdf5
│       ├── episode_46.hdf5
│       └── episode_48.hdf5
```

图 7-9 部分数据集解压后的结构

3）训练

步骤 01 在进行训练前，我们需要修改数据集读取路径，找到 constants.py 文件并修改如下：

```
### Task parameters
#DATA_DIR = '/home/zfu/interbotix_ws/src/act/data'
DATA_DIR = '自行保存的数据集路径'
```

步骤 02　运行下列代码进行训练：

```
python3 imitate_episodes.py --task_name sim_transfer_cube_scripted --ckpt_
dir <ckpt dir> --policy_class ACT --kl_weight 10 --chunk_size 100 --hidden_dim
512 --batch_size 6 --dim_feedforward 3200 --num_steps 2000  --lr 1e-5 --seed 0
```

其中 ckpt_dir 是训练后的模型文件存放文件夹，自行命名即可。

训练后的模型文件结构如图 7-10 所示。

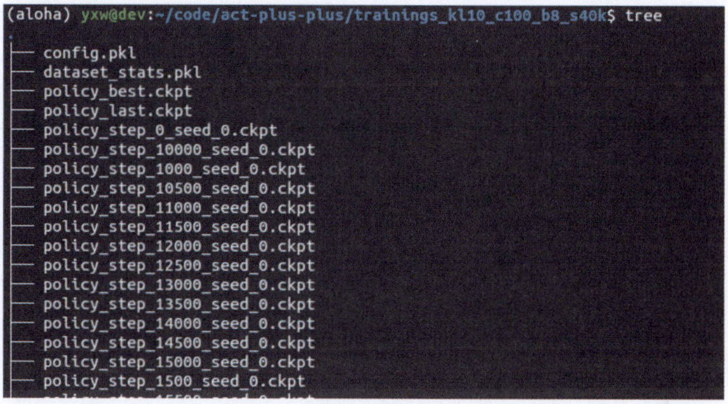

图 7-10 训练后模型文件结构

按照上述代码进行复现，然后进行验证，得到的结果正确率为 0。经过分析测试，发现训练的轮次过少。将 epoch 调整为 40000 次后，验证结果正确率达到 100%。部分训练结果的截图如图 7-11 所示。wandb 训练日志如图 7-12 所示。

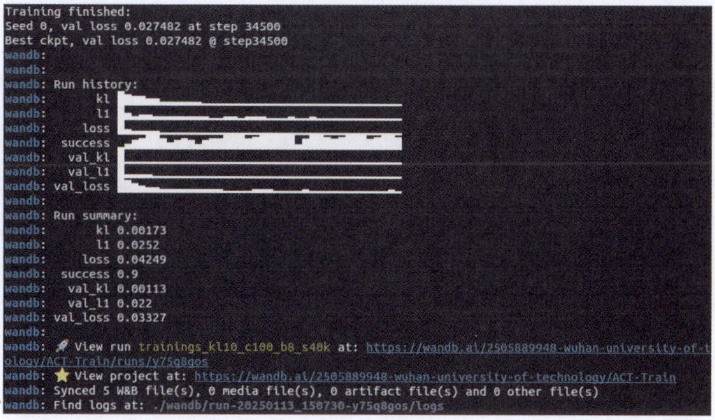

图 7-11 训练结果

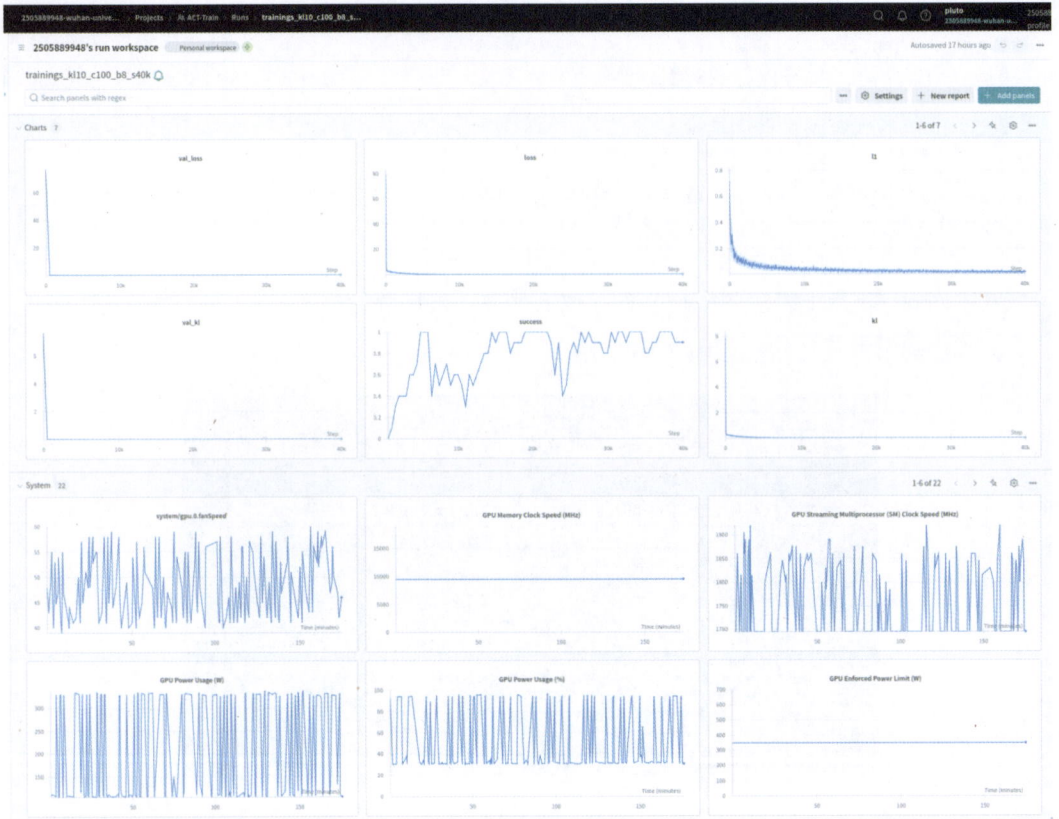

图 7-12 wandb 训练日志

训练过程中的部分问题汇总：

（1）在运行训练脚本命令时出现 ImportError:cannot import name 'cached_download' from 'huggingface_hub' 报错，如图 7-13 所示。

图 7-13 训练过程引入包报错

解决方法：

该错误是由于 huggingface_hub 的版本过高所致，0.26 及以上版本不支持 cached_

download。解决方法是降低版本：

```
pip install huggingface_hub==0.25.2 -i https://pypi.tuna.tsinghua.edu.
cn/simple
```

（2）在运行训练脚本后进行验证时，出现 AttributeError: 'MjModel' object has no attribute 'actuator actearly' 错误，如图 7-14 所示。

```
Traceback (most recent call last):
  File "imitate_episodes.py", line 668, in <module>
    main(vars(parser.parse_args()))
  File "imitate_episodes.py", line 173, in main
    best_ckpt_info = train_bc(train_dataloader, val_dataloader, config)
  File "imitate_episodes.py", line 598, in train_bc
    success, _ = eval_bc(config, ckpt_name, save_episode=True, num_rollouts=10)
  File "imitate_episodes.py", line 305, in eval_bc
    env = make_sim_env(task_name)
  File "/home/yxw/code/act-plus-plus/sim_env.py", line 46, in make_sim_env
    physics = mujoco.Physics.from_xml_path(xml_path)
  File "/home/yxw/anaconda3/envs/aloha/lib/python3.8/site-packages/dm_control/mujoco/engine.py", line 462, in from_xml_path
    return cls.from_model(model)
  File "/home/yxw/anaconda3/envs/aloha/lib/python3.8/site-packages/dm_control/mujoco/engine.py", line 426, in from_model
    return cls(data)
  File "/home/yxw/anaconda3/envs/aloha/lib/python3.8/site-packages/dm_control/mujoco/engine.py", line 123, in __init__
    self._reload_from_data(data)
  File "/home/yxw/anaconda3/envs/aloha/lib/python3.8/site-packages/dm_control/mujoco/engine.py", line 407, in _reload_from_data
    model=index.struct_indexer(self.model, 'mjmodel', axis_indexers),
  File "/home/yxw/anaconda3/envs/aloha/lib/python3.8/site-packages/dm_control/mujoco/index.py", line 628, in struct_indexer
    attr = getattr(struct, field_name)
AttributeError: 'MjModel' object has no attribute 'actuator_actearly'
```

图 7-14　属性报错

解决方法：

这是由于 mojoco 这个库版本过高所致，降低版本：

```
pip install mojoco==2.3.7
```

（3）在训练过程中出现"加载数据文件出错（以 sim_transfer_cube_scripted 为例）"的错误，如图 7-15 所示。

```
Found 50 hdf5 files
Norm stats from: ['/home/yxw/code/act-plus-plus/data/sim_transfer_cube_scripted']
Error loading /home/yxw/code/act-plus-plus/data/sim_transfer_cube_scripted/sim_transfer_cube_scripted-20
250113T025054Z-002/sim_transfer_cube_scripted/episode_38.hdf5 in __getitem__
```

图 7-15　加载数据文件出错

解决方法：

该错误是由于部分数据文件中含缺少左右视图所致，需要修改 constants.py 中的 SIM_TASK_CONFIGS 配置，将 camera_names 修改为只保留视图界面（top）。

4）验证

完成训练后，对训练好的模型进行验证：

```
#   加上 --onscreen_render 实时渲染参数
python3 imitate_episodes.py --eval --task_name sim_transfer_cube_
scripted --ckpt_dir trainings --policy_class ACT --kl_weight 10 --chunk_
size 100 --hidden_dim 512 --batch_size 6 --dim_feedforward 3200  --lr 1e-5
--seed 0 --num_steps 20 --onscreen_render
```

验证结果如图 7-16 和图 7-17 所示。

```
Warning: step duration: 0.028 s at step 599 longer than DT: 0.02 s, estimated data
Avg fps 35.70028092356844
Rollout 9
episode_return=634, episode_highest_reward=4, env_max_reward=4, Success: True

Success rate: 1.0
Average return: 635.9

Reward >= 0: 10/10 = 100.0%
Reward >= 1: 10/10 = 100.0%
Reward >= 2: 10/10 = 100.0%
Reward >= 3: 10/10 = 100.0%
Reward >= 4: 10/10 = 100.0%

policy_last.ckpt: success_rate=1.0 avg_return=635.9
```

图 7-16 训练 40000 轮得到的模型验证结果

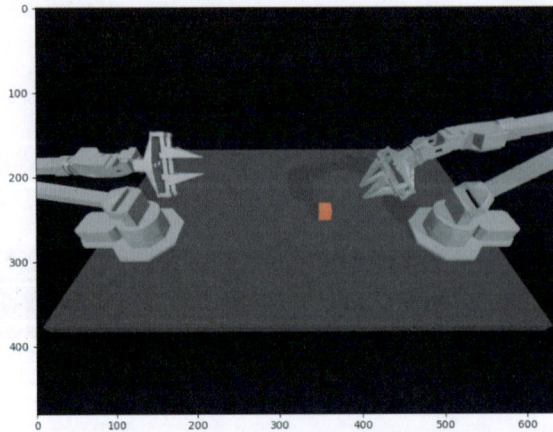

图 7-17 运行示例

2. 现实环境复现

本复现所需设备：两台机械臂（主控臂和随从臂），两个外置摄像头，至少4GB显存的显卡。复现虚拟环境基于 Ubuntu22.04.06，算力资源为 4060Laptop（8GB）。

硬件设施整体布局如图 7-18 所示。

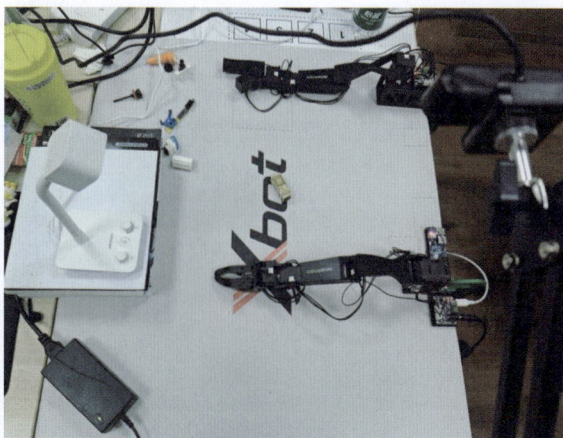

图 7-18　硬件设施整体布局总览

1）环境配置

步骤 01　解压代码压缩包：

```
unzip lerbot.zip
```

步骤 02　配置虚拟环境：

```
# 创建虚拟环境
conda create -y -n lero python=3.10
# 激活虚拟环境
conda activate lero
# 安装相关软件包
pip install -e .
pip install -e ".[aloha, pusht]"
pip install -e ".[dynamixel]"
conda install -c conda-forge ffmpeg=7.1
pip uninstall opencv-python
pip install opencv-python==4.10.0.82
pip install numpy ==1.24.0
```

至此，环境基本配置完成。

2）准备工作

步骤 01　查询端口号。

首先运行脚本 find_motors_bus_port.py，查找通信端口号：

```
python lerobot/scripts/find_motors_bus_port.py
```

结果如图 7-19 所示。

```
(lero) xsj@xsj-JiguangX-Series-GM6IR0C:~/code/lerobot$ python lerobot/scripts/find_motors_bus_port.py
正在查找电机总线所有可用的端口。
['/dev/tty', '/dev/tty0', '/dev/tty1', '/dev/tty2', '/dev/tty3', '/dev/tty4', '/dev/tty5', '/dev/tty6', '/dev/tty7',
'/dev/tty8', '/dev/tty9', '/dev/tty10', '/dev/tty11', '/dev/tty12', '/dev/tty13', '/dev/tty14', '/dev/tty15', '/dev/t
ty16', '/dev/tty17', '/dev/tty18', '/dev/tty19', '/dev/tty20', '/dev/tty21', '/dev/tty22', '/dev/tty23', '/dev/tty24'
, '/dev/tty25', '/dev/tty26', '/dev/tty27', '/dev/tty28', '/dev/tty29', '/dev/tty30', '/dev/tty31', '/dev/tty32', '/d
ev/tty33', '/dev/tty34', '/dev/tty35', '/dev/tty36', '/dev/tty37', '/dev/tty38', '/dev/tty39', '/dev/tty40', '/dev/tt
y41', '/dev/tty42', '/dev/tty43', '/dev/tty44', '/dev/tty45', '/dev/tty46', '/dev/tty47', '/dev/tty48', '/dev/tty49',
 '/dev/tty50', '/dev/tty51', '/dev/tty52', '/dev/tty53', '/dev/tty54', '/dev/tty55', '/dev/tty56', '/dev/tty57', '/de
v/tty58', '/dev/tty59', '/dev/tty60', '/dev/tty61', '/dev/tty62', '/dev/tty63', '/dev/ttyS0', '/dev/ttyS1', '/dev/tty
S2', '/dev/ttyS3', '/dev/ttyS4', '/dev/ttyS5', '/dev/ttyS6', '/dev/ttyS7', '/dev/ttyS8', '/dev/ttyS9', '/dev/ttyS10',
 '/dev/ttyS11', '/dev/ttyS12', '/dev/ttyS13', '/dev/ttyS14', '/dev/ttyS15', '/dev/ttyS16', '/dev/ttyS17', '/dev/ttyS1
8', '/dev/ttyS19', '/dev/ttyS20', '/dev/ttyS21', '/dev/ttyS22', '/dev/ttyS23', '/dev/ttyS24', '/dev/ttyS25', '/dev/tt
yS26', '/dev/ttyS27', '/dev/ttyS28', '/dev/ttyS29', '/dev/ttyS30', '/dev/ttyS31', '/dev/ttyprintk', '/dev/ttyACM0', '
/dev/ttyACM1', '/dev/ttyACM2', '/dev/ttyACM3']
从电机总线上拔下 USB 线缆，完成后按回车键。
```

图 7-19 机械臂端口查询示例 1

然后按照提示，拔掉随从臂的 USB 线，再按 Enter 键，结果如图 7-20 所示。

```
(lero) xsj@xsj-JiguangX-Series-GM6IR0C:~/code/lerobot$ python lerobot/scripts/find_motors_bus_port.py
正在查找电机总线所有可用的端口。
['/dev/tty', '/dev/tty0', '/dev/tty1', '/dev/tty2', '/dev/tty3', '/dev/tty4', '/dev/tty5', '/dev/tty6', '/dev/tty7',
'/dev/tty8', '/dev/tty9', '/dev/tty10', '/dev/tty11', '/dev/tty12', '/dev/tty13', '/dev/tty14', '/dev/tty15', '/dev/t
ty16', '/dev/tty17', '/dev/tty18', '/dev/tty19', '/dev/tty20', '/dev/tty21', '/dev/tty22', '/dev/tty23', '/dev/tty24'
, '/dev/tty25', '/dev/tty26', '/dev/tty27', '/dev/tty28', '/dev/tty29', '/dev/tty30', '/dev/tty31', '/dev/tty32', '/d
ev/tty33', '/dev/tty34', '/dev/tty35', '/dev/tty36', '/dev/tty37', '/dev/tty38', '/dev/tty39', '/dev/tty40', '/dev/tt
y41', '/dev/tty42', '/dev/tty43', '/dev/tty44', '/dev/tty45', '/dev/tty46', '/dev/tty47', '/dev/tty48', '/dev/tty49',
 '/dev/tty50', '/dev/tty51', '/dev/tty52', '/dev/tty53', '/dev/tty54', '/dev/tty55', '/dev/tty56', '/dev/tty57', '/de
v/tty58', '/dev/tty59', '/dev/tty60', '/dev/tty61', '/dev/tty62', '/dev/tty63', '/dev/ttyS0', '/dev/ttyS1', '/dev/tty
S2', '/dev/ttyS3', '/dev/ttyS4', '/dev/ttyS5', '/dev/ttyS6', '/dev/ttyS7', '/dev/ttyS8', '/dev/ttyS9', '/dev/ttyS10',
 '/dev/ttyS11', '/dev/ttyS12', '/dev/ttyS13', '/dev/ttyS14', '/dev/ttyS15', '/dev/ttyS16', '/dev/ttyS17', '/dev/ttyS1
8', '/dev/ttyS19', '/dev/ttyS20', '/dev/ttyS21', '/dev/ttyS22', '/dev/ttyS23', '/dev/ttyS24', '/dev/ttyS25', '/dev/tt
yS26', '/dev/ttyS27', '/dev/ttyS28', '/dev/ttyS29', '/dev/ttyS30', '/dev/ttyS31', '/dev/ttyprintk', '/dev/ttyACM1', '
/dev/ttyACM2', '/dev/ttyACM3', '/dev/ttyACM0']
从电机总线上拔下 USB 线缆，完成后按回车键。

此电机总线的端口为 '/dev/ttyACM2'
重新连接 USB 线缆。
```

图 7-20 机械臂端口查询示例 2

可以看出，我们的随从臂的端口号为 /dev/ttyACM0。接上刚拔下来的 USB 线，重复上述操作，检测主控线的通信端口号为 /dev/ttyACM2。

最后，运行下列命令，对端口号赋予权限：

```
sudo chmod 666 /dev/ttyACM0
sudo chmod 666 /dev/ttyACM2
```

步骤 02　查询摄像头索引。

运行 opencv.py 脚本，查找索引：

```
python lerobot/common/robot_devices/cameras/opencv.py
```

运行结果如图 7-21 所示。

```
(lero) xsj@xsj-JiguangX-Series-GM6IR0C:~/code/lerobot$ python lerobot/common/robot_devices/cameras/opencv.py
Linux detected. Finding available camera indices through scanning '/dev/video*' ports
Camera found at index /dev/video0
Camera found at index /dev/video2
Camera found at index /dev/video4
Connecting cameras
OpenCVCamera(0, fps=30, width=640, height=480, color_mode=rgb)
OpenCVCamera(2, fps=30, width=640, height=480, color_mode=rgb)
OpenCVCamera(4, fps=30, width=640, height=480, color_mode=rgb)
Saving images to outputs/images_from_opencv_cameras
Frame: 0000     Latency (ms): 1636.60
```

图 7-21　摄像头索引查询

可以看到一共检测到了 3 个摄像头，其中一个是计算机自带的摄像头。拍摄的照片文件保存在 outputs/images_from_opencv_cameras 文件夹下，通过查阅可以得知俯视图（laptop 视图）索引为 0，phone 视图（前视图）索引为 4，如图 7-22 所示。

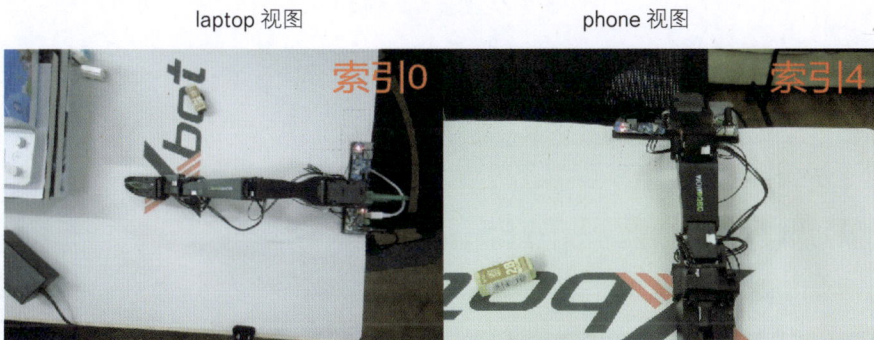

laptop 视图　　　　　　　　　　　　　　phone 视图

图 7-22　摄像头视图

步骤 03　修改相关配置文件，并测试通信是否正常。

通过查询端口的操作，我们知道了主控臂的端口号为 /dev/ttyACM2，随从臂的端口号为 /dev/ttyACM0，俯视角的摄像头索引值为 0，前视角的摄像头索引值为 4。

下面我们对下列脚本中的参数进行修改：

（1）./lerobot/scripts 文件夹下：

- calibration.py：将第 7 行和第 8 行的电机端口号进行相应的修改，leader_port 和 follower_port 分别表示主控臂和随从臂的端口号。
- configure_arm.py：修改第 7 行和第 8 行的电机端口号。
- connect.py：修改第 5 行和第 6 行的电机端口号。

（2）./lerobot/configs/robot 文件夹下：

- koch.yaml：修改第 13 行和第 26 行的电机端口号，并修改第 39 行和第 45 行的摄像头索引号，其中 laptop 表示俯视图，phone 表示前视图。

修改完毕后，运行 configure_arm.py 脚本，检查机械臂通信是否正常：

```
python lerobot/scripts/configure_arm.py
```

运行结果如图 7-23 所示。

图 7-23 机械臂连接测试

步骤 04 标定机械臂。

标定机械臂是为了让机械臂在采取数据时能够行动一致，尽可能减小误差。我们需要运行下列命令进行标定工作：

```
python lerobot/scripts/calibration.py
```

运行后会出现如图 7-24 所示的提示。

图 7-24 标定脚本运行示例

我们需要分别将随从臂和主控臂移动到零位、旋转位和重置位，各位置的分布如图 7-25 所示。

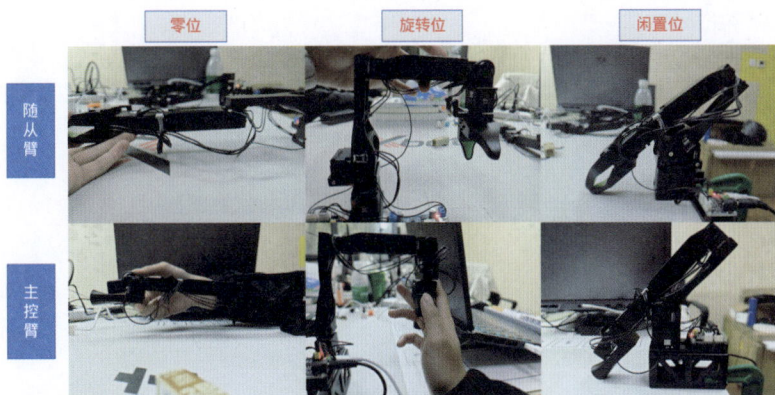

图 7-25　机械臂标定样例

最后我们可以得到标定文件，如图 7-26 所示。

图 7-26　标定结果

步骤 05　采集数据。

运行下列命令进行数据采集：

```
python lerobot/scripts/control_robot.py record \
  --robot-path lerobot/configs/robot/koch.yaml \
  --fps 30 \
  --repo-id local_user/koch_test_t \
  --tags tutorial \
  --warmup-time-s 5 \
  --episode-time-s 18 \
  --reset-time-s 5 \
  --num-episodes 100 \
  --push-to-hub 0
```

参数解释如下：

● --robot-path: 机械臂配置文件，包含电机配置和相机设置。

具身智能：从理论到实践

- --fps：相机帧率。
- --repo-id：数据集存放文件夹。
- --tags：标签。
- --warmup-time-s：机械臂热身启动时间，可根据自己采集任务自行修改。
- --episode-time-s：采集某个任务数据所需时间，可自行修改。
- --reset-time-s：重置某个任务环境时间，可自行修改。
- --num-episodes：采集数据集的集数，可自行修改，最好在80~100集。
- --push-to-hub：数据集是否推送到 huggingface，0 表示不推送，1 表示推送。

3）训练

运行下列命令启动训练脚本：

```
python lerobot/scripts/train.py \
  dataset_repo_id=local_user/koch_test1 \
  policy=act_koch_real \
  env=koch_real \
  hydra.run.dir=outputs/train/act_koch_test \
  hydra.job.name=act_koch_test \
  device=cuda \
  wandb.enable=true
```

部分参数解释如下：

- --dataset_repo_id：存储训练数据路径。
- --policy：训练策略。
- --env：指定训练环境。
- --hydra.run.dir：指定实验结果和日志的保存目录。
- --hydra.job.name：指定作业名称，用于区分不同训练任务。

对于单目标任务，我们采集了 100 组数据作为训练集；对于多目标任务，进行多个数据集混合训练。训练日志如图 7-27 所示。

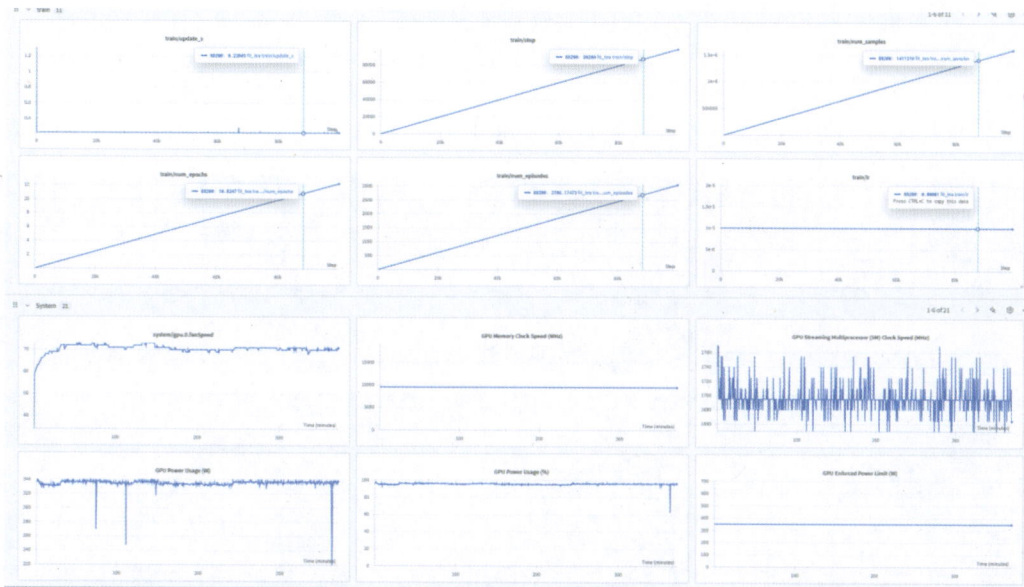

图 7-27 训练日志

4）推理

使用下列命令进行推理：

```
python lerobot/scripts/control_robot.py record \
  --robot-path lerobot/configs/robot/koch.yaml \
  --fps 30 \
  --repo-id local_user/koch_test3 \
  --tags tutorial eval \
  --warmup-time-s 5 \
  --episode-time-s 15 \
  --reset-time-s 5 \
  --num-episodes 10 \
  --push-to-hub 0 \
  -p outputs/train/act_koch_test/checkpoints/last/pretrained_model
```

上述命令与之前用于记录训练数据集的命令几乎相同，主要变化有两点：

（1）新增了 -p 参数，用于指定策略检查点路径（例如 -p outputs/train/eval_koch_test/checkpoints/last/pretrained_model）。如果已将模型检查点上传到 Hub，也可直接使用模型仓库路径（例如 -p ${HF_USER}/act_koch_test）。

（2）数据集名称以 eval 开头，以表明这是推理过程（例如 --repo-id ${HF_USER}/eval_koch_test）。

以执行向杯子中倒茶这个任务为例，图 7-28 展示了 ACT 算法在真实环境任务中的效果。

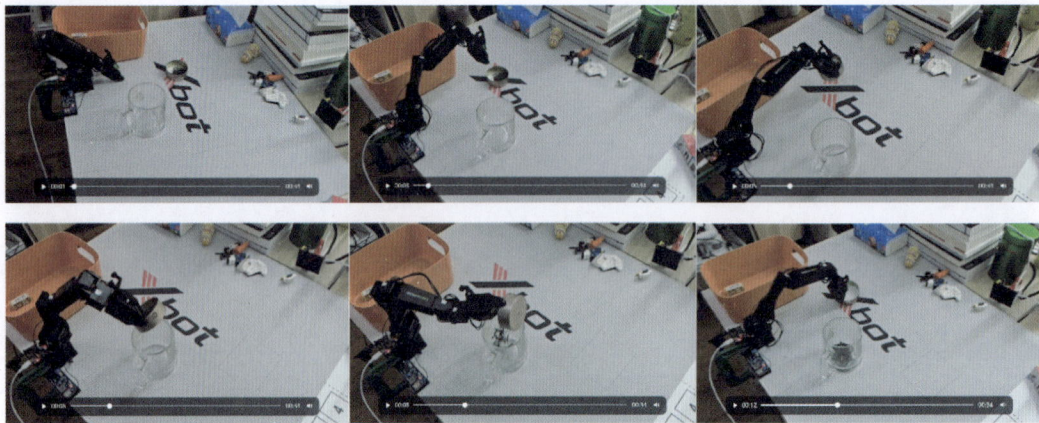

图 7-28 ACT 算法在真实环境任务中的效果图

7.2 DP 算法实践

Diffusion Policy（扩散策略）将机器人动作生成建模为条件去噪扩散过程（Conditional Denoising Diffusion Process）。与传统的策略学习方法不同，Diffusion Policy 不直接输出动作，而是通过学习动作评分函数的梯度，并在推理过程中通过一系列随机梯度朗之万动力学（Stochastic Langevin Dynamics）步骤优化该梯度场，从而生成动作。

7.2.1 DP 算法原理

1. 扩散模型基础

扩散模型是一种生成模型，通过逐步添加噪声将数据分布转换为高斯分布，然后学习逆过程以从高斯噪声中生成数据。Diffusion Policy 基于去噪扩散概率模型（Denoising Diffusion Probabilistic Models，DDPM），其核心思想是通过迭代的去噪过程生成动作，如图 7-29 所示。

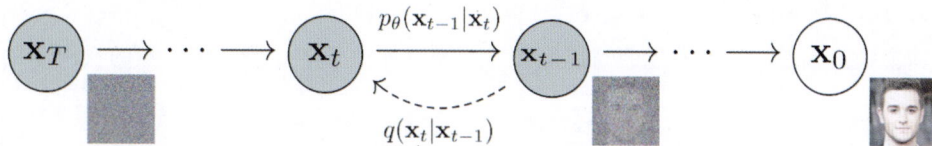

图 7-29 DDPM 原理

该模型通过前向扩散（Forward Process）逐步向真实数据中注入高斯噪声，最终将数据分布转换为纯高斯分布；同时通过反向去噪（Reverse Process）学习从噪声中恢复原始数据的能力。这种设计使得模型能够在训练过程中学习数据分布的隐含结构，从而生成高质量样本。

DDPM 的前向扩散算法和反向去噪算法的流程图如图 7-30 所示。

Algorithm 1 Training
1: **repeat**
2: 　$\mathbf{x}_0 \sim q(\mathbf{x}_0)$
3: 　$t \sim \text{Uniform}(\{1, \dots, T\})$
4: 　$\boldsymbol{\epsilon} \sim \mathcal{N}(\mathbf{0}, \mathbf{I})$
5: 　Take gradient descent step on
　　　$\nabla_\theta \left\| \boldsymbol{\epsilon} - \boldsymbol{\epsilon}_\theta(\sqrt{\bar{\alpha}_t}\mathbf{x}_0 + \sqrt{1-\bar{\alpha}_t}\boldsymbol{\epsilon}, t) \right\|^2$
6: **until** converged

Algorithm 2 Sampling
1: $\mathbf{x}_T \sim \mathcal{N}(\mathbf{0}, \mathbf{I})$
2: **for** $t = T, \dots, 1$ **do**
3: 　$\mathbf{z} \sim \mathcal{N}(\mathbf{0}, \mathbf{I})$ if $t > 1$, else $\mathbf{z} = \mathbf{0}$
4: 　$\mathbf{x}_{t-1} = \frac{1}{\sqrt{\alpha_t}}\left(\mathbf{x}_t - \frac{1-\alpha_t}{\sqrt{1-\bar{\alpha}_t}}\boldsymbol{\epsilon}_\theta(\mathbf{x}_t, t)\right) + \sigma_t \mathbf{z}$
5: **end for**
6: **return** $\mathbf{x}_0$

图 7-30 DDPM 前向扩散算法和反向去噪算法流程图

我们对其剖析如下：

（1）前向扩散过程：

前向扩散过程定义为一个马尔可夫链，通过逐步添加高斯噪声将真实数据 x_0 转换为纯噪声：

$$q(x_k \mid x_{k-1}) = \mathcal{N}\left(x_k; \sqrt{1-\beta_k}\,x_{k-1}, \beta_k I\right) \tag{7-1}$$

其中，B_k 是第 k 步的噪声方差，通常采用线性调度策略 $\beta_1 < \beta_2 < \cdots < \beta_T$。通过递归推导可得：

$$q(x_k \mid x_0) = \mathcal{N}\left(x_k; \sqrt{\bar{\alpha}_k}\,x_0, \left(1-\bar{\alpha}_k\right)I\right) \tag{7-2}$$

其中 $\bar{\alpha}_k = \prod_{i=1}^{k}\left(1-\beta_i\right)$。该过程将原始数据逐步降解为高斯噪声，其数学本质是通过连续的高斯变换实现数据分布的平滑过渡。

（2）反向去噪过程：

反向去噪过程是一个参数化的马尔可夫链，通过神经网络 ε_θ 预测每一步的噪声并逐步恢复数据：

$$p_\theta(x_{k-1}\,|\,x_k)=\mathcal{N}\left(x_{k-1};\mu_\theta\left(x_k,k\right),\sigma_k^2 I\right) \tag{7-3}$$

其中 μ_θ 由下式计算：

$$\mu_\theta\left(x_k,k\right)=\frac{1}{\sqrt{\alpha_k}}\left(x_k-\frac{\beta_k}{\sqrt{1-\bar{\alpha}_k}}\varepsilon_\theta\left(x_k,k\right)\right) \tag{7-4}$$

σ_k^2 通常取固定值或根据 β_k 动态调整。该过程通过迭代去噪实现从噪声到数据的逆向生成。

2. DP 策略中 DDPM 的创新——表达机器人视觉运动策略

DP 算法流程如图 7-31 所示。其中的两点创新使 DDPM 能够表达机器人视觉运动策略，一是闭环动作序列预测（Closed-Loop Action-Sequence Prediction），二是视觉观察条件化（Visual Observation Conditioning）。

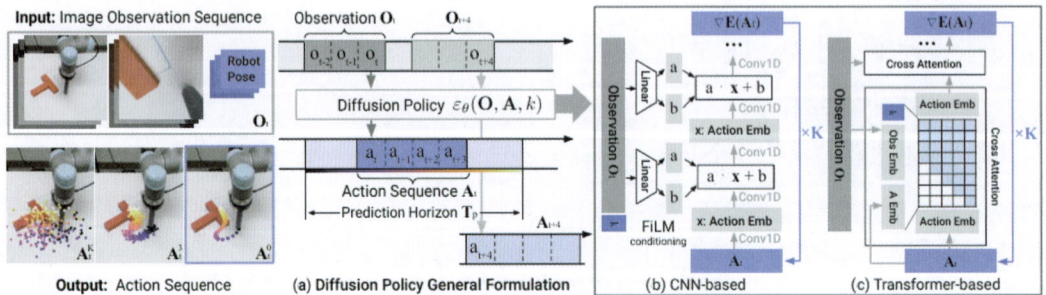

图 7-31 DP 算法流程图

1）闭环动作序列预测

一个有效的动作制定应该鼓励在长期规划中保持时间一致性和平滑性，同时允许对意外观察迅速做出反应。为了实现这一目标，应该在重新规划前，采用扩散模型生成固定时长的行动序列预测。在时间步骤 t，策略以最新的 T_o 步观察数据 O_t 为输入，预测 T_a 步动作 A_t，其中 T_p 步动作在不重新规划的情况下让机器人执行。

不同网络架构的实现如下：

- 基于 CNN 的扩散策略：对观测特征应用 FiLM（Feature-wise Linear Modulation）调节每个卷积层通道。使用从高斯噪声中提取的 A_{tk} 减去噪声估计网络的输出，重复 K 次，得到去噪动作序列 A_{to}。
- 基于 Transformer 的扩散策略：将观测 O_t 的嵌入传递到每个 Transformer 解码器块的多头交叉注意力层。每个动作嵌入使用注意力掩码约束，使其仅关注自身和之前的动作嵌入（因果注意力）。

2）视觉观察条件化

使用 DDPM 近似条件分布 $p(A_t|O_t)$，而非 Janner 等人用于规划的联合分布 $p(A_t,O_t)$。这样能在不推断未来状态的情况下，基于观察预测动作，加快扩散过程，并提高动作生成的准确性。

3. 几个关键设计

DP 算法中有几个关键设计。

1）噪声估计网络架构的选型 1——CNN-based Diffusion Policy

CNN 骨干网络采用 1D 时间卷积网络（Temporal Convolutional Network，TCN），作者参考了 Janner 等人的做法，用 1D 时间卷积来处理动作序列，如图 7-32 所示。这与常见的图像 2D 卷积不同，这里只在时间维度上进行卷积操作。这样做的好处是 CNN 在时间维度上具有"局部感受野"，对相邻时间步的动作做卷积，能够学习到平滑的、连续的时间依赖；训练往往比较稳定，对超参数的要求相对没有那么苛刻。

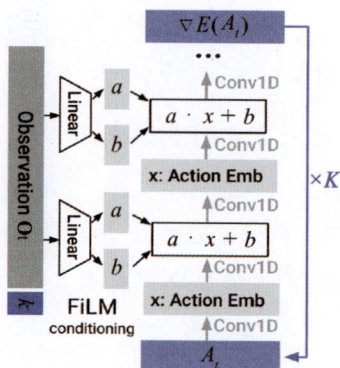

图 7-32 CNN 骨干网络

CNN 网络架构设计如下：

（1）基础架构：

采用改进的 1D 时间卷积神经网络，其结构特点如下：

- 输入维度：[Batch, Time Steps, Action Dim]。
- 卷积层配置：3 个卷积块。每个块包含：

  1D 卷积层（kernel=3, stride=1, padding=1）。

  层归一化（LayerNorm）。

  ReLU 激活函数。
- 输出层：线性层映射至动作维度。

（2）条件化机制：

- 在每个卷积层后插入 FiLM 模块。
- 观测嵌入（Observation Embedding）通过共享 MLP 生成。

（3）关键改进：

- 仅预测动作轨迹（非观测 - 动作联合轨迹）。
- 移除基于修复（Inpainting）的目标条件反射。
- 采用滚动预测窗口（Receding Prediction Horizon）。

在实践中发现，基于 CNN 的骨干网络在大多数任务上表现良好且无须过多超参数调优。然而，当期望的动作序列随着时间快速而急剧变化时（如 velocity 命令动作空间），它的表现较差，这可能是由于时间卷积的归纳偏差更倾向于低频信号所致。

2）噪声估计网络架构的选型 2——Time-series Diffusion Transformer

为减少 CNN 模型中的过度平滑效应，提出了采用基于 Transformer 架构、借鉴 minGPT 思想的 DDPM 来进行动作预测，如图 7-33 所示。

该网络架构设计如下：

（1）核心结构：基于 Transformer 解码器的架构。

（2）特征处理：

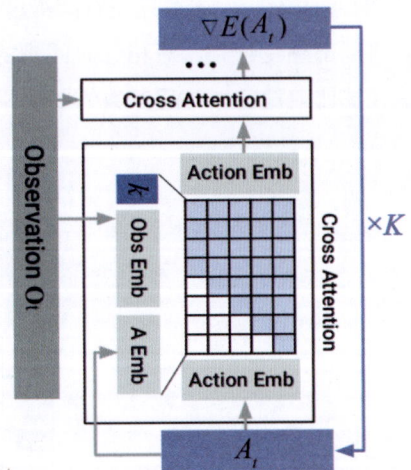

图 7-33 Transformer 骨干网络

- 动作嵌入（Action Embedding）：线性映射＋位置编码。
- 扩散步骤嵌入（Diffusion Step Embedding）：正弦位置编码。
- 观测嵌入（Observation Embedding）：共享 MLP 处理。

（3）注意力机制：

- 因果注意力掩码（Causal Attention Mask）：确保仅关注过去和当前时间步。
- 交叉注意力（Cross-Attention）：连接观测特征与动作序列。

3）视觉编码器设计：空间信息保留与归一化优化

（1）网络架构改进：

采用 ResNet-18 作为骨干网络（未预训练），改进如下：

- 空间 Softmax 池化：
  替代传统全局平均池化。
  保留空间位置信息。
- GroupNorm 替代 BatchNorm：
  解决 DDPM 中 EMA（指数移动平均）与 BatchNorm 的冲突。
  提升训练稳定性（尤其在小批量数据场景）。

（2）多视图处理策略：

独立编码架构：

- 每个相机视图使用独立编码器。
- 特征融合层采用全连接层。

（3）训练优化策略：

- 对比学习预训练：
  在无监督环境下使用 SimCLR 预训练视觉编码器。
  提升特征泛化能力（尤其在小数据集场景）。
- 多任务联合训练：同时优化扩散策略损失和图像重建损失。

7.2.2　DP 算法实现

1. 条件扩散模型的去噪过程

条件扩散模型的去噪过程公式为：

$$A_{k-1}^t = \alpha\left(A_k^t - \gamma\epsilon_\theta\left(O_t, A_k^t, k\right) + N\left(0, \sigma^2 I\right)\right) \tag{7-5}$$

其中：

- A_{k-1}^t 表示去噪后的动作序列。
- a 是去噪步长的缩放系数。
- γ 是学习率，控制每次更新的幅度。
- $\epsilon_\theta\left(O_t, A_k^t, k\right)$ 是噪声预测网络的输出，表示在给定条件下预测的噪声。
- $N\left(0, \sigma^2 I\right)$ 是添加的高斯噪声。
- A_k^t 是当前带噪的动作序列。
- O_t 是输入的观察条件。

以下是该公式的具体实现：

```python
def conditional_sample(
    self, batch_size: int, global_cond: Tensor | None = None,
generator: torch.Generator | None = None
) -> Tensor:
    """ 条件采样推理，生成动作序列 """
    device = get_device_from_parameters(self)
    dtype = get_dtype_from_parameters(self)
    # 采样初始噪声
    sample = torch.randn(
        size=(batch_size, self.config.horizon, self.config.output_
shapes["action"][0]),
        dtype=dtype,
        device=device,
        generator=generator,
    )

    # 设置去噪步骤
    self.noise_scheduler.set_timesteps(self.num_inference_steps)
    for t in self.noise_scheduler.timesteps:
        # 模型预测噪声
        model_output = self.unet(
            sample,
            torch.full(sample.shape[:1], t, dtype=torch.long,
```

```
device=sample.device),
                global_cond=global_cond,
            )
            # 执行去噪更新（对应公式中第一步去噪过程）
            sample = self.noise_scheduler.step(model_output, t, sample,
generator=generator).prev_sample
        return sample
```

这是一个条件采样函数，根据条件采样推理，生成动作序列。

参数说明：

- batch_size：整数，表示要生成的样本数量。
- global_cond：可选的张量，表示全局条件信息，用于指导生成过程。
- generator：可选的 PyTorch 生成器，用于控制随机数生成，以确保结果的可重复性。
- 返回值：一个张量，表示生成的动作序列。

2. 条件扩散模型的损失函数

条件扩散模型的损失函数公式为：

$$L = \mathrm{MSE}\left(\epsilon_k, \epsilon_\theta\left(O_t, A_0^t + \epsilon_k, k\right)\right) \tag{7-6}$$

其中：

- ϵ_k 是真实噪声。
- $\epsilon_\theta\left(O_t, A_0^t + \epsilon_k, k\right)$ 是网络预测的噪声。
- MSE 是均方误差损失函数，用于衡量预测噪声和真实噪声之间的差异。

具体代码实现如下：

```
def compute_loss(self, batch: dict[str, Tensor]) -> Tensor:
    batch = self.normalize_inputs(batch)
    # 提取和拼接全局条件特征
    global_cond = self._prepare_global_conditioning(batch)
    # 扩散过程（前向扩散）
    trajectory = batch["action"]
    eps = torch.randn(trajectory.shape, device=trajectory.device)
    # 随机选择时间步并添加对应的噪声
    timesteps = torch.randint(
```

```
            low=0,
            high=self.noise_scheduler.config.num_train_timesteps,
            size=(trajectory.shape[0],),
            device=trajectory.device,
        ).long()
        noisy_trajectory = self.noise_scheduler.add_noise(trajectory, eps,
timesteps)
        # 调用模型进行预测（即网络 ε_θ）
        pred = self.unet(noisy_trajectory, timesteps, global_cond=global_
cond)
        # 根据配置决定预测目标是噪声（epsilon）还是原始动作（sample）
        if self.config.prediction_type == "epsilon":
            target = eps
        elif self.config.prediction_type == "sample":
            target = batch["action"]
        else:
            raise ValueError(f"Unsupported prediction type {self.config.
prediction_type}")
        # 计算 MSE 损失
        loss = F.mse_loss(pred, target, reduction="none")
        # 对填充动作进行掩码，避免无效动作影响损失
        if self.config.do_mask_loss_for_padding:
            in_episode_bound = ~batch["action_is_pad"]
            loss = loss * in_episode_bound.unsqueeze(-1)
        return loss.mean()
```

参数说明：

- batch：一个字典，包含批量数据，键-值对（key-value pair）为字符串和张量。

- 返回值：一个张量，表示计算得到的损失值。

3. 基于 CNN 的 Diffusion 策略实现

基于 CNN 的 Diffusion 策略用于机器人动作生成任务，通过条件扩散模型实现动作序列的预测和生成。下面我们将详细介绍其核心网络结构、关键组件以及实现细节。

初始化方法：

```
def __init__(self, config: DiffusionConfig, global_cond_dim):
    super().__init__()
```

```python
        # 使用 1D 卷积和 FiLM 调制实现动作序列预测的条件网络
        common_res_block_kwargs = {
            "cond_dim": cond_dim,
            "kernel_size": config.kernel_size,
            "n_groups": config.n_groups,
            "use_film_scale_modulation": config.use_film_scale_modulation,
        }
        # Unet encoder（编码器部分）
        self.down_modules = nn.ModuleList([])
        for dim_in, dim_out in ...:
            self.down_modules.append(
                nn.ModuleList([
                    DiffusionConditionalResidualBlock1d(dim_in, dim_out,
**common_res_block_kwargs),
                    DiffusionConditionalResidualBlock1d(dim_out, dim_out,
**common_res_block_kwargs),
                    nn.Conv1d(dim_out, dim_out, kernel_size=3, stride=2,
padding=1),
                ])
            )
        # Unet decoder（解码器部分）
        self.up_modules = nn.ModuleList([])
        for dim_in, dim_out in ...:
            self.up_modules.append(
                nn.ModuleList([
                    DiffusionConditionalResidualBlock1d(dim_in * 2, dim_
out, **common_res_block_kwargs),
                    DiffusionConditionalResidualBlock1d(dim_out, dim_out,
**common_res_block_kwargs),
                    nn.ConvTranspose1d(dim_out, dim_out, 3)
                ])
            )
        # 最终卷积输出层
        self.final_conv = nn.Conv1d(dim_out, config.output_shapes["action"]
[0], kernel_size=1)
```

前向传播方法：

```python
    def forward(self, x: Tensor, timestep: Tensor | int, global_cond=None) -> Tensor:
```

```
        x = einops.rearrange(x, "b t d -> b d t")
        timestep_embed = self.diffusion_step_encoder(timestep)
        global_feature = ... # 条件特征拼接
        # Unet 编码器前向传播
        for resnet1, resnet2, downsample in self.down_modules:
            x = resnet(x, global_feature)
            x = resnet2(x, global_feature)
            encoder_skip_features.append(x)
            x = downsample(x)
        # Unet decoder（解码器，结合 skip connections）
        for mid_module in self.mid_modules:
            x = mid_module(x, global_feature)
        for resnet, resnet2, upsample in self.up_modules:
            x = resnet(torch.cat([x, encoder_skip_features.pop()], dim=1),
global_feature)
            x = resnet2(x, global_feature)
            x = upsample(x)
        x = self.final_conv(x)
        x = einops.rearrange(x, "b d t -> b t d")
        return x
```

4. 视觉编码器

下面实现视觉编码器：

```
class DiffusionRgbEncoder(nn.Module):
    """
    RGB 图像编码器，将 RGB 图像编码为一个一维特征向量。
    包括图像的标准化和裁剪（可选）。
    """

    def __init__(self, config: DiffusionConfig):
        super().__init__()

        # 若配置指定了裁剪尺寸，则初始化裁剪操作
        if config.crop_shape is not None:
            self.do_crop = True
            # 测试时总是采用中心裁剪
            self.center_crop = torchvision.transforms.CenterCrop(config.
crop_shape)
```

```
            # 若指定随机裁剪，则训练时随机裁剪，测试时中心裁剪
            if config.crop_is_random:
                self.maybe_random_crop = torchvision.transforms.
RandomCrop(config.crop_shape)
            else:
                self.maybe_random_crop = self.center_crop
        else:
            self.do_crop = False    # 不进行裁剪


        # 构建视觉主干网络（如 ResNet-18），注意这里未使用预训练权重
        backbone_model = getattr(torchvision.models, config.vision_
backbone)(
            weights=config.pretrained_backbone_weights
        )

        # 从 ResNet 模型中移除最后两个模块（平均池化和全连接层），只保留卷积部分
        self.backbone = nn.Sequential(*(list(backbone_model.children())[:-2]))

        # 将 backbone 中的 BatchNorm 替换为 GroupNorm，以提升训练稳定性（特
别适用于小批量场景）
        if config.use_group_norm:
            if config.pretrained_backbone_weights:
                raise ValueError(" 替换 BatchNorm 时不能使用预训练权重，否则
权重会失效！ ")
            self.backbone = _replace_submodules(
                root_module=self.backbone,
                predicate=lambda x: isinstance(x, nn.BatchNorm2d),
                func=lambda x: nn.GroupNorm(
                    num_groups=x.num_features // 16,
                    num_channels=x.num_features
                ),
            )

        # 设置池化层（空间 Softmax 池化），替代全局平均池化以保留空间位置信息
        # 为此，需要通过一个虚拟的输入确定 backbone 特征图的尺寸
        image_keys = [k for k in config.input_shapes if
k.startswith("observation.image")]
        image_key = image_keys[0]    # 假设所有相机视图图像尺寸一致
```

```
            dummy_input_h_w = (
                config.crop_shape
                if config.crop_shape is not None
                else config.input_shapes[image_key][1:]
            )

            # 创建虚拟输入以确定 backbone 输出的特征图大小
            dummy_input = torch.zeros(size=(1, config.input_shapes[image_
key][0], *dummy_input_h_w))
            with torch.inference_mode():
                dummy_feature_map = self.backbone(dummy_input)
            feature_map_shape = tuple(dummy_feature_map.shape[1:])

            # 用空间 Softmax 池化替换全局平均池化，更好地保留空间位置信息
            self.pool = SpatialSoftmax(feature_map_shape, num_kp=config.
spatial_softmax_num_keypoints)

            # 输出特征维度为（关键点数量×2）（空间坐标的 x,y 维度）
            self.feature_dim = config.spatial_softmax_num_keypoints * 2

            # 最后的全连接层用于调整特征维度
            self.out = nn.Linear(self.feature_dim, self.feature_dim)
            self.relu = nn.ReLU()

    def forward(self, x: Tensor) -> Tensor:
        """
        前向传播函数，将图像转换为低维特征嵌入。

        参数：
            x：输入图像张量 (B,C,H,W)，像素值范围为 [0,1]。

        返回：
            特征向量张量 (B,D)，用于后续策略网络的输入。
        """
        # 可选裁剪图像（若初始化中指定了裁剪尺寸）
        if self.do_crop:
            if self.training:
                # 训练时随机裁剪（若设定为随机裁剪）或中心裁剪
```

```
                    x = self.maybe_random_crop(x)
            else:
                    # 测试时始终中心裁剪
                    x = self.center_crop(x)

        # 通过 backbone 提取卷积特征图，然后使用空间 Softmax 池化
        feature_map = self.backbone(x)
        pooled_features = self.pool(feature_map)

        # 展平为一维特征向量，经过一个非线性全连接层进一步变换
        x = torch.flatten(pooled_features, start_dim=1)
        x = self.relu(self.out(x))
        return x
```

这段代码实现了一个 RGB 图像编码器，通过裁剪、卷积特征提取、空间池化和全连接层，将 RGB 图像编码为一维特征向量。它支持灵活的配置，如是否裁剪、是否使用预训练权重、是否替换 BatchNorm 为 GroupNorm 等，适用于扩散模型中的条件编码任务。

7.2.3　DP 算法复现

DP 算法的复现与 ACT 算法的复现使用的设备相同，所需设备为机械臂两台（主控臂和随从臂），外置摄像头 2 个，需要至少 4GB 的显存等作为算力资源。复现虚拟环境基于 Ubuntu22.04.06，算力资源为 4060Laptop（8GB）。

1. 环境配置

DP 算法复现的前期工作与 ACT 算法的真实环境复现配置相同，在此不再赘述。

2. 准备工作

步骤 01　查询端口号。

首先运行脚本 find_motors_bus_port.py，该脚本用于查找通信端口号：

```
python lerobot/scripts/find_motors_bus_port.py
```

运行结果如图 7-34 所示。

```
(lero) xsj@xsj-JiguangX-Series-GM6IR0C:~/code/lerobot$ python lerobot/scripts/find_motors_bus_port.py
正在查找电机总线所有可用的端口。
['/dev/tty', '/dev/tty0', '/dev/tty1', '/dev/tty2', '/dev/tty3', '/dev/tty4', '/dev/tty5', '/dev/tty6', '/dev/tty7',
'/dev/tty8', '/dev/tty9', '/dev/tty10', '/dev/tty11', '/dev/tty12', '/dev/tty13', '/dev/tty14', '/dev/tty15', '/dev/t
ty16', '/dev/tty17', '/dev/tty18', '/dev/tty19', '/dev/tty20', '/dev/tty21', '/dev/tty22', '/dev/tty23', '/dev/tty24'
, '/dev/tty25', '/dev/tty26', '/dev/tty27', '/dev/tty28', '/dev/tty29', '/dev/tty30', '/dev/tty31', '/dev/tty32', '/d
ev/tty33', '/dev/tty34', '/dev/tty35', '/dev/tty36', '/dev/tty37', '/dev/tty38', '/dev/tty39', '/dev/tty40', '/dev/tt
y41', '/dev/tty42', '/dev/tty43', '/dev/tty44', '/dev/tty45', '/dev/tty46', '/dev/tty47', '/dev/tty48', '/dev/tty49',
 '/dev/tty50', '/dev/tty51', '/dev/tty52', '/dev/tty53', '/dev/tty54', '/dev/tty55', '/dev/tty56', '/dev/tty57', '/de
v/tty58', '/dev/tty59', '/dev/tty60', '/dev/tty61', '/dev/tty62', '/dev/tty63', '/dev/ttyS0', '/dev/ttyS1', '/dev/tty
S2', '/dev/ttyS3', '/dev/ttyS4', '/dev/ttyS5', '/dev/ttyS6', '/dev/ttyS7', '/dev/ttyS8', '/dev/ttyS9', '/dev/ttyS10',
 '/dev/ttyS11', '/dev/ttyS12', '/dev/ttyS13', '/dev/ttyS14', '/dev/ttyS15', '/dev/ttyS16', '/dev/ttyS17', '/dev/ttyS1
8', '/dev/ttyS19', '/dev/ttyS20', '/dev/ttyS21', '/dev/ttyS22', '/dev/ttyS23', '/dev/ttyS24', '/dev/ttyS25', '/dev/tt
yS26', '/dev/ttyS27', '/dev/ttyS28', '/dev/ttyS29', '/dev/ttyS30', '/dev/ttyS31', '/dev/ttyprintk', '/dev/ttyACM0', '
/dev/ttyACM1', '/dev/ttyACM2', '/dev/ttyACM3']
从电机总线上拔下 USB 线缆，完成后按回车键。
```

图 7-34 机械臂端口查询示例 1

然后按照提示，拔掉随从臂的线，再按 Enter 键，结果如图 7-35 所示。

```
(lero) xsj@xsj-JiguangX-Series-GM6IR0C:~/code/lerobot$ python lerobot/scripts/find_motors_bus_port.py
正在查找电机总线所有可用的端口。
['/dev/tty', '/dev/tty0', '/dev/tty1', '/dev/tty2', '/dev/tty3', '/dev/tty4', '/dev/tty5', '/dev/tty6', '/dev/tty7',
'/dev/tty8', '/dev/tty9', '/dev/tty10', '/dev/tty11', '/dev/tty12', '/dev/tty13', '/dev/tty14', '/dev/tty15', '/dev/t
ty16', '/dev/tty17', '/dev/tty18', '/dev/tty19', '/dev/tty20', '/dev/tty21', '/dev/tty22', '/dev/tty23', '/dev/tty24'
, '/dev/tty25', '/dev/tty26', '/dev/tty27', '/dev/tty28', '/dev/tty29', '/dev/tty30', '/dev/tty31', '/dev/tty32', '/d
ev/tty33', '/dev/tty34', '/dev/tty35', '/dev/tty36', '/dev/tty37', '/dev/tty38', '/dev/tty39', '/dev/tty40', '/dev/tt
y41', '/dev/tty42', '/dev/tty43', '/dev/tty44', '/dev/tty45', '/dev/tty46', '/dev/tty47', '/dev/tty48', '/dev/tty49',
 '/dev/tty50', '/dev/tty51', '/dev/tty52', '/dev/tty53', '/dev/tty54', '/dev/tty55', '/dev/tty56', '/dev/tty57', '/de
v/tty58', '/dev/tty59', '/dev/tty60', '/dev/tty61', '/dev/tty62', '/dev/tty63', '/dev/ttyS0', '/dev/ttyS1', '/dev/tty
S2', '/dev/ttyS3', '/dev/ttyS4', '/dev/ttyS5', '/dev/ttyS6', '/dev/ttyS7', '/dev/ttyS8', '/dev/ttyS9', '/dev/ttyS10',
 '/dev/ttyS11', '/dev/ttyS12', '/dev/ttyS13', '/dev/ttyS14', '/dev/ttyS15', '/dev/ttyS16', '/dev/ttyS17', '/dev/ttyS1
8', '/dev/ttyS19', '/dev/ttyS20', '/dev/ttyS21', '/dev/ttyS22', '/dev/ttyS23', '/dev/ttyS24', '/dev/ttyS25', '/dev/tt
yS26', '/dev/ttyS27', '/dev/ttyS28', '/dev/ttyS29', '/dev/ttyS30', '/dev/ttyS31', '/dev/ttyprintk', '/dev/ttyACM1', '
/dev/ttyACM2', '/dev/ttyACM3', '/dev/ttyACM0']
从电机总线上拔下 USB 线缆，完成后按回车键。

此电机总线的端口为 '/dev/ttyACM2'
重新连接 USB 线缆。
```

图 7-35 机械臂端口查询示例 2

随从臂的端口号为 /dev/ttyACM0。接上刚拔下来的线，重复上述操作，检测主控线的通信端口号为 /dev/ttyACM2。

接着，运行下列命令，对端口号赋予权限：

```
sudo chmod 666 /dev/ttyACM0
sudo chmod 666 /dev/ttyACM2
```

步骤 02 查询摄像头索引。

运行 opencv.py 脚本，查找摄像头索引：

```
python lerobot/common/robot_devices/cameras/opencv.py
```

步骤 03　机械臂标定。

可直接使用 ACT 中标定过的文件。

步骤 04　数据采集。

运行下列命令进行数据采集：

```
# diffussion 数据收集
python lerobot/scripts/control_robot.py record --robot-path lerobot/
configs/robot/koch.yaml --fps 30 --root data --repo-id yours/koch_diffusion_
type --tags koch tutorial --warmup-time-s 5 --episode-time-s 15  --reset-
time-s 5  --num-episodes 100  --push-to-hub 0  --force-override 0
```

参数解释如下：

- --robot-path：机械臂配置文件，包含电机配置和相机设置。

- --fps：相机帧率。

- --repo-id：数据集存放文件夹。

- --tags：标签。

- --warmup-time-s：机械臂热身启动时间，可根据采集任务自行修改。

- --episode-time-s：采集某个任务数据所需时间，可自行修改。

- --reset-time-s：重置某个任务环境时间，可自行修改。

- --num-episodes：采集数据集的集数，可自行修改，最好在 80~100 集。

- --push-to-hub：数据集是否推送到 huggingface，0 表示不推送，1 表示推送。

3. 训练

运行下列命令启动训练脚本：

```
#diffussion 数据训练，使用本地数据集
python lerobot/scripts/train.py   dataset_repo_id=dp/data_diffusion
policy=diffusion_koch_real   env=koch_real   hydra.run.dir=outputs/train/
diffusion_koch_real2   hydra.job.name=diffusion_koch_test   device=cuda
wandb.enable=false
```

这里我们使用 diffusion 策略进行训练。

4. 推理

使用下列命令进行推理：

```
python lerobot/scripts/control_robot_llm.py inference --robot-path
lerobot/configs/robot/koch.yaml --fps 30 --root data --repo-id local_user/
koch_test6 -p outputs/train/act_koch_real/checkpoints/last/pretrained_model
```

以执行向杯子中倒茶这个任务为例，图 7-36 展示了使用 DP 算法训练的模型的效果。

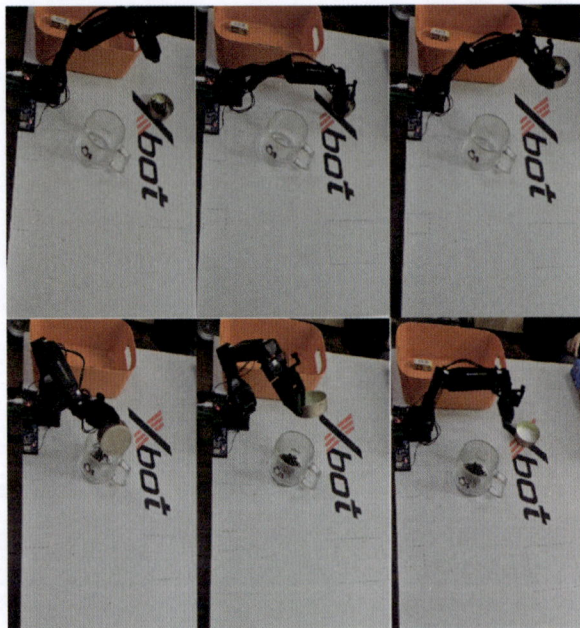

图 7-36 DP 算法在真实环境任务中的效果图

7.3 本章小结

本章聚焦 VLA 领域的 ACT 和 DP 算法实践。ACT 算法基于 Transformer 进行动作分块，通过时间集合提升运动平滑性，采用 CVAE 建模数据，本章详细介绍了其原理、代码实现、模型输入输出及训练评估过程，并给出在虚拟仿真和真实环境中的复现步骤。DP 算法将机器人动作生成建模为条件去噪扩散过程，本章介绍了其基于扩散模型的核心原理、关键设计、核心模块实现，以及在与 ACT 相同的硬件环境下的复现过程。通过这两个算法实践，帮助读者掌握 VLA 从理论到实际应用的转换过程。

第 8 章
VLN 实战

在深入探讨视觉语言导航（VLN）技术原理后，本章将带领读者从理论迈向实践，重点介绍 VLN 技术在 MatterSim 仿真环境中的应用实践。以极具代表性的 DUET 方法为例，系统地分析其背后的算法原理，逐步剖析从理论到代码的实现过程。详细说明如何在虚拟仿真环境中完整复现 DUET 方法的具体步骤，并结合实践经验总结关键注意事项。本章内容不仅适合希望深入理解 VLN 技术实施细节的研究者，也为渴望掌握前沿算法复现技能的开发者提供了构建从算法认知到实践应用的桥梁，为后续在 VLN 领域的探索与创新奠定坚实基础。

8.1　DUET 原理

DUET（Dual Clustering Enhanced Multivariate Time Series Forecasting）是由华东师范大学和丹麦奥尔堡大学合作提出的一种新型多变量时间序列预测模型。DUET 提出了双尺度的规划导航方法（双尺度指的是全局的粗粒度规划和局部的细粒度预测），通过结合粗粒度地图编码和细粒度局部编码，实现全局动作规划，能够在长距离导航记忆的基础上进行准确的动作预测。

8.1.1　整体流程

DUET 的整体流程如图 8-1 所示。

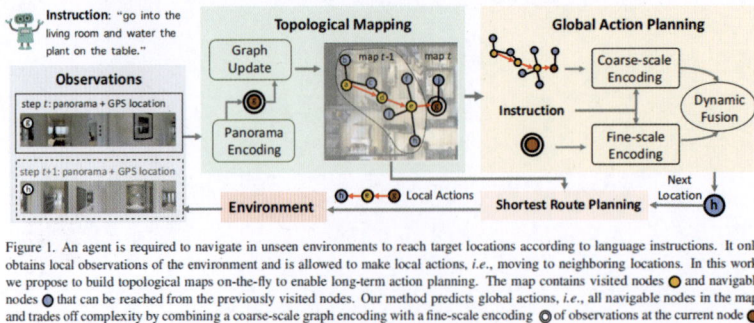

Figure 1. An agent is required to navigate in unseen environments to reach target locations according to language instructions. It only obtains local observations of the environment and is allowed to make local actions, *i.e.*, moving to neighboring locations. In this work, we propose to build topological maps on-the-fly to enable long-term action planning. The map contains visited nodes and navigable nodes that can be reached from the previously visited nodes. Our method predicts global actions, *i.e.*, all navigable nodes in the map, and trades off complexity by combining a coarse-scale graph encoding with a fine-scale encoding of observations at the current node.

图 8-1 DUET 整体流程

具体流程如下：

（1）输入文本指令与每一步的视觉观测信息。

（2）对视觉信息与文本指令进行编码。

（3）基于走过的历史路径构建并更新地图。

（4）基于全局策略，生成全局决策动作。

（5）基于本地策略，获取本地决策动作；本地策略关注当前这一步的周围视觉观测信息，依据这些信息决策下一步的动作。

（6）融合全局策略与当前策略的决策动作，获取最终的动作。

8.1.2 详细实现

DUET 的整体技术路线如图 8-2 所示。

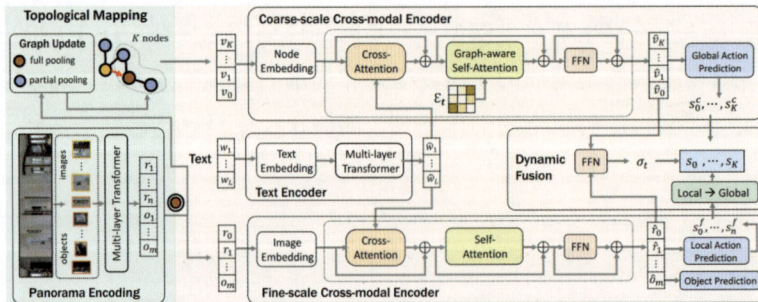

Figure 4. DUET consists of topological mapping (left) and global action planning (right). The mapping module outputs a graph with K node features $\{v_i\}_{i=1}^K$, and the current panorama encoding with image features $\{r_i\}_{i=1}^n$ and object features $\{o_i\}_{i=1}^m$. Node feature v_0 and image feature r_0 are used to indicate the 'stop' action. The global action planning uses transformers for coarse- and fine-scale cross-modal encoding and fuses the two scales to obtain a global action score s_i for each node.

图 8-2 DUET 整体技术路线

我们首先对它的技术路线进行简单梳理：

- 全景编码模块（Panorama Encoding）：对视觉观测信息进行编码，根据提取的特征构建和更新地图（Topological Mapping）。
- 文本编码器模块（Text Encoder）：将指令信息进行特征编码。
- 拓扑图构建模块：由拓扑图生成的各个节点作为全局策略行为预测模块（Global Action Prediction）的输入，经过节点嵌入与文本特征编码的交叉注意力机制融合后，生成全局预测动作。
- 本地策略行为预测模块（Local Action Prediction）：通过图像嵌入后与文本特征编码进行交叉注意力机制融合，生成本地预测动作和物体预测。
- 动态融合模块（Dynamic Fusion）：将全局预测动作和本地预测动作融合，获取到最终的动作。

接下来，我们对其中的各个模块进行详细的解读。

1. 全景编码和拓扑图构建

1）全景编码

（1）输入：

- 全景图像 R_t（分割为多视角图像特征）。
- 物体特征 O_t（通过预训练检测器提取）。

（2）处理流程：

- 多模态融合：
  - ➤ 使用 Transformer 建模图像与物体的空间关系：

$$[R'_t, O'_t] = \text{SelfAttn}([R_t, O_t]) \tag{8-1}$$

  - ➤ 输出特征保留为细粒度视觉表示。
- 粗粒度节点特征：
  - ➤ 当前节点特征通过平均池化 R'_t 和 O'_t 生成。
  - ➤ 可导航节点特征通过多位置观测的平均池化更新。

2）拓扑图构建

（1）节点类型：

- 已访问节点：存储完整视觉特征与访问时间戳。
- 可导航节点：通过相邻节点的部分观测逐步更新特征。
- 当前节点：保留细粒度视觉特征 R_t, O_t。

（2）图更新机制：

- 移动至新节点时，添加新节点及其相邻节点到图中。
- 更新节点特征时，融合多位置观测信息，例如可导航节点通过相邻节点的视图嵌入进行更新。

2. 全局策略（粗粒度全局规划）

核心目标：基于全局地图的长期规划，支持高效探索与回溯。

1）输入与文本编码

（1）输入：

- 图节点的视觉特征 v_i。
- 位置编码（相对于当前节点的距离和方向）。
- 导航步骤编码（未访问节点的访问时间戳为 0）。

（2）文本编码：使用 Transformer 生成指令的上下文表示 $\hat{W}$。

2）图感知交叉模态推理

处理流程如下：

（1）交叉注意力：计算节点与指令的相关性，生成交叉模态特征。

（2）图感知自注意力（Graph Aware Self-Attention，GASA）：

- 引入图结构矩阵：

$$M = EW_e + b_e \tag{8-2}$$

- 增强相邻节点的注意力权重：

$$\text{GASA}(X) = \text{Softmax}\left(\frac{XW_q(XW_k)^\mathrm{T}}{\sqrt{d}} + M\right)XW_v \tag{8-3}$$

（3）全局动作预测：通过前馈神经网络（Feedforward Neural Network，FFN）预测每个

节点的导航分数 s_i^c，包含停止动作 s_0^c。

3. 本地策略（细粒度局部推理）

核心目标：基于当前节点的详细视觉信息，预测局部动作与物体定位。

1）输入与视觉嵌入

（1）输入：

- 当前节点的全景图像 R_t、物体特征 O_t。
- 绝对位置编码（相对于起点的坐标）。
- 相对位置编码（相邻节点的方向）。

（2）视觉嵌入：添加停止标记 r_0，形成视觉 tokens$[r_0;R_t;O_t]$。

2）交叉模态推理

处理流程如下：

（1）标准 Transformer：建模视觉与语言的交互，生成视觉特征 $\hat{r}_0, \hat{R}_t, \hat{O}_t$。
（2）动作预测：通过 FFN 预测相邻节点的导航分数 s_i^f 和停止动作分数 s_0^f。
（3）物体定位：使用 FFN 生成物体预测分数，支持目标物体的细粒度定位。

4. 动态融合机制

核心目标：自适应结合全局与局部策略，平衡探索与利用，输出最优动作导航。

1）局部转全局映射

处理方式为将局部动作空间 $\{s_0^f, N(V_t)\}$ 转换为全局空间：

$$s_i^{f'} = \begin{cases} s_{\text{back}}, & V_i \in V_t - N(V_t) \\ s_i^f, & \text{otherwise} \end{cases} \tag{8-4}$$

其中 s_{back} 为回溯到已访问节点的综合分数。

2）动态权重计算

权重生成方式为拼接粗细粒度的停止标记特征 $\hat{v}_0$（全局）和 $\hat{r}_0$（局部），公式如下：

$$\sigma_t = \text{Sigmoid}\left(\text{FFN}\left([\hat{v}_0; \hat{r}_0]\right)\right) \tag{8-5}$$

σ_t动态调整全局与局部策略的权重。

3）最终动作分数

融合公式：

$$s_i = \sigma_t s_i^c + (1 - \sigma_t) s_i^{f'}$$ （8-6）

输出：选择分数最高的节点作为下一步动作，或停止。

8.2 复现流程

本节进入实战环节，复现 DUET 流程，包括环境配置、预训练、微调和验证。

8.2.1 环境配置

下载和配置 Matterport3D 仿真环境

本次 MP3D 的部署参考了 GitHub 开源项目（https://github.com/MuzK01/VLN-Tutorial）进行配置：

步骤 01 克隆项目库：

```
git clone https://github.com/MuzK01/VLN-Tutorial.git
cd VLN-Tutorial
```

步骤 02 构建镜像。

从 Dockerfile 中构建镜像文件，由于复现的环境架构为 sm90，我们需要更新主目录下的 Dockerfile 文件的内容，使其适配 sm90 架构，同时将 duet 文件夹下的依赖脚本命令融合进来，以避免每次启动 Docker 时都需要重新安装 duet 所需的依赖库：

```
# Matterport3D Simulator
# 使用 DaoCloud 镜像源的 CUDA 基础镜像，支持 H800 GPU
FROM m.daocloud.io/docker.io/nvidia/cuda:11.8.0-cudnn8-devel-ubuntu22.04

# 安装 OpenGL 支持
RUN apt-get update && apt-get install -y --no-install-recommends \
    libglvnd0 \
```

```
        libgl1 \
        libglx0 \
        libegl1 \
        libgles2 \
        && rm -rf /var/lib/apt/lists/*

    # 设置 OpenGL 环境变量
    ENV NVIDIA_VISIBLE_DEVICES=all
    ENV NVIDIA_DRIVER_CAPABILITIES=compute,utility,graphics

    # 安装支持 EGL 和 OSMESA 选项的库以及 HDF5 库（h5py 依赖）
    ENV DEBIAN_FRONTEND=noninteractive
    RUN apt-get update && apt-get install -y \
        wget \
        doxygen \
        curl \
        tmux \
        vim \
        git \
        libjsoncpp-dev \
        libepoxy-dev \
        libglm-dev \
        libosmesa6 \
        libosmesa6-dev \
        libglew-dev \
        libopencv-dev \
        python3-setuptools \
        python3-dev \
        python3-pip \
        python3-yaml \
        python3-h5py \
        libhdf5-dev \
        cmake \
        && rm -rf /var/lib/apt/lists/*

    # 检查 cmake 版本
    RUN cmake --version

    # 设置环境变量以确保使用 PyTorch 捆绑的 cuDNN
    ENV LD_LIBRARY_PATH=/usr/local/lib/python3.8/dist-packages/torch/
lib:$LD_LIBRARY_PATH
```

```
# 升级 pip 并安装构建工具
RUN pip install --upgrade pip wheel setuptools

# 安装支持 H800 GPU 的 PyTorch 版本
RUN pip install torch==2.0.0 torchvision==0.15.1 torchaudio==2.0.1 -f
https://mirrors.aliyun.com/pytorch-wheels/cu118

# 分批安装其他依赖库以减少失败风险
RUN pip install \
    backports.functools-lru-cache \
    certifi \
    cycler \
    decorator \
    matplotlib \
    pandas \
    pillow \
    pyparsing \
    python-dateutil \
    six

# 安装 tqdm 和 numpy（h5py 已通过 apt 安装）
RUN pip install \
    tqdm \
    numpy==1.23.5

RUN pip install \
    tensorboardX \
    jsonlines \
    ipykernel \
    line_profiler \
    lmdb \
    imageio

RUN pip install \
    selenium \
    opencv-python \
    easydict==1.9 \
    Shapely==1.7.1 \
    networkx==2.5.1
```

```
# 最后安装 transformers，因为它有很多相关依赖库
RUN pip install transformers==4.30.0
```

上述脚本主要更改了 CUDA 的版本和 PyTorch 的版本，以确保其能够在 H800 上运行。

修改完成后，运行以下命令创建 docker 镜像：

```
docker build -t mp3d:v1 .
```

运行结果如图 8-3 所示。

图 8-3　创建 docker 镜像

我们来确认一下镜像是否建立成功：

```
docker images | grep mp3d
```

结果如图 8-4 所示。

图 8-4　验证 docker 镜像是否安装成功

步骤 03　运行 docker 容器，命令如下：

```
docker run -it --gpus all \
    --privileged \
    --shm-size=32g \
    --network=host \
    --device=/dev/video* \
    -e DISPLAY=$DISPLAY \
    -v /tmp/.X11-unix:/tmp/.X11-unix \
    -v /absolute/path/to/VLN-Tutorial:/projects/VLN-Tutorial \
mp3d:v1
```

命令解释如下：

● docker run：创建并启动一个新的容器。

- -it：以交互模式运行容器，并分配一个伪 TTY 终端。
- --gpus all：允许容器访问主机上的所有 GPU 资源，这对于深度学习任务至关重要。
- --privileged：给予容器扩展权限，允许容器访问主机的所有设备。
- --shm-size=32g：设置共享内存大小为 32GB，这对于处理大型数据集和多进程训练非常重要。
- --network=host：使容器使用主机网络栈，简化网络配置，提高网络性能。
- --device=/dev/video*：将主机的所有视频设备（如摄像头）映射到容器中。
- -e DISPLAY=$DISPLAY：设置环境变量，允许容器中的 GUI 应用显示在主机屏幕上。
- -v /tmp/.X11-unix:/tmp/.X11-unix：挂载 X11 Unix 套接字，使容器中的 GUI 应用能够与主机的 X 服务器通信。
- -v /absolute/path/to/VLN-Tutorial:/projects/VLN-Tutorial：将主机上的 VLN-Tutorial 目录挂载到容器内的 /projects/VLN-Tutorial 路径。这样可以在容器内直接访问和修改主机上的代码和数据，而无须在容器和主机之间复制文件。
- mp3d:v1：使用名为 mp3d，标签为 v1 的 Docker 镜像。
- 这个镜像可能已经预装了 Matterport3D 环境和 VLN 任务所需的依赖库。

运行后进入容器环境中，如图 8-5 所示。

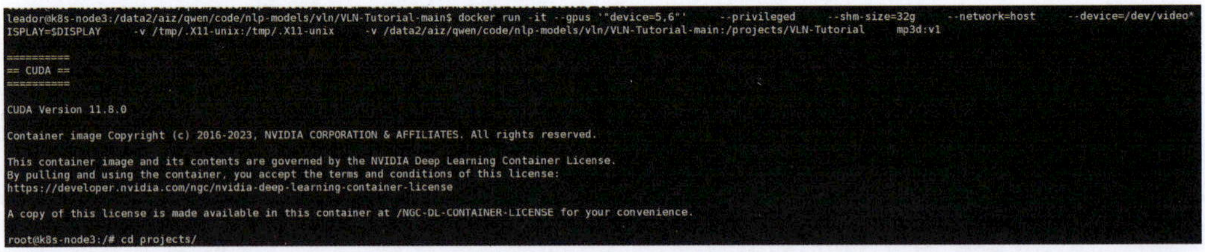

```
leador@k8s-node3:/data2/aiz/qwen/code/nlp-models/vln/VLN-Tutorial-main$ docker run -it --gpus '"device=5,6"'     --privileged     --shm-size=32g     --network=host     --device=/dev/video*
ISPLAY=$DISPLAY     -v /tmp/.X11-unix:/tmp/.X11-unix     -v /data2/aiz/qwen/code/nlp-models/vln/VLN-Tutorial-main:/projects/VLN-Tutorial     mp3d:v1

==========
== CUDA ==
==========

CUDA Version 11.8.0

Container image Copyright (c) 2016-2023, NVIDIA CORPORATION & AFFILIATES. All rights reserved.

This container image and its contents are governed by the NVIDIA Deep Learning Container License.
By pulling and using the container, you accept the terms and conditions of this license:
https://developer.nvidia.com/ngc/nvidia-deep-learning-container-license

A copy of this license is made available in this container at /NGC-DL-CONTAINER-LICENSE for your convenience.

root@k8s-node3:/# cd projects/
```

图 8-5 进入容器环境中

步骤 04 构建 MatterSim 包。

我们首先进入 Matterport3DSimulator 文件夹中：

```
cd /projects/VLN-Tutorial/Matterport3DSimulator
```

然后创建 build 文件夹：

```
mkdir build && cd build
```

再使用 CMake 配置项目的构建选项，启用基于 EGL（Embedded-System Graphics Library）的离屏 GPU 渲染功能：

```
cmake -DEGL_RENDERING=ON
```

同时更新一些新的依赖项：

```
apt-get update && apt-get install -y \
    libgl1-mesa-dev \
    libegl1-mesa-dev \
    libgles2-mesa-dev \
    libglvnd-dev
```

最后构建 MatterSim 包：

```
make
```

构建完成后的环境如图 8-6 所示。

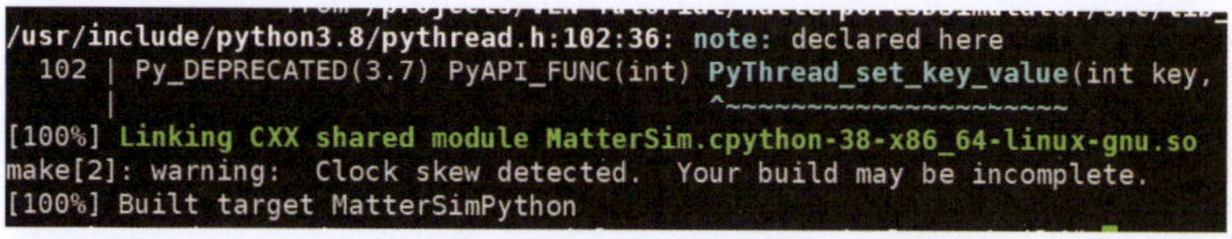

图 8-6　构建完成的环境

我们可以在 build 文件夹中看到构建完成的文件，如图 8-7 所示。

图 8-7　build 文件夹下内容

切换到 VLN-Tutorial 文件夹：

```
cd ../..
```

步骤 05　设置 Python 路径。

一开始，容器环境中没有 Python 环境，运行以下命令设置 Python 环境：

```
ln -sf /usr/bin/python3 /usr/bin/python
```

结果如图 8-8 所示。

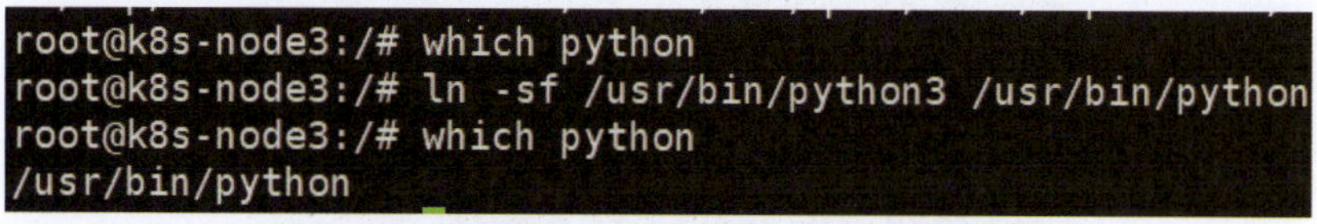

图 8-8　设置 Python 环境

临时设置 Python 路径（这样设置后，就可以导入 MatterSim 库了）：

```
export PYTHONPATH=/projects/VLN-Tutorial/Matterport3DSimulator/build:$PYTHONPATH

# Permanent setup (add to ~/.bashrc)
echo "export PYTHONPATH=/projects/VLN-Tutorial/Matterport3DSimulator/
build:\$PYTHONPATH" >> ~/.bashrc

source ~/.bashrc
```

设置 EGL_PLATFORM：

```
echo "export EGL_PLATFORM=device" >> ~/.bashrc
source ~/.bashrc
```

步骤 06　验证安装。

进入 python 环境中，运行以下 import 命令，验证是否能成功导入 MatterSim 环境：

```
import MatterSim
```

结果如图 8-9 所示，运行没有出错，表明安装成功。

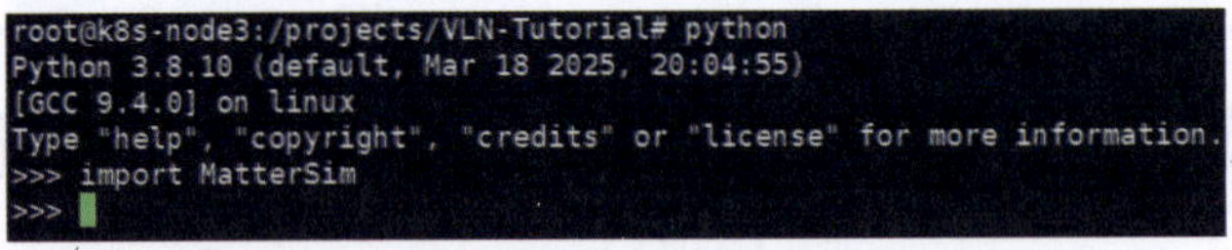

图 8-9　验证是否能成功导入 MatterSim 环境

退出 Python 环境。

步骤 07　准备 DUET 所需的数据集。

数据集的结构如图 8-10 所示。

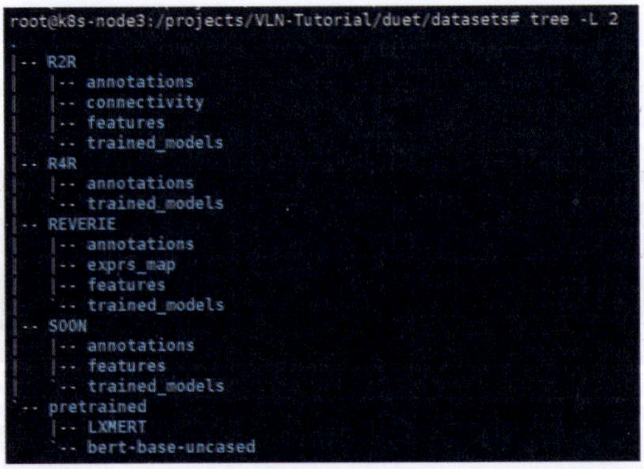

图 8-10　数据集结构

这里有 4 个数据集——R2R、R4R、REVERIE 和 SOON。另外，我们还需要下载预先训练好的 lxmert 权重文件：

```
mkdir pretrained/LXMERT
wget https://nlp.cs.unc.edu/data/model_LXRT.pth
```

8.2.2 预训练

1. 运行命令

运行下列命令开始预训练：

```
cd pretrain_src
bash run_reverie.sh # (run_soon.sh, run_r2r.sh, run_r4r.sh)
```

该脚本用于视觉语言导航预训练，主要针对 REVERIE 数据集。

REVERIE 是一个复杂的导航和物体定位任务，要求具身智能体根据自然语言指令，在 3D 环境中导航并找到特定物体。

预训练过程中的日志记录如图 8-11 所示。

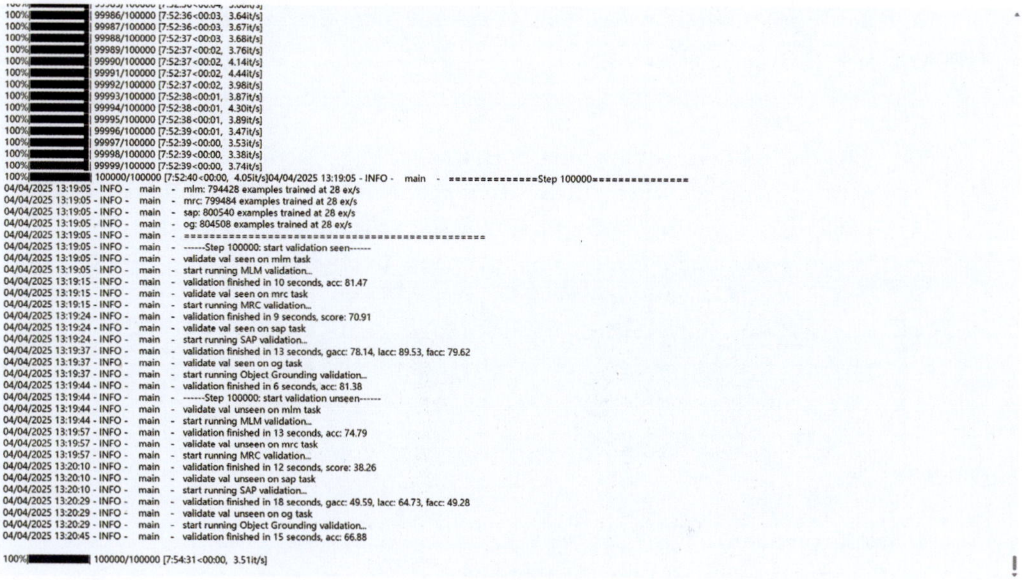

```
100%|██████████| 99986/100000 [7:52:36<00:03,  3.64it/s]
100%|██████████| 99987/100000 [7:52:36<00:03,  3.67it/s]
100%|██████████| 99988/100000 [7:52:37<00:03,  3.68it/s]
100%|██████████| 99989/100000 [7:52:37<00:02,  3.76it/s]
100%|██████████| 99990/100000 [7:52:37<00:02,  4.14it/s]
100%|██████████| 99991/100000 [7:52:37<00:02,  4.44it/s]
100%|██████████| 99992/100000 [7:52:37<00:02,  3.98it/s]
100%|██████████| 99993/100000 [7:52:38<00:01,  3.87it/s]
100%|██████████| 99994/100000 [7:52:38<00:01,  4.30it/s]
100%|██████████| 99995/100000 [7:52:38<00:01,  3.89it/s]
100%|██████████| 99996/100000 [7:52:39<00:01,  3.47it/s]
100%|██████████| 99997/100000 [7:52:39<00:00,  3.53it/s]
100%|██████████| 99998/100000 [7:52:39<00:00,  3.38it/s]
100%|██████████| 99999/100000 [7:52:39<00:00,  3.74it/s]
100%|██████████| 100000/100000 [7:52:40<00:00,  4.05it/s]04/04/2025 13:19:05 - INFO -   main   -   ==============Step 100000===============
04/04/2025 13:19:05 - INFO -   main   -   mlm: 794428 examples trained at 28 ex/s
04/04/2025 13:19:05 - INFO -   main   -   mrc: 799484 examples trained at 28 ex/s
04/04/2025 13:19:05 - INFO -   main   -   sap: 800540 examples trained at 28 ex/s
04/04/2025 13:19:05 - INFO -   main   -   og: 804508 examples trained at 28 ex/s
04/04/2025 13:19:05 - INFO -   main   -   ===============================================
04/04/2025 13:19:05 - INFO -   main   -   ------Step 100000: start validation seen------
04/04/2025 13:19:05 - INFO -   main   -   validate val  seen on mlm task
04/04/2025 13:19:05 - INFO -   main   -   start running MLM validation...
04/04/2025 13:19:15 - INFO -   main   -   validation finished in 10 seconds, acc: 81.47
04/04/2025 13:19:15 - INFO -   main   -   validate val  seen on mrc task
04/04/2025 13:19:15 - INFO -   main   -   start running MRC validation...
04/04/2025 13:19:24 - INFO -   main   -   validation finished in 9 seconds, score: 70.91
04/04/2025 13:19:24 - INFO -   main   -   validate val  seen on sap task
04/04/2025 13:19:24 - INFO -   main   -   start running SAP validation...
04/04/2025 13:19:37 - INFO -   main   -   validation finished in 13 seconds, gacc: 78.14, lacc: 89.53, facc: 79.62
04/04/2025 13:19:37 - INFO -   main   -   validate val  seen on og task
04/04/2025 13:19:37 - INFO -   main   -   start running Object Grounding validation...
04/04/2025 13:19:44 - INFO -   main   -   validation finished in 6 seconds, acc: 81.38
04/04/2025 13:19:44 - INFO -   main   -   ------Step 100000: start validation unseen------
04/04/2025 13:19:44 - INFO -   main   -   validate val  unseen on mlm task
04/04/2025 13:19:44 - INFO -   main   -   start running MLM validation...
04/04/2025 13:19:57 - INFO -   main   -   validation finished in 13 seconds, acc: 74.79
04/04/2025 13:19:57 - INFO -   main   -   validate val  unseen on mrc task
04/04/2025 13:19:57 - INFO -   main   -   start running MRC validation...
04/04/2025 13:20:10 - INFO -   main   -   validation finished in 12 seconds, score: 38.26
04/04/2025 13:20:10 - INFO -   main   -   validate val  unseen on sap task
04/04/2025 13:20:10 - INFO -   main   -   start running SAP validation...
04/04/2025 13:20:29 - INFO -   main   -   validation finished in 18 seconds, gacc: 49.59, lacc: 64.73, facc: 49.28
04/04/2025 13:20:29 - INFO -   main   -   validate val  unseen on og task
04/04/2025 13:20:29 - INFO -   main   -   start running Object Grounding validation...
04/04/2025 13:20:45 - INFO -   main   -   validation finished in 15 seconds, acc: 66.88

100%|██████████| 100000/100000 [7:54:31<00:00,  3.51it/s]
```

图 8-11 预训练过程日志

2. 代码讲解

DUET 的训练脚本有 4 个，分别对应 4 种不同的数据集，这里我们以训练 REVERIE 数据集为例展开讲解，训练脚本为 train_reverie_obj.py。接下来，我们将介绍该脚本中包含的模块和实现代码。

1）主要功能模块

（1）数据加载与处理：

```python
# 加载训练数据集
data_cfg = EasyDict(opts.train_datasets['REVERIE'])
# 训练集
train_nav_db = ReverieTextPathData(
    data_cfg.train_traj_files, data_cfg.img_ft_file, data_cfg.obj_ft_file,
    data_cfg.scanvp_cands_file, data_cfg.connectivity_dir,
    image_prob_size=model_config.image_prob_size,
    image_feat_size=model_config.image_feat_size,
    angle_feat_size=model_config.angle_feat_size,
    obj_feat_size=model_config.obj_feat_size,
    obj_prob_size=model_config.obj_prob_size,
    max_txt_len=opts.max_txt_len, max_objects=opts.max_objects,
in_memory=True
)
# 验证集 (seen)
val_nav_db = ReverieTextPathData(
    data_cfg.val_seen_traj_files, data_cfg.img_ft_file, data_cfg.obj_ft_file,
    data_cfg.scanvp_cands_file, data_cfg.connectivity_dir,
    image_prob_size=model_config.image_prob_size,
    image_feat_size=model_config.image_feat_size,
    angle_feat_size=model_config.angle_feat_size,
    obj_feat_size=model_config.obj_feat_size,
    obj_prob_size=model_config.obj_prob_size,
    max_txt_len=opts.max_txt_len, max_objects=opts.max_objects,
in_memory=True
)
# 验证集 (unseen)
val2_nav_db = ReverieTextPathData(
    data_cfg.val_unseen_traj_files, data_cfg.img_ft_file, data_cfg.obj_ft_file,
    data_cfg.scanvp_cands_file, data_cfg.connectivity_dir,
    image_prob_size=model_config.image_prob_size,
```

```
        image_feat_size=model_config.image_feat_size,
        angle_feat_size=model_config.angle_feat_size,
        obj_feat_size=model_config.obj_feat_size,
        obj_prob_size=model_config.obj_prob_size,
        max_txt_len=opts.max_txt_len, max_objects=opts.max_objects,
in_memory=True
    )
```

代码解释：

- 数据集类：定义了 ReverieTextPathData 类，用于加载和处理 REVER 数据集的导航路径数据，包括图像特征、物体特征、文本指令等。

- 任务数据集：针对每种预训练任务（MLM、MRC、SAP、OG），定义了专门的数据集类（如 MlmDataset、MrcDataset 等）和对应的收集函数（collate_fn），用于生成模型输入。

- 数据加载器：通过 MetaLoader 和 PrefetchLoader 实现多任务数据的混合加载和预取，提高训练效率。

（2）模型：

```
# 模型配置和初始化
model_config = PretrainedConfig.from_json_file(opts.model_config)
model_config.pretrain_tasks = []
for train_dataset_config in opts.train_datasets.values():
    model_config.pretrain_tasks.extend(train_dataset_config['tasks'])
model_config.pretrain_tasks = set(model_config.pretrain_tasks)

tokenizer = AutoTokenizer.from_pretrained(model_config.lang_bert_name)

# 准备模型
if opts.checkpoint:
    checkpoint = torch.load(opts.checkpoint, map_location=lambda
storage, loc: storage)
    else:
    checkpoint = {}
    if opts.init_pretrained == 'bert':
        # 从 BERT 初始化
        tmp = AutoModel.from_pretrained(model_config.lang_bert_name)
        # ... 参数处理 ...
    elif opts.init_pretrained == 'lxmert':
        # 从 LXMERT 初始化
        # ... 参数处理 ...
```

```
        model_class = GlocalTextPathCMTPreTraining

        # 创建模型实例
        model = model_class.from_pretrained(
            pretrained_model_name_or_path=None, config=model_config, state_
dict=checkpoint
        )
        model.train()
        set_dropout(model, opts.dropout)
    model = wrap_model(model, device, opts.local_rank)
```

代码解释：

- 预训练模型：使用 GlocalTextPathCMTPreTraining 模型类，该模型结合了全局和局部上下文建模，支持多种预训练任务。

- 初始化：支持从预训练的 BERT 或 LXMERT 模型初始化参数，同时对 token 类型嵌入进行扩展，以适配图像和物体特征。

（3）训练流程：

```
    # 训练循环
    start_time = time.time()
    # quick hack for amp delay_unscale bug
    optimizer.zero_grad()
    optimizer.step()
    for step, (name, batch) in enumerate(meta_loader):
        # 前向传播
        n_examples[name] += batch['txt_ids'].size(0)
        n_in_units[name] += batch['txt_lens'].sum().item()
        task = name.split('_')[0]

        if opts.fp16:
            with amp.autocast():  # 混合精度训练
                loss = model(batch, task=task, compute_loss=True)
        else:
            loss = model(batch, task=task, compute_loss=True)

        n_loss_units[name] += loss.size(0)
        loss = loss.mean()  # loss is not normalized in model

        # 反向传播
```

```
            if args.gradient_accumulation_steps > 1: # 梯度累积
                loss = loss / args.gradient_accumulation_steps

            # ... 梯度计算和参数更新 ...

            # 优化器更新和日志记录
            if (step + 1) % opts.gradient_accumulation_steps == 0:
                global_step += 1

                # 学习率调度
                lr_this_step = get_lr_sched(global_step, opts)
                # ... 更新学习率 ...

                # 更新模型参数
                if opts.grad_norm != -1:
                    if opts.fp16:
                        grad_scaler.unscale_(optimizer)
                    grad_norm = torch.nn.utils.clip_grad_norm_(
                        model.parameters(), opts.grad_norm
                    )
                    # ... 梯度裁剪 ...
                if opts.fp16:
                    grad_scaler.step(optimizer)
                    grad_scaler.update()
                else:
                    optimizer.step()
                optimizer.zero_grad()
```

代码解释:

- 混合精度训练: 支持使用 PyTorch 的 torch.cuda.amp 进行混合精度训练, 加速训练过程并降低显存占用。

- 梯度累积: 支持梯度累积以模拟更大的批次大小。

- 分布式训练: 支持多 GPU 分布式训练, 通过 torch.distributed 实现。

(4) 验证与日志:

```
    # ... 日志记录和验证 ...
def validate(model, val_dataloaders, setname=''):
    model.eval()
    for task, loader in val_dataloaders.items():
```

```
            LOGGER.info(f"validate val{setname} on {task} task")
            if task.startswith('mlm'):
                val_log = validate_mlm(model, loader)
            elif task.startswith('mrc'):
                val_log = validate_mrc(model, loader)
            elif task.startswith('sap'):
                val_log = validate_sap(model, loader)
            elif task.startswith('og'):
                val_log = validate_og(model, loader)
            else:
                raise ValueError(f'Undefined task {task}')
            # ... 日志记录 ...
        model.train()


@torch.no_grad()
def validate_mlm(model, val_loader):
    LOGGER.info("start running MLM validation...")
    # ... MLM 验证代码 ...


@torch.no_grad()
def validate_mrc(model, val_loader):
    LOGGER.info("start running MRC validation...")
    # ... MRC 验证代码 ...


@torch.no_grad()
def validate_sap(model, val_loader):
    LOGGER.info("start running SAP validation...")
    # ... SAP 验证代码 ...


@torch.no_grad()
def validate_og(model, val_loader):
    LOGGER.info("start running Object Grounding validation...")
    # ... OG 验证代码 ...
```

代码解释：

- 验证函数：为每种任务实现了独立的验证函数（如 validate_mlm, validate_mrc 等），用于评估模型在验证集上的性能。

- 日志记录：使用 LOGGER 和 TB_LOGGER 记录训练过程中的损失、准确率、学习率等指标，并通过 TensorBoard 可视化。

2）关键类和函数解释

（1）ReverieTextPathData：

- 作用：加载 REVERIE 数据集的导航路径数据，包括图像特征、物体特征、文本指令等。
- 关键属性：
    - img_ft_file：图像特征文件路径。
    - obj_ft_file：物体特征文件路径。
    - max_txt_len：文本序列的最大长度。
- 关键方法：
    - __getitem__：返回单个数据样本，包括文本、图像、物体特征等。

（2）GlocalTextPathCMTPreTraining：

- 作用：多模态预训练模型，结合全局和局部上下文建模。
- 关键组件：
    - lang_bert：文本编码器（基于 BERT）。
    - local_encoder：局部上下文编码器。
    - global_encoder：全局上下文编码器。
    - task-specificheads：针对每种预训练任务的输出层（如 MLM 的 mlm_head）。

（3）create_dataloaders：

- 作用：根据任务类型创建数据加载器。
- 输入：
    - data_cfg：数据配置。
    - nav_db：导航数据库对象。
    - tok：分词器。
    - is_train：是否为训练模式。
- 输出：返回包含所有任务数据加载器的字典。

（4）main：

- 作用：训练流程的主函数。
- 关键步骤：
    - 初始化模型、优化器和数据加载器。

> ➤ 设置分布式训练和混合精度训练。

> ➤ 主训练循环，包括前向传播、反向传播、梯度累积和参数更新。

> ➤ 定期验证模型并保存检查点。

（5）validate_* 系列函数：

- 作用：对每种任务进行验证。
- 输入：
  > ➤ model：模型。
  > ➤ val_loader：验证数据加载器。
- 输出：返回包含损失和准确率的日志字典。

8.2.3 微调和验证

1. 运行方式

运行下列命令进行微调和验证：

```
cd map_nav_src
bash scripts/run_reverie.sh # (run_soon.sh, run_r2r.sh)
```

该脚本实现了一个基于 REVERIE 数据集的物体导航模型微调训练流程。模型通过文本指令引导具身智能体在 3D 环境中导航至目标物体，同时结合图像和物体特征进行决策。训练过程中使用了多种数据增强和分布式训练技术，并提供了详细的日志记录和验证评估功能。

该脚本的运行日志如图 8-12 所示，推理验证结果如图 8-13 所示。

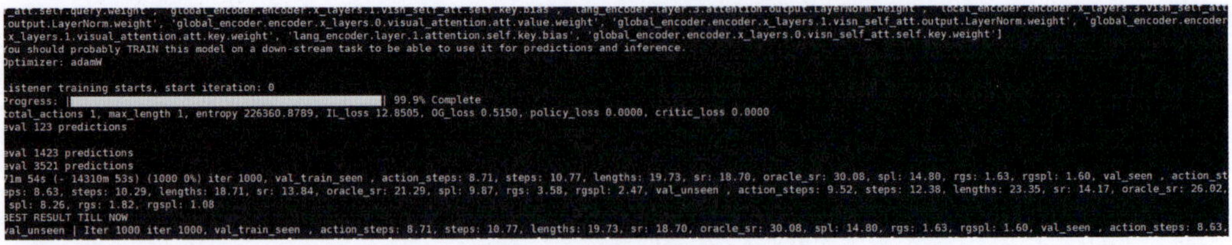

图 8-12 脚本运行日志

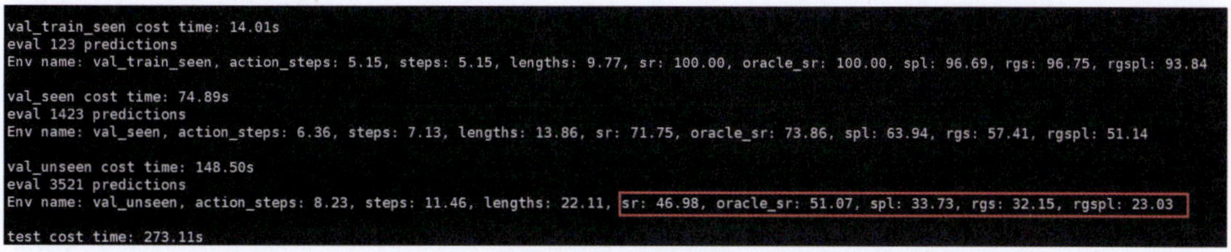

图 8-13　推理验证结果

2. 代码讲解

1）主要功能模块

（1）数据加载与处理：

```
def build_dataset(args, rank=0):
    tok = get_tokenizer(args)

    feat_db = ImageFeaturesDB(args.img_ft_file, args.image_feat_size)
    obj_db = ObjectFeatureDB(args.obj_ft_file, args.obj_feat_size)
    obj2vps = load_obj2vps(os.path.join(args.anno_dir, 'BBoxes.json'))

    dataset_class = ReverieObjectNavBatch

    # 训练数据加载
    train_instr_data = construct_instrs(
        args.anno_dir, args.dataset, ['train'],
        tokenizer=args.tokenizer, max_instr_len=args.max_instr_len
    )
    train_env = dataset_class(
        feat_db, obj_db, train_instr_data, args.connectivity_dir, obj2vps,
        batch_size=args.batch_size, max_objects=args.max_objects,
        angle_feat_size=args.angle_feat_size, seed=args.seed+rank,
        sel_data_idxs=None, name='train',
        multi_endpoints=args.multi_endpoints, multi_startpoints=args.
multi_startpoints,
    )

    # 验证数据加载
    val_env_names = ['val_train_seen', 'val_seen', 'val_unseen']
```

代码解释：

- 数据集类：ReverieObjectNavBatch 负责加载和处理 REVERIE 数据集，包括文本指令、图像特征、物体特征等。
- 特征数据库：ImageFeaturesDB 和 ObjectFeatureDB 用于存储和检索预处理的图像和物体特征。

```
# 数据增强
if args.aug is not None:
        aug_instr_data = construct_instrs(
            args.anno_dir, args.dataset, [args.aug],
            tokenizer=args.tokenizer, max_instr_len=args.max_instr_len
        )
        aug_env = dataset_class(
            feat_db, obj_db, aug_instr_data, args.connectivity_dir, obj2vps,
            batch_size=args.batch_size, max_objects=args.max_objects,
            angle_feat_size=args.angle_feat_size,
            seed=args.seed+rank, sel_data_idxs=None, name='aug',
            multi_endpoints=args.multi_endpoints, multi_
startpoints=args.multi_startpoints,
        )
    else:
        aug_env = None
```

代码解释：

- 数据增强：通过 construct_instrs 动态生成数据增强的指令。

（2）模型：

```
def train(args, train_env, val_envs, aug_env=None, rank=-1):
    ...
    agent_class = GMapObjectNavAgent
listner = agent_class(args, train_env, rank=rank)
```

代码解释：

- 导航 Agent：GMapObjectNavAgent 是核心导航模型，结合全局地图和局部观察进行导航决策。
- 模型输入：包括文本指令嵌入、图像特征、物体特征、历史动作等。
- 模型输出：包括导航动作（如向前移动、向左/右转动）、物体定位预测等。

（3）训练流程：

```
# 在训练循环中添加形状打印
for idx in range(start_iter, start_iter+args.iters, args.log_every):
```

```
listner.logs = defaultdict(list)
interval = min(args.log_every, args.iters-idx)
iter = idx + interval

# 训练代码
if aug_env is None:
    listner.env = train_env
    listner.train(interval, feedback=args.feedback)
else:
    # 数据增强训练
    jdx_length = len(range(interval // 2))
    for jdx in range(interval // 2):
        # Train with GT data
        listner.env = train_env
        listner.train(1, feedback=args.feedback)

        # Train with Augmented data
        listner.env = aug_env
        listner.train(1, feedback=args.feedback)
```

代码解释：

- 强化学习与监督学习结合：使用政策梯度（强化学习）和交叉熵损失（监督学习）进行训练。
- 数据增强：通过合成指令扩增训练数据。
- 分布式训练：支持多 GPU 分布式训练。

（4）验证与测试：

```
# Run validation
loss_str = "iter {}".format(iter)
for env_name, env in val_envs.items():
    listner.env = env

    # Get validation distance from goal under test evaluation conditions
    listner.test(use_dropout=False, feedback='argmax', iters=None)
    preds = listner.get_results()
    preds = merge_dist_results(all_gather(preds))

    if default_gpu:
        score_summary, _ = env.eval_metrics(preds)
        loss_str += ", %s " % env_name
        for metric, val in score_summary.items():
```

```
                              loss_str += ', %s: %.2f' % (metric, val)
                              writer.add_scalar('%s/%s' % (metric, env_name),
score_summary[metric], idx)
```

代码解释：

- 验证函数：定期在验证集上评估模型性能，如成功率、路径长度等。
- 测试函数：生成测试结果并保存为 JSON 文件。

2）模型的输入和输出

（1）输入：

- 文本指令：
  - ➢ 通过分词器（tokenizer）转换为 token ids 和段嵌入。
  - ➢ 形状：[batch_size, max_text_length]。
- 图像特征：
  - ➢ 来自预训练的 ResNet 提取的全景图像特征。
  - ➢ 形状：[batch_size, num_views, image_feature_size]。
- 物体特征：
  - ➢ 来自物体检测模型提取的物体特征（每个视野中的物体）。
  - ➢ 形状：[batch_size, num_views, num_objects, object_feature_size]。
- 历史状态：
  - ➢ 包括已访问节点的特征、历史动作、全局地图等。
  - ➢ 用于维护导航历史的全局状态。
- 其他辅助输入：
  - ➢ 视角特征（角度信息）。
  - ➢ 历史动作掩码（已执行的动作）。

（2）输出：

- 导航动作：
  - ➢ 智能体下一步的导航动作（如向前移动、向左 / 右转动等）。
  - ➢ 形状：[batch_size, num_actions]（经过 softmax 的动作概率分布）。
- 物体定位预测：
  - ➢ 当前视野中目标物体的预测概率。

➤ 形状：[batch_size, num_candidates]（候选物体的分数分布）。

● 价值函数预测：

➤ 用于强化学习的预期奖励估计。

➤ 形状：[batch_size, 1]。

● 中间表示：

➤ 文本和视觉特征的融合表示，用于下游任务。

3）微调流程详解

微调的流程如下：

（1）数据准备：

● 加载图像和物体特征数据库。

● 构建训练集、验证集和测试集环境。

● 如果启用数据增强（--aug），则生成额外的训练数据。

（2）模型初始化：

● 初始化导航 Agent，加载预训练模型（如 BERT）。

● 从检查点加载模型参数（如果指定）。

（3）训练循环：

● 前向传播：根据当前状态和文本指令预测导航动作和物体定位。

● 损失计算：

➤ 监督学习损失：包括导航动作的交叉熵损失和物体定位的分类损失。

➤ 强化学习损失：基于导航成功率的奖励信号更新策略网络。

● 反向传播：更新模型参数。

● 日志记录：记录训练损失、成功率等指标。

此处的微调主要是在已训练好的预训练模型基础上，在新的数据集上进行训练，使得模型能够在新的数据集上取得较好的效果。

微调的代码如下：

```
def main():
    args = parse_args()
```

```
if args.world_size > 1:
    rank = init_distributed(args)
    torch.cuda.set_device(args.local_rank)
else:
    rank = 0

set_random_seed(args.seed + rank)
train_env, val_envs, aug_env = build_dataset(args, rank=rank)

if not args.test:
    train(args, train_env, val_envs, aug_env=aug_env, rank=rank)
else:
    valid(args, train_env, val_envs, rank=rank)
```

8.3 本章小结

    本章聚焦于视觉语言导航（VLN）的 DUET 模型，详细阐述了其原理与复现流程，为读者提供了深入理解和实践 VLN 技术的关键知识。

    DUET 模型通过创新的双尺度规划导航方法，实现了高效的视觉语言导航。其整体流程涵盖输入信息编码、拓扑图构建更新、全局与本地策略决策以及最终动作融合。在详细实现环节，各模块分工明确：视觉编码和地图构建负责处理视觉数据并构建拓扑图；全局策略进行粗粒度全局规划，支持长期行动规划；本地策略基于当前节点视觉信息进行精细的局部决策；动态融合机制则自适应地平衡全局与局部策略，输出最优导航动作。

    在复现流程方面，环境配置是基础且关键的一步。从下载和配置 MATTERPORT3D 仿真环境开始，涉及克隆项目库、构建镜像、运行容器、构建 MatterSim 包、设置 Python 路径以及准备数据集和预训练权重文件等多个细致步骤，为后续实验搭建了稳定可靠的环境。预训练阶段，通过运行特定脚本启动训练过程，以 REVERIE 数据集训练脚本为典型，详细介绍了数据加载处理、模型配置初始化、训练流程、验证与日志记录等功能模块，以及其中关键类和函数的作用。微调和验证环节同样重要，运行相应脚本，以 REVERIE 数据集微调脚本为例，深入讲解了数据加载处理、模型、训练流程、验证与测试等功能模块，以及模型的输入输出和微调流程，确保模型性能的优化和有效评估。